普通高等教育"十二五"规划教材

# FIDIC条件与合同管理

主　编　李明顺
副主编　刘　艺　曹丹阳
主　审　罗　毅

北京
冶金工业出版社
2023

## 内 容 提 要

FIDIC 条件是国际和国内土木工程在工程招标、投标、签订承包合同以及支付费用、变更工程和索赔等方面具有国际权威的通用标准。本书从 FIDIC 历史背景及 FIDIC 合同条件内容出发，详细介绍了土木工程施工合同管理的基本理论与方法。全书共分 10 章，主要内容包括：FIDIC 条件概述；合同的谈判与订立；业主、监理、承包商三方责权利；风险管理及合同担保；工程承包合同的履行；合同价格与付款；工程分包管理；工程延期管理；工程变更管理；工程索赔等。

本书内容充实、结构清晰、案例丰富，注重合同管理理论和实践的有机结合，可作为高等学校工程管理专业、土木工程专业及其他相关专业的本科教材乃至研究生教材，也可作为土木工程建设领域企事业单位经营管理人员的学习培训教材和专业工作手册。

**图书在版编目(CIP)数据**

FIDIC 条件与合同管理/李明顺主编 .—北京：冶金工业出版社，2011.9（2023.1 重印）

普通高等教育“十二五”规划教材

ISBN 978-7-5024-5714-3

Ⅰ.①F… Ⅱ.①李… Ⅲ.①土木工程—工程施工—经济合同—高等学校—教材 Ⅳ.①D913 ②TU723.1

中国版本图书馆 CIP 数据核字(2011)第 181308 号

**FIDIC 条件与合同管理**

| | | | |
|---|---|---|---|
| **出版发行** | 冶金工业出版社 | **电　话** | (010)64027926 |
| **地　址** | 北京市东城区嵩祝院北巷 39 号 | **邮　编** | 100009 |
| **网　址** | www.mip1953.com | **电子信箱** | service@mip1953.com |

责任编辑　戈　兰　郭冬艳　美术编辑　彭子赫　版式设计　孙跃红

责任校对　卿文春　责任印制　窦　唯

北京虎彩文化传播有限公司印刷

2011 年 9 月第 1 版，2023 年 1 月第 5 次印刷

787mm×1092mm　1/16；18 印张；434 千字；276 页

**定价 38.00 元**

**投稿电话　(010)64027932　投稿信箱　tougao@cnmip.com.cn**

**营销中心电话　(010)64044283**

**冶金工业出版社天猫旗舰店　yjgycbs.tmall.com**

（本书如有印装质量问题，本社营销中心负责退换）

# 前　言

随着我国社会主义市场经济体制的建立和完善，以及项目招标承包制、合同管理制、项目法人责任制和建设监理制等基本制度的健全和发展，合同管理已成为工程建设实施过程中的核心内容。同时，实施“走出去”战略是我国对外开放新阶段的重要举措，而对外承包工程是我国企业“走出去”的重要内容，改革开放30余年，我国企业积极参与国际工程领域的竞争与合作，国际竞争力不断提高，影响力日益增强，目前已成为国际工程市场上的一支重要力量。

国际咨询工程师联合会编写的FIDIC系列合同文件，以其逻辑性强、权利义务界限分明等优点，被世界银行、亚洲开发银行和非洲开发银行等国际金融组织以及许多国家所接受，广泛应用于国际工程项目中，其中以《土木工程施工合同条件》应用最为广泛，我国的相关合同范本都是在此基础上修订的。因此，熟练掌握和应用FIDIC条款，对于我国企业提高项目管理水平和国际竞争力具有重要意义。

本书从培养21世纪我国社会主义现代化建设的工程管理高级应用型人才目标出发，根据土木工程专业、工程管理专业人才培养目标及课程教学要求编写。

为适应不同行业对项目管理人才的需要以及对FIDIC条件与合同管理的实用要求，本书编者密切联系实际，紧扣FIDIC条款，介绍了大量的合同管理案例，使严谨的理论鲜活起来，也增加了本书的趣味性。全书理论体系完善，内容新颖，案例丰富，实践性和可操作性很强。

本书由长沙理工大学李明顺总体策划、构思并负责统稿整理。全书共分10章，第1、3、4章由刘艺编写，第2章由王达编写，第5章由李珏编写，第6~8章由李明顺编写，第9、10章由曹丹阳编写。全书由罗毅主审。

本书在编写过程中，得到了冶金工业出版社、长沙理工大学的大力支持；参考了许多国内外专家学者的论文、专著、教材及资料；李珏博士在资料查阅方面，硕士研究生刘丹丹、杨珂、陈文苹在文字录入和编排方面给予了许多协助。在此，向参考文献的作者和帮助过本书编写和出版的朋友们表示衷心的感谢！

编者努力做到内容体系完善，理论与工程实例结合，通俗易懂，但鉴于编者学术水平与实践经验有限，书中不足之处在所难免，敬请各位读者批评指正。

编　者

2011年6月

# 前　言

# 目　录

# 第1章 FIDIC 条件概述

## 1.1 FIDIC 简介

### 1.1.1 FIDIC 产生的历史背景

国际土木工程项目承包与工程监理，是第二次世界大战之后，蓬勃开展的国际间市场经济贸易与合作的重要方式之一。一些国家为了战后重建及克服经济危机，推行强制性产业更新的经济政策，从而推动了土木工程建设事业的工业化、现代化和国际化，出现了跨国的土木工程项目承包合同制，使土木工程项目建设的资本国际化。土木工程项目建设活动的产品，始终是国际经济成分中占有重要地位的商品。这些工程项目需要巨额资金，规模宏伟，技术复杂，高科学管理，促使国际上的工程业主为少冒风险，节约投资，聘用有项目监督管理经验的咨询工程师及专家进行工程项目全过程管理。在此历史背景和时代的客观需求之下，国际咨询工程师联合会就应运而生了。

FIDIC 是国际咨询工程师联合会的法语（Federation Internationale Des Ingenieurs Conseils）缩写，FIDIC 的本义是指国际咨询工程师联合会这一独立的国际组织，习惯上有时也指 FIDIC 条款或 FIDIC 方法。

国际咨询工程师联合会于 1913 年由欧洲四国独立的咨询工程师协会在比利时根特发起成立。目前有 70 多个成员国，分属于四个地区性组织，即亚洲及太平洋地区会员协会（ASPAC）、欧洲共同体会员协会（CEDIC）、非洲会员协会组织（CAMA）、北欧会员协会组织（RINORD）。FIDIC 代表了世界上大多数独立的咨询工程师，是最具有权威性的咨询工程师组织，它推动了全球范围内高质量的工程咨询服务业的发展。

FIDIC 总部设在瑞士洛桑，主要职能机构有：执行委员会、土木工程合同委员会、业主与咨询工程师关系委员会、职业责任委员会以及秘书处。

执行委员会（TEC）的职责是：处理那些会员大会职权范围所无法涵盖的管理工作；执行会员大会的决议；准备年度报告，修订议事程序，签署年度费用报告；任命常委会和特别小组的人选，审查其职责范畴并监督其行为；根据需要，提名授予某人联络沟通责任；执行 FIDIC 的战略计划（例如对影响咨询业的发展进行连续评估，在适当的时候对 FIDIC 的计划和行动进行重新定位，评价并更新现有的战略计划）；定期评价、更新或根据需要起草新的政策；加强 FIDIC 组织与其他国际组织的交流。

执行委员会每年召开三次会议，其中有一次是和会员大会同时召开。委员会中的一名成员（一般是财务主管或主席）负责秘书处的工作。

土木工程合同委员会（CECC）的职责是：鉴别那些应由 FIDIC 起草或更新的工程合同条件和其他服从于执行委员会的文件；成立特别小组起草文件并对工作进行指导，负责对文件提交执行委员会批准前的最终审核工作；与秘书处和对 FIDIC 合同条件感兴趣的组织进行交流和联络；协调处理合同文本的翻译工作；组织研讨会并推荐主题和演讲者；与裁决评审委员会密切沟通。

业主与咨询工程师关系委员会（CCRC）的职责是：监督《顾客/咨询者模式服务协议》(即白皮书)、《合作与分包咨询协议书》及《指南》的使用情况；帮助执行委员会处理关于咨询从业人员服务事宜；帮助筛选参加研讨班的代表。

1996 年 10 月，中国工程咨询协会正式加入 FIDIC，取得了在 FIDIC 的发言权和表决权。这增加了开展国际交流、了解国外信息和开拓对外业务的机会。

### 1.1.2　FIDIC 组织的作用

FIDIC 成立 90 多年来，对国际上实施工程建设项目以及促进国际经济技术合作的发展起到了重要作用。由该组织编制的《业主与咨询工程师标准服务协议书》(白皮书)、《土木工程施工合同条件》(红皮书)、《电气与机械工程合同条件》(黄皮书)、《工程总承包合同条件》(橘黄皮书）被世界银行、亚洲开发银行等国际和区域发展援助金融机构作为实施项目的合同和协议范本。这些合同和协议文本，条款内容严密，对履约各方和实施人员的职责义务做了明确的规定；对实施项目过程中可能出现的问题也都有较合理规定，以利于遵循解决。这些协议性文件为实施项目进行科学管理提供了可靠的依据，有利于保证工程质量、工期和控制成本，使业主、承包人以及咨询工程师等有关人员的合法权益得到尊重。此外，FIDIC 还编辑出版了一些供业主和咨询工程师使用的业务参考书籍和工作指南，以帮助业主更好地选择咨询工程师，使咨询工程师更全面地了解业务工作范围和根据指南进行工作。该组织制订的承包商标准资格预审表、招标程序、咨询项目分包协议等都有很实用的参考价值，在国际上受到普遍欢迎，得到了广泛承认和应用，FIDIC 的名声也显著提高。

作为一个国际性的非官方组织，FIDIC 的宗旨是要将各个国家独立的咨询工程师行业组织联合成一个国际性的行业组织；促进还没有建立起这个行业组织的国家也能够建立起这样的组织；鼓励制订咨询工程师应遵守的职业行为准则，以提高为业主和社会服务的质量；研究和增进会员的利益，促进会员之间的关系，增强本行业的活力；提供和交流会员感兴趣和有益的信息，增强行业凝聚力。

FIDIC 规定，要想成为它的正式会员，须由该国的一家“全国性的咨询工程师协会”(以下简称“全国性协会”）提出申请，“全国性协会”应当达到以下要求：应为业主和社会公共利益而努力促进工程咨询行业的发展；应保护和促进咨询工程师和私人业务方面的利益和提高本行业的声誉；应促使会员之间在职业、经营方面的经验和信息交流。FIDIC 还对“全国性协会”的主要任务提出建议：要使社会公众和业主了解本行业的重要性和它的服务内容以及作为一个独立咨询工程师团体和个人的职能；要制订出严格的规则和措施，促使会员保证遵守职业道德标准，维护本行业的声誉；致力于开展国际交流，并为会员开展业务，获取先进技能，提供国际接触通道；了解和发挥本国工程咨询的某些优势和特点；广泛地建立会员与其他工程组织机构和教学单位的联系，充实咨询内容和明确新的方向；促进使用标准程序、制度和合约（如以上所说的有白皮书、红皮书、黄皮书等)；向政府报告本行业的共同性问题并提出需要政府解决的问题；传递 FIDIC 提供的各种信息和其他国家同行业协会的经验；研究会员收取咨询服务合理报酬的办法；提倡按能力择优选取咨询专家，避免单纯价格竞争，导致降低工程咨询标准和服务质量。

### 1.1.3 FIDIC 合同条件

#### 1.1.3.1 FIDIC 合同条件分类

"FIDIC 合同条件"是由咨询工程师联合会组织主持编撰的合同的总称，主要为国际工程建设各方主体缔约提供便利，是 FIDIC 组织多年来努力协调国际工程建设各方法律关系成果的集中体现。FIDIC 合同条件有如下几类：

（1）为雇主与承包商之间缔约提供的范本，即《土木工程施工合同条件》，因其封皮呈红色而取名"红皮书"，有 1957 年、1969 年、1977 年、1987 年、1999 年五个版本，1999 年新版"红皮书"与前几个版本在结构、内容方面有较大的不同；

（2）为雇主与咨询工程师之间缔约提供的范本，即《业主与咨询工程师标准服务协议书》，因其封面呈银白色而被称为"白皮书"，最近版本是 1990 年版，它将此前三个相互独立又相互补充的范本 IGRA-1979-D&S、IGRA-1979-PI、IGRA-1980-PM 合而为一；

（3）为雇主与电气/机械承包商之间缔约提供的范本，即《电气与机械工程合同条件》，因其封面呈黄色而得名"黄皮书"，1963 年出了第一版"黄皮书"，1977 年、1987 年出了两个新版本，最新的"黄皮书"版本是 1999 年版；

（4）其他合同范本，如为总承包商与分包商之间缔约提供的《土木工程施工分包合同条件》、为投资额较小的项目雇主与承包商提供的《简明格式合同》、为"交钥匙"项目提供的《EPC/交钥匙项目合同条件》等。

上述合同条件中，"红皮书"的影响尤甚，素有"土木工程合同的圣经"之誉。自 FIDIC 成立以来，一直致力于解决工程咨询行业面临的问题，特别是通过制定、发行各种合同范本，通称为"FIDIC 彩虹"。

#### 1.1.3.2 FIDIC 合同文本

FIDIC 合同主要包括以下 8 种文本：

（1）《土木工程施工合同条件（Conditions of Contract for Works of Civil Engineering Construction）》（红皮书）。《土木工程施工合同条件》具有标准的土木工程施工合同条件格式，为国际通用。在此以前，没有专门编制的适用于国际土木工程承包的合同条件，故称为"FIDIC 合同条件"。该合同条件适用于建设项目规模大、复杂程度高、业主提供设计的项目。由于该标准合同的封面为红色，很快以"红皮书"而闻名世界。FIDIC 条件是国际上公认的土木工程执行法。《土木工程施工合同条件》是 FIDIC 最早编制的合同文本，也是其他几个合同条件的基础。该文本适用于业主（或业主委托第三人）提供设计的工程施工承包，以单价合同为基础（也允许其中部分工作以总价合同承包），广泛用于土木建筑工程施工、安装承包的标准化合同格式。土木工程施工合同条件的主要特点表现为，条款中责任的约定以招标选择承包商为前提；合同履行过程中建立以工程师为核心的管理模式。

（2）《招标程序（Tendering Procedure）》（蓝皮书）。国际咨询工程师联合会在 1982 年出版了《招标程序》，反映了国际上建设行业当今招投标的通行做法，它提供了一个完整、系统的国际建设项目招标程序，具有实用性、灵活性。

（3）《业主与咨询工程师标准服务协议书（Conditions of the Client/Consultant Model Services Agreement)》（白皮书）。1979年，FIDIC编写出版了《设计和施工监督协议书国际范本及通用规则》；1980年，FIDIC编写出版了《业主与咨询工程师项目管理协议书国际范本及通用规则》；1990年，FIDIC在上述文件的基础上，编写出版了《业主与咨询工程师标准服务协议书》，以代替上述文件。白皮书适用于国际工程的投资前研究、可行性研究、设计及施工管理、项目管理。它是国际通用的业主与咨询工程师之间标准服务的协议书。

（4）《电气与机械工程合同条件（Conditions of Contract for Electrical and Mechanical Works)》（黄皮书）。《电气与机械工程合同条件》适用于大型工程的设备提供和施工安装，承包工作范围包括设备的制造、运送、安装和保修几个阶段。这个合同条件是在土木工程施工合同条件基础上编制的，针对相同情况制定的条款完全照抄土木工程施工合同条件的规定。与土木工程施工合同条件的区别主要表现为：一是该合同涉及的不确定风险的因素较少，但实施阶段管理程序较为复杂，因此条目少款数多；二是支付管理程序与责任划分基于总价合同。这个合同条件一般适用于大型项目中的部分工程。

（5）《EPC/交钥匙项目合同条件（Conditions of Contract for EPC/Turnkey)》（银皮书）。《EPC/交钥匙项目合同条件》是一种现代新型的建设履行方式。该合同范本适用于建设项目规模大、复杂程度高、承包商提供设计、承包商承担绝大部分风险的情况。与其他三个合同范本的最大区别在于，在《EPC/交钥匙项目合同条件》下，业主只承担工程项目的很小风险，而将绝大部分风险转移给承包商。《EPC/交钥匙项目合同条件》特别适宜于下列项目类型：1）民间主动融资PFI（Private Finance Initiate)，或公共/民间伙伴PPP（Public/Private Partnership)，或BOT（Built Operate Transfer）及其他特许经营合同的项目；2）发电厂或工厂且业主期望以固定价格的交钥匙方式来履行项目；3）基础设计项目（如公路、铁路、桥、水或污水处理石、水坝等）或类似项目，业主提供资金并希望以固定价格的交钥匙方式来履行项目；4）民用项目且业主希望采纳固定价格的交钥匙方式来履行项目，通常项目的完成包括所有家具、调试和设备。

（6）《土木工程施工分包合同条件》（褐皮书）。FIDIC编制的《土木工程施工分包合同条件》是与《土木工程施工合同条件》配套使用的分包合同文本。分包合同条件可用于承包商与其选定的分包商，或与业主选择的指定分包商签订的合同。分包合同条件的特点是，既要保持与主合同条件中分包工程部分规定的权利义务约定一致，又要区分负责实施分包工作当事人改变后两个合同之间的差异。

（7）《设计、建造和交钥匙工程合同条件（Conditions of Contract for Design-Build and Turkey)》（橘皮书）。FIDIC编制的《设计、建造与交钥匙工程合同条件》是适用于总承包的合同文本，承包工作内容包括：设计、设备采购、施工、物资供应、安装、调试、保修。土建施工和设备安装部分的责任，基本上套用土木工程施工合同条件和电气与机械工程合同条件的相关约定。橘皮书不适用于由业主及咨询工程师设计的项目，也不适用于承包商不对设计负责的情况。橘皮书于1995年出版了第1版。

（8）《简明格式合同（Short Form of Contract)》（绿皮书）。FIDIC编委会编写绿皮书的宗旨在于使该合同范本适用于投资规模相对较小的民用土木工程，如：1）造价在

500000 美元以下以及工期在 6 个月以下；2）工程相对简单，不需专业分包合同；3）重复性工作；4）施工周期短。承包商根据业主或业主代表提供的图纸进行施工。当然，简明格式合同也适用于部分或全部由承包商设计的土木电气、机械和建筑设计的项目。

这些文件不仅 FIDIC 成员采用，而且世界银行、亚洲开发银行、非洲开发银行的招标样本也常常采用。

### 1.1.4 工作指南

#### 1.1.4.1 工作指南种类

FIDIC 为了帮助项目参与各方正确理解和使用合同条件和协议书的含义、帮助咨询工程师提高道德和业务素质，提升执业水平，相应地编写了一系列工作指南。FIDIC 先后出版的工作指南达几十种，如：（1）FIDIC 合同指南（2000 年第 1 版）；（2）客户/咨询工程师（单位）服务协议书（白皮书）指南（2001 年第 2 版）；（3）咨询工程师和环境行动指南；（4）咨询分包协议书与联营（联合）协议书应用指南；（5）工程咨询业质量管理指南；（6）工程咨询业 ISO9001：9004 标准解释和应用指南；（7）咨询企业商务指南；（8）根据质量选择咨询服务和咨询专家工作成果评价指南；（9）FIDIC 关于提供运行、维护和培训（MT）服务的指南；（10）FIDIC 生产设备合同的 EIC 承包商指南；（11）设计采购施工（EPC）/交钥匙工程合同的 EIC 承包商指南；（12）红皮书指南；（13）业务实践指南系列；（14）业务实践手册指南；（15）工程咨询业实力建设指南；（16）选聘咨询工程师（单位）指南；（17）施工质量——行动指南；（18）质量管理指南；（19）ISO9001：2000 质量管理指南解读；（20）业务廉洁管理指南；（21）职业赔偿和项目风险保险：客户指南；（22）联合国环境署—国际商会—FIDIC 环境管理体系认证指南；（23）项目可持续管理指南。等等。

#### 1.1.4.2 已在我国翻译出版的工作指南

A 新版《FIDIC 合同指南》（2000 年第 1 版）

该合同指南是 FIDIC 针对其三本新版合同条件（1999 年第 1 版），于 2000 年编写的权威性应用指南。FIDIC 三本新版合同条件，即《土木工程施工合同条件》（新红皮书）、《工程设备和设计——建造合同条件》（新黄皮书）和《EPC/交钥匙项目合同条件》（银皮书）。

为了帮助有关人员更好地学习应用这套新版合同条件，《FIDIC 合同指南》将三种合同条件的特点进行了对比；对编写中的思路以及一些条款做了说明；对如何选用适合的合同格式、如何编写合同专用条件及附件等提供了指导意见。这对于加深理解和合理使用这些合同条件具有指导意义。

B 《客户/咨询工程师（单位）协议书（白皮书）指南》（2001 年第 2 版）

该指南是 FIDIC 于 2001 年在原白皮书《应用指南》（1991 年）的基础上，针对 1998 年 FIDIC《客户/咨询工程师服务协议书范本》（白皮书）第 3 版重新修订的。

全书共分为 8 章。第 1 章为引言，介绍了“白皮书”编写背景和指导原则。第 2 章对“白皮书”中的工程咨询服务协议书通用条件及专用条件 44 条规定做了详细说明；对需要在专用条件中对通用条件做补充调整的，给出了范例条款。第3章是对“白皮书”的附加讨论，针对不同的委托服务方式，对有关条款特别是双方责任划分和保险等问题做了进一步说明，对需要补充的专用条款的有关规定都给出了范例条款，包括可能需要增加的第45~50条的附加条款范例。第4章介绍作为服务协议书附录A的服务范围。提出了咨询工程师可提供的咨询服务，包括投资前、详细规划、设计、采购、实施和运行6个阶段的各类咨询；给出了每一阶段咨询工程师可以提供的服务以及协议书中应明确的原则。并在附件1和附件2中，对土木和环境工程咨询工程师可提供的服务分别开列了详细清单。第5章介绍协议书附录B“需要客户提供的人员、设备、设施和其他服务”。第6章对如何计算和支付报酬作了详细说明，并给出相应的范例条款。第7章是编写委托服务范围(TOR)、建议书和协议书的注意事项。第8章是新开列的参考文献。

### 1.1.5 工作程序与准则及工作手册

FIDIC编制的文件中，有许多关于咨询业务的指导性文件，主要有工作程序与准则以及工作手册等，这些文件对于规范工程市场活动，指导咨询工程师的工作实践，提高服务质量均有重要的借鉴和参考价值。

#### 1.1.5.1 工作程序与准则

FIDIC根据咨询的业务实践的需要，编制和出版了一些重要的工作程序与准则以指导工作，其中包括：(1) FIDIC招标程序；(2) 咨询专家在运行、维护和培训中的作用——运行、维护和培训；(3) 编制项目成本估算的准则及工作大纲；(4) 根据质量选择咨询服务；(5) 推荐常规——使在解决建设上争端中作为专家的设计专业人员用；(6) 职业责任保险入门；(7) 建设、保险与法律；(8) 国外施工工程英文标准函；(9) 大型土木工程项目保险；(10) 承包商资格预审标准格式。

#### 1.1.5.2 工作手册

FIDIC的工作手册可以作为咨询工程师的培训资料，对于提高他们的职业道德和业务素质起着有益的作用。一些常用的工作手册包括：(1) 风险管理手册；(2) 环境管理体系培训大全；(3) 业务廉洁管理体系培训手册；(4) 业务实践手册；(5) 质量管理体系培训材料等。

### 1.1.6 职业道德准则

FIDIC认为工程咨询业的工作对于取得社会和环境的可持续发展是至关重要的。

为了充分有效地进行工作，不仅要求咨询工程师不断提高自身的学识和技能，而且也要求社会必须尊重咨询工程师的诚实与正直，信任咨询工程师的判断并给予合理的报酬。

所有FIDIC成员协会都同意以下行为准则，并认为如果希望社会能对咨询工程师有这种必要的信任，这些准则对其成员的行为是极其重要的：

(1) 对社会和咨询业的责任。咨询工程师应承担咨询业对社会所负有的责任，寻求符合可持续发展原则的解决方案，始终维护咨询业的尊严、地位和荣誉。

(2) 能力。咨询工程师应保持其知识和技能水平与技术、法律和管理的发展一致，在为客户提供服务时运用应有的技能，谨慎和勤勉，只承担能够胜任的任务。

（3）廉洁。咨询工程师应始终维护客户的合法利益，并廉洁、忠实地提供服务。

（4）公正。咨询工程师应公正地提供专业建议、判断或决定，为客户服务过程中可能产生的一切潜在的利益冲突，都应告知客户，不接受任何可能影响其独立判断的酬劳。

（5）对他人公正。咨询工程师应推动“基于质量选择咨询服务”的理念，不得故意、无意损害他人的名誉或声誉，不得直接、间接地抢已委托给其他咨询工程师的生意，在通知该咨询工程师之前，并在未接到客户终止其工作的书面指令之前，不得接管该工程师的工作。如被邀请评审其他咨询工程师的工作，应以恰当的行为和善意的态度进行。

（6）反腐败。咨询工程师应既不提供也不收受任何形式的酬劳，这种酬劳意在试图或实际：1）设法影响咨询工程师选聘过程或对其的补偿和（或）影响其客户；2）设法影响咨询工程师的公正判断。当任何合法组成的机构对服务或建筑合同的管理进行调查时，咨询工程师应充分予以合作。

## 1.2 FIDIC条件的应用

### 1.2.1 FIDIC条件的特点与应用前提

FIDIC条款是一种国际惯例。世界银行、亚洲开发银行及美国总承包商协会（FIEG）、中美洲建筑工程联合会（FIIC）等国际组织推荐FIDIC条款作为土木工程实行国际招标时通用的合同条款。FIDIC条款是世界各国土木工程建设和管理百余年来经验的总结，也是一百多年来国际工程承包的经验总结，它把土木工程技术、管理、经济、法规有机地结合在一起，用合同的形式固定下来。

FIDIC条款由于科学性、公正性和严谨性，得到国际上的广泛认可和使用。世界银行、亚洲开发银行和外国政府贷款的项目都要求用FIDIC条款进行项目管理。应该说明，FIDIC条款包括国际上通称的“红皮书”（《土木工程施工合同条件》）、“黄皮书”（《电气与机械工程合同条件》）和“白皮书”（《业主与咨询工程师标准服务协议书》）等。本书涉及的FIDIC条款特指“红皮书”。FIDIC条款不应简单地理解为标准的合同条件，这种理解只是狭义上的解释。从广义上讲，FIDIC条款应是：建设工程项目的实施是按照一套标准的招标文件，通过公开招标选择承包商，通过监理工程师的独立监理进行控制，按照业主与承包商之间签订的合同进行施工。

FIDIC条款是大型复杂建设工程项目管理的国际惯例，它是在一定约束条件下（工期、投资、地域特点等）建设项目的质量保证体系，它包括了高水平项目管理的丰富内涵。但是，并非所有国际工程或经济发达国家的建设项目都采用FIDIC条款，这应取决于建设项目的特点，比如，小型建设项目没有必要采用FIDIC条款，美国AIA的合同范本就采用总价合同形式。因此，采用FIDIC条款并不等于与国际接轨，实施FIDIC条款是有条件的。

#### 1.2.1.1 FIDIC条件的特点

FIDIC条件的特点如下：

（1）国际性、通用性、权威性。FIDIC编制的合同条件是在总结国际工程合同管理方面的经验教训的基础上制定的，并且不断地吸收各方面意见加以完善。如FIDIC“红皮书”从1957年制定第1版以来，已经多次修改和增补；在起草第3版时，各大洲承包商协会的代表曾参加起草工作；在起草第4版时，欧洲国际承包商协会（EIC）和美国承包商协会（AGC）曾提出不少建议；1999年出版的“新红皮书”更是在广泛采纳众多专家意见的基础上，全面修改了合同条件的结构和内容。由此可见FIDIC编制的合同条件是在总结各个地区、各个国家的业主、咨询工程师和承包商各方面的经验的基础上编制出来的，是国际上一个高水平的通用文件。既可以用于国际工程，稍加修改后，又可以用于国内工程，我国有关部委编制的合同条件或协议范本都将FIDIC合同条件作为重要的参考文本。一些国际金融组织的贷款项目以及一些国家和地区的国际工程项目都采用了FIDIC合同条件。

（2）公正合理、职责分明。FIDIC合同条件的各项规定具体体现了业主、承包商的义务、权利和职责以及工程师的职责和权限。由于FIDIC大量地听取了各方面的意见和建议，因而其合同条件中的各项规定也体现了业主和承包商之间风险合理分担的精神，并且在合同条件中倡导合同各方以坦诚合作的精神去完成工程。合同条件中对有关各方的职责既有明确的规定和要求，也有必要的限制，这一切对合同的实施都是非常重要的。

（3）程序严谨，易于操作。FIDIC合同条件中对处理各种问题的程序都有严谨的规定，特别强调要及时处理和解决问题，以避免由于任何一方的拖拉而产生的新问题，另外还特别强调各种书面文件及证据的重要性，这些规定使各方均有规可循，并使条款中的规定易于操作和实施。

（4）通用条件和专用条件的有机结合。FIDIC合同条件一般都分为两个部分，第一部分是“通用条件”（General Conditions），第二部分是“特殊应用条件”（Conditions of Particular Application），也可以称为“专用条件”。FIDIC合同条件的通用条件是指对某一类工程都通用，如FIDIC《土木工程施工合同条件》对于各种类型的土木工程（如工业与民用房屋建筑工程、公路工程、桥梁工程、水利工程、港口码头工程、铁路工程等）均适用。FIDIC合同条件的专用条件则是针对一个具体的工程项目，考虑到各个国家和地区的法律法规不同、项目特点和业主对合同实施的要求不同，而对通用条件进行的具体化、修改和补充。FIDIC编制的各类合同条件的专用条件中，有许多建议性的措辞范例，业主和他聘用的咨询工程师有权决定采用这些措辞范例或另行编制自己认为合格的措辞来对通用条件进行修改和补充。在合同中，凡通用合同条件与专用合同条件不同时均以专用合同条件为准。专用合同条件的条款号与通用合同条件条款号相同。这样通用合同条件与专用合同条件就共同构成了一个完整的合同条件。

#### 1.2.1.2 FIDIC合同条件的优、缺点

FIDIC合同条件的最大特点是：程序公开、公平竞争、机会均等。从理论上讲，FIDIC合同条件对承包商、业主、咨询工程师都是平等的，谁也不能凌驾于谁之上。因此，作为承包商应尽量选用FIDIC合同条件，这样才能更好地保护自己的经济利益及合法权利。FIDIC合同条件的宗旨是：“承包商做工要得到支付，而业主付款要物有所值。”（The Contractor gets paid for the work he performs and the Employer gets the work he is paying for.）（FIDIC合同条件的第60、69款）。

A FIDIC合同条件的优点

（1）承包商和业主之间风险分担公平合理，语言表述准确。

（2）业主和承包商的责任以及工程师的权力规定明确。

1）对于不测事件，明确定义了业主和承包商各自的风险以及提出合理索赔的条件。

2）索赔条款具体、详细。

3）承包商对永久工程设计不负责任（除非合同中明文规定），只限于按图施工（FIDIC合同条件8.2，下同）。

4）专有规定：工程的施工由工程师监督（13.1）。

5）索赔规定：应在提供的证据使工程师感到满意的范围内支付（53.1~53.5）。

6）有一对一解决业主与承包商争议的具体规定。

7）可提交仲裁。

（3）普遍性。作为一种国际惯例，在熟悉它之后就很容易掌握其他国家的标准。

B FIDIC合同条件的缺点

FIDIC合同条件适用习惯法（Common Law）（普通法、不成文法、判例法），而不是成文法（Statute Law）。我国的法律是大陆法系，因此，投标人在签合同时，要清楚FIDIC合同条件的适用法律属于何种法律体系。另外，FIDIC合同条件仅适用于单价合同，而不适合于总价合同和成本加酬金合同。如果要做到FIDIC合同条件不仅仅适用单价合同，则需对FIDIC合同条件作很大的修改。

1.2.1.3 适用方式

FIDIC合同条件是在总结了各个国家、各个地区的业主、咨询工程师和承包商各方经验基础上编制出来的，也是在长期的国际工程实践中形成并逐渐发展成熟起来的，是目前国际上广泛采用的高水平的、规范的合同条件。这些条件具有国际性、通用性和权威性。其合同条款公正合理，职责分明，程序严谨，易于操作。考虑到工程项目的一次性、唯一性等特点，FIDIC合同条件分成了“通用条件”（General Conditions）和“专用条件”（Conditions of Particular Application）两部分。通用条件适于某一类工程，如红皮书适于整个土木工程（包括工业厂房、公路、桥梁、水利、港口、铁路、房屋建筑等）；专用条件则针对一个具体的工程项目，是在考虑项目所在国法律法规不同、项目特点和业主要求不同的基础上，对通用条件进行的具体化的修改和补充。FIDIC合同条件的应用方式通常有如下几种：

（1）国际金融组织贷款和一些国际项目直接采用。在世界各地，凡世界银行集团、亚洲开发银行、非洲开发银行贷款的工程项目以及一些国家和地区的工程招标文件中，大部分全文采用FIDIC合同条件。在我国，凡亚洲开发银行贷款项目，全文采用FIDIC“红皮书”；凡世界银行贷款项目，在执行世界银行有关合同原则的基础上，执行我国财政部在世界银行批准和指导下编制的有关合同条件。

（2）合同管理中对比分析使用。许多国家在学习、借鉴FIDIC合同条件的基础上，编制了一系列适合本国国情的标准合同条件。这些合同条件的项目和内容与FIDIC合同条件大同小异。主要差异体现在处理问题的程序规定上以及风险分担规定上。FIDIC合同条件的各项程序是相当严谨的，处理业主和承包商风险、权利及义务也比较公正。因此，业主、咨询工程师、承包商通常都会将FIDIC合同条件作为一把尺子，与工作中遇到的其他合同条件相对比，进行合同分析和风险研究，制定相应的合同管理措施，防止合同管理上出现漏洞。

（3）在合同谈判中作为合同谈判的指南。FIDIC合同条件的国际性、通用性和权威性使合同双方在谈判中可以以“国际惯例”为理由要求对方对其合同条款的不合理、不完善之处作出修改或补充，以维护双方的合法权益。这种方式在国际工程项目合同谈判中普遍使用。

（4）部分选择使用。即使不全文采用FIDIC合同条件，在编制招标文件、分包合同条件时，仍可以部分选择其中的某些条款、某些规定、某些程序甚至某些思路，使所编制的文件更完善、更严谨。在项目实施过程中，也可以借鉴FIDIC合同条件的思路和程序来解决和处理有关问题。

需要说明的是，FIDIC在编制各类合同条件的同时，还编制了相应的“应用指南”。在“应用指南”中，除了介绍招标程序、合同各方及工程师职责外，还对合同每一条款进行了详细解释和说明，这对使用者是很有帮助的。另外，每份合同条件的前面均列有有关措辞的定义和释义。这些定义和释义非常重要，它们不仅适合于合同条件，也适合于其全部合同文件。系统地、认真地学习和掌握FIDIC合同条件是每一位工程管理人员掌握现代化项目管理、合同管理理论和方法，提高管理水平的基本要求，也是我国工程项目管理与国际接轨的基本条件。目前，我国土木工程行业面临着许多机遇与挑战。不少施工单位参与了许多大型工程项目的建设，对FIDIC合同条件及管理模式有了一定的体会和认识。进一步加强这方面的学习，关注和及时获取这方面的信息，对提高管理水平是十分有益的。

#### 1.2.1.4　FIDIC合同条件适用的工程类别

FIDIC合同条件适用一般的土木工程，其中包括工业与民用建设工程、疏浚工程、土壤改善工程、道桥工程、水利工程、港口工程等。

#### 1.2.1.5　FIDIC合同条件适用的合同性质

FIDIC合同条件在传统上主要适用于国际工程施工。但FIDIC合同条件第4版删去了文件标题中的“国际”一词，使FIDIC合同条件不但适用于国际性招标的工程施工，而且同样适用于国内合同（只要把专用合同条件稍加修改即可）。

#### 1.2.1.6　应用前提

FIDIC条款适用于工程规模大、技术复杂、建设周期较长的建设工程项目。比如北京西客站建设工程就曾完全符合这些条件。问题在于，应用FIDIC条款是有条件的，这些条件包括：（1）采用无限制招标选择承包商；（2）合同履行中建立以工程师为核心的管理模式；（3）施工承包合同采用单价合同。

这三个条件是实施FIDIC合同条件的前提，若它们不能全部得到保证，FIDIC条款必然变形走样或被肢解。改革开放30多年来，我国建筑业发生了深刻变化，建筑市场全面推行工程报建制、招标投标制、项目建设监理制，合同监理制等。但是，我国目前建筑业的管理体制还存在不少弊端，还不完全具备满足上述三个条件的宏观环境。比如，以工程师为核心的管理模式，体现了线性组织结构的运行机制和组织论关于“命令源唯一性”的原则，而我国的组织机构则习惯于职能型管理模式。我国《建设工程施工合同示范文本》

规定由甲方代表或监理工程师实施项目管理。FIDIC条款规定工程师有权处理由于工程量变化引起的单价争议，我国则规定这一争议最终由造价部门裁定。若以我国《建设工程施工合同示范文本》和FIDIC条款逐条加以对照，不难发现多处这种差异。应该指出的是，我国施工合同示范文本未对合同的计价方式作出明确规定。我国在建筑业管理体制和管理方法方面的惯用做法与FIDIC条款实施的要求是不一致的。我国习惯于甲方管理项目，习惯于总价包干合同，工程建设监理不适应全过程全方位进行项目管理的要求，其工作性质和工作水平并未突破以往局限于质量监理的格局，无法体现高智能服务这一宗旨。严格意义的招标投标，首先招标投标双方应做到“双盲”，我国在目前要完全达到这一要求还有一定难度，有些工程项目的标底无法体现商业秘密这一特征。

### 1.2.2 FIDIC条件管理施工项目的基本程序

FIDIC条件管理施工项目的基本程序如下：

（1）选择建设监理，签订监理委托合同；

（2）竞争性招标，确定承包商并签订施工承包合同；

（3）承包商办理履约担保、预付款担保、保险等事项，并得到业主的批准；

（4）业主支付动员预付款和材料预付款；

（5）承包商向工程师提供施工组织设计、施工技术方案、施工进度计划和现金流量估算表；

（6）工程师主持第一次工地会议；

（7）工程师发布开工令，业主移交现场；

（8）承包商根据施工合同文件要求组织施工，工程师根据监理委托合同和施工合同进行日常监理工作；

（9）竣工验收；

（10）承包商申请移交工程；

（11）工程师签发移交证书；

（12）承包商提交竣工报表，工程师签发付款证书；

（13）缺陷责任期；

（14）工程师签发缺陷责任终止证书，业主归还履约担保金和保留金；

（15）承包商提出最终报表；

（16）工程师签发最终支付证书，业主与承包商结清余额。

### 1.2.3 FIDIC条件在我国的应用

#### 1.2.3.1 由来

改革开放以前，我国的建设项目基本上是采用自营制方式；改革开放以后，我国在引进外资的同时引进国外的先进经验和先进技术，其中就有被称为“国际惯例”的FIDIC条件。

我国云南鲁布革水电站引水隧道工程是我国在改革开放后第一个引进世界银行贷款进行国际招标与应用FIDIC条件管理的国家重点工程，引水隧道工程标底为14958万元，日本大成公司以8463万元（比标底低43%）的标价中标，于1984年10月15日施工，1988年7月引水隧道工程全部竣工，比合同工期实际提前了122天。

工程投资减少、质量达到要求、工期缩短——鲁布革水电站引水隧道工程的成功，使人们的思想观念大大转变，从此我国在市场经济条件下实施工程招标投标的制度。

1.2.3.2 应用

FIDIC标准合同通用条件范本，总结了半个多世纪以来的国际工程承包合同中的丰富经验，具有实施国际工程的“工法”和工程合同的“圣经”之称。FIDIC合同标准条件范本被国际主要金融组织所推荐，并被诸多国家的政府项目、雇主和承包商所仿效和接受。其条款中包含了对合同双方在设计、采购、施工、竣工试验等实施过程中可能出现的各种问题的约定、处理和解决条款。FIDIC合同条件涵盖了土建施工承包、安装施工承包、施工总承包、生产设备/设计和施工承包、EPC/交钥匙工程承包。该合同条件适用于各国的各类项目，只是各国对雇主和承包商的法律责任规定不同。应用FIDIC合同条件可以大大减少当事人对合同文件篇幅和责任内容的文字编写，加快了建筑工程承包业的国际化，实现合同编制、管理、实施和控制的标准化、规范化、科学化及高效率。它的应用在国际工程承包中占据重要位置，在国内建设工程领域的应用也越来越广泛。

改革开放以来，我国运用FIDIC合同条件管理的工程达数百个，建设资金达数十亿美元。

A 最先采用的工程

20世纪80年代改革开放后，我国开始探索FIDIC合同条件模式，1986年世界银行贷款项目陕西西三高速公路，1987年世界银行贷款项目京津塘沽高速公路、山东省济青高速公路、四川省成渝高速公路等都是采用了FIDIC合同条件。

B 财政部合同条件版本

针对改革开放后，世界银行、亚洲开发银行贷款项目多，且国际上合同文本不尽适用，财政部于1989年同世界银行一起商讨组编一套结合我国国情的合同条件，在FIDIC条件基础上修订，于1990年4月在美国华盛顿用英文编写，10月8日得到FIDIC董事会的确认，书名为《世界银行贷款项目采购招标文件范本》，分上、中、下三册，中英文并行。世界银行贷款项目“浙江省杭甬高速公路”、“河南省开洛高速公路”、“广东省深汕高速公路”、“广东省佛开高速公路”等都采用此范本。

C 国家工商行政管理局和建设部的合同范本

1991年3月，我国国家工商行政管理局和建设部联合颁发了《建设工程施工合同》，作为我国国内建设工程合同范本使用，主要用于工业和民用建筑方面。

D 交通部的公路工程国际招标文件范本

交通部工程组织专家1992年编写的《公路工程国际招标文件范本》（作为公路工程项目国际招标文件的参考文本范本）、1995年编写的《公路工程国内招标文件范本》（2003年修订）、2009年在2007年七部委《国内土木工程标准招标文件》的基础上编写的作为国内公路工程项目的《公路工程标准施工招标文件》，都是等效地采用了FIDIC条件。

实践表明，采用FIDIC合同条件管理的项目在工程质量、造价、工期的控制方面都优于不按FIDIC合同条件管理的项目。我国已加入WTO，建设市场必将对外开放，进入我国的建设资金将成倍增长，国外的承包商、监理公司也将参与我国的市场竞争，我们必须加快与国际接轨的步伐，按国际惯例办事，尽快推广使用FIDIC合同条件，主动适应国际惯例，迎接挑战。

#### 1.2.3.3 我国使用FIDIC合同条件的优缺点

A 优点

（1）有利于采用竞争性公开招标工程项目，优胜劣汰，促进工程施工和管理的科学化和现代化；

（2）有利于实行业主、承包商、工程师的共同管理和建设好土木工程项目、职责分明、权利对等；

（3）有利于工程质量控制、技术规范和标准明确，定性与定量相结合，有章可循；

（4）有利于工程进度和费用控制，采用工程量清单的单价合同，按用工程进度付款，从进度上保障合同各方利益的实现；

（5）有利于合同各方准确地履行已订立的合同并及时解决合同执行过程中所发生的争议，使工程项目的三大目标达到；

（6）有利于培养和造就一支适应国际工程监理、工程承包和项目管理的专业人才队伍；

（7）有利于与国际惯例接轨，实行完善严格控制的工程师制度。

B 缺点

由于种种原因，FIDIC合同文本目前在我国大陆的适用过程中，还是存在不少问题。目前内地工程项目中采用的大多是香港版的FIDIC条款，由于FIDIC条款自身的特性，如受英美法律传统的影响、“工程师”的作用、工程量清单的使用等，与我国现有的法律机制存在一定的差异，加上内地项目使用FIDIC条款仍处于深度摸索阶段，期间出现一些问题、障碍也在所难免。

（1）FIDIC制定了工程招标投标程序，这些内容并不针对特定的法律制度，具有明显的自由经济色彩，很少涉及政府干预工程。但是，我国的情况显然特殊，政府干预工程建设招标投标的行为普遍被认为是有意和必需的。比较两者的差异，对内地项目使用FIDIC合同也许是有益的，对在华从事服务的境外工程咨询公司尤为必要。

（2）FIDIC合同强调“工程师”的作用，提倡对“工程师”进行充分授权，让其“独立公正地”工作。目前，建设单位对作为“工程师”的第三方——工程咨询/监理方信任不够充分，对“工程师”往往授权不足，多方掣肘，这使得FIDIC合同条款的特色难以发挥。此外，在脱胎于FIDIC合同机制的我国建设监理制度下，我国的监理工程师难以发挥FIDIC条件下的“工程师”作用。

（3）采用工程量清单进行计价和结算，是FIDIC合同的另一重大特色，现在我国工程项目采用工程量清单的法律障碍已不存在，但技术和管理方面的障碍则十分凸显。

（4）FIDIC合同下的风险分担及保险安排有其特点，相对来说也比较公平，在我国公众保险意识相对淡薄，保险市场尚不发达的情况下，建设单位往往不恰当地限制自己的风险，并将有关风险强加给承包商。

(5) 在 FIDIC 合同下，工程担保是很重要的，涉及投标保函、履约保函、预付款保函、工程保留金保函、免税进口材料物资及税收保函、工程款支付保函，内地工程项目较常涉及的是投标保函、履约保函。在工程担保上，目前问题比较突出的是担保不平衡。从长远角度看，这种不平衡将妨碍建设市场的健康发展。

(6) 在 FIDIC 条款下，承包商的工程款受偿比较有保障，我们的问题在于，建设单位经常将 FIDIC 合同条款通用条件有关工程款支付的安排悉数推翻，代之以极具我国特色的拖欠工程款相关内容。如今，高达数千万元的巨额工程拖欠款已成为施工企业和政府主管部门的一大心病。

#### 1.2.3.4 在我国应用 FIDIC 合同条件的局限性

我国利用外资项目的工程实践表明，采用 FIDIC 合同条件，加快了我国工程建设项目管理规范化和标准化的进程，提高了工程项目管理水平。但由于受社会环境、传统文化、法制建设、建筑管理体制、精神文明程度等多方面因素的制约，FIDIC 合同条件在我国的应用也有一定的局限。

(1) 合同的社会环境。FIDIC 合同条件是在市场经济发达的条件下产生并应用的，是在人们视合同为“圣经”的社会里应用的，是在法制完善的国家应用的。我国处于市场经济的初期，旧的社会机制还在起作用，新的社会机制还未完全建立，法制不够完善，人们的法制观念不强，社会文明程度有待提高。目前，还存在建筑行政主管部门地方保护、政企不分的现象，统一开放、竞争有序的建筑市场还未建立，存在着业主建设资金不到位、无合法手续就上项目的现象，存在着由于买方市场而造成的承包商、材料设备供应商、监理单位围着业主转的现象，存在着监理取费不足、装备配置简陋的现象，业主视承包商和监理为雇员。社会环境影响了人们对合同条件的自觉遵守，FIDIC 合同条件在执行过程中困难重重。

(2) 承包商的选择。FIDIC 合同条件要求承包商的确定必须要通过公平的竞争，而在我国目前还缺乏公开、公平、公正的招标市场，存在着政府部门保护本地企业的现象和业主保护关系单位，有意排斥潜在有实力的投标单位而照顾并无竞争实力的关系单位的现象，承包商往往并无完成项目的能力也无投标的资格，而是靠资质挂靠、拉拢腐蚀评委、收买建设单位来获得承包机会。一些招标成了空有形式的走过场式的假招标，从招标开始就脱离了公平竞争的轨道，违背了 FIDIC 合同条件的原则。

(3) 投标报价的方法。FIDIC 合同条件的前提是按固定单价编制招标文件，承包商是根据企业自身的生产成本、利润加税金及风险金确定单价后报价，报价的高低反映了企业的综合素质、管理水平和资信实力。我国当前的招标文件则要求根据国家定额、费率进行报价，而定额、费率仅反映全社会该行业平均的劳动生产率，并不能准确反映单个企业的真正竞争力，中标的承包商未必具备相应的实力，造成了执行合同的困难。

(4) 监理工程师的权力和地位。FIDIC 合同条件下监理工程师处于工程管理的核心地位，对工程的质量、进度、投资控制都有着法定的权力，参建各方自觉维护监理工程师的地位。我国现阶段的监理工程师只能是在业主授权下工作，处于被动的地位，加上一些业主认为监理工程师权力太大，担心大权旁落而不放权，监理工程师的工作难免处处受到牵制，无法切实履行其法定监理职责。依照我国的现有法规与 FIDIC 合同条件相比，我国监理工程师权力不足，表现在以下方面：

1）参加招标、签订合同方面。FIDIC合同条件规定，监理工程师全过程参与招标及合同签订，有建议权，我国监理工程师缺乏这些权利。

2）质量争议裁决权。FIDIC合同条件规定，当业主与承包商对工程质量有争议时，主要由监理工程师裁决，而我国主要由建设行政主管部门的质量监督站裁决。

3）签字付款权。FIDIC合同条件规定监理工程师有签字付款权，有暂定金额的使用权，我国虽然规定付款必须经监理工程师签字，但现实中未必要监理工程师签字，签字也未必付款，更无暂定金额的使用权。

4）工程变更及变更估价权。FIDIC合同条件规定，监理工程师有工程变更及估价的权力，只要监理工程师认为有必要对工程或其中任何部分的形式、质量或数量作出变更。我国监理工程师没有这些权力。

5）分包商确认权。FIDIC合同条件规定，工程分包商必须经监理工程师确认，我国法规虽然也规定了分包商必须经监理工程师确认，但现实中业主往往是绕过监理工程师，自行决定分包队伍，监理工程师也无能为力。

6）发布开工、停工、复工的权力。FIDIC合同条件规定，监理工程师有发布开工、停工、复工的权力，在我国监理工程师发布这些指令需事先征得业主的同意方可。

7）施工组织设计、技术方案的确认权。FIDIC合同条件规定，监理工程师有施工组织设计、技术方案的认可权，我国监理工程师只有建议权，还需书面向业主报告。

8）承包商与业主争端解决权。FIDIC合同条件下的监理工程师对此享有准仲裁的权力，我国监理工程师无裁决权。

（5）监理工程师的素质。FIDIC机构全体会员协会对监理工程师的行为准则都有很高的要求，具体要求包括如下几点：

1）承担本职业的社会责任；

2）坚持职业尊严、地位和荣誉；

3）为可持续发展寻找办法；

4）保持与技能、法规、管理的发展相适应的能力；

5）公正地提出建议、判断和决策；

6）不接受任何酬谢；

7）不得以任何方式破坏其他工程师的业务；

8）工程师对客户的选择及付费和工作判断不受自己的主观影响；

9）告知客户可能发生的利益冲突；

10）增强按照能力进行选择的观念。

同时对监理工程师的培养也有一套严格的程序。我国的监理行业存在监理人员素质偏低的问题。我国的用人机制和教育制度决定了监理人员专业单一，高素质的懂管理、经济、法律、工程技术的复合型人才奇缺。当前，我国的监理工程师大多是设计、施工等人员转行而来，人员参差不齐，有些监理人员对程序都不太熟悉，解决不了现场出现的问题，不善于利用合同给予的权力，责任心不够强、荣誉感不够强的现象较严重，业务水平亟待提高，少数监理工程师与承包商、材料供应商有不正当的利益关系，以权谋私、损人利己的现象还存在。监理人员普遍英语水平低。这些都影响了FIDIC合同条件的贯彻执行。

(6) 业主行为不规范。当前的建筑市场是买方市场，时常有建设单位强迫承包商、材料供应商、监理公司签订不平等条约的现象，这种权利与义务不对等，势必造成承包商、材料供应商偷工减料、投机取巧的行为，造成监理工程师无法公平、公正地工作。长期的计划经济使业主的合同意识差，法制观念差，随意性大；业主常常对监理工作横加干涉，并插手监理人员职责范围内的具体工作，不授予应该授予的权力，科学管理项目的意识差，给监理人员执行合同带来很大的困难。

(7) 法制环境。FIDIC合同条件是在法制完善、合同意识强的环境下运用的，人们自觉遵守合同，违背合同将会受到法律惩罚。目前，我国法制尚不完善，人们法制观念淡薄，意识不到违背合同就是违法，加上有些法规不严谨，存在漏洞，给投机取巧者造成机会，无法可依、有法不依、违法不究、执法不严的现象较普遍，无专业的建设工程经济法庭和司法队伍，建设合同各方的权力均得不到法律的完全保障。

#### 1.2.3.5 对策

(1) 总结反思，提高认识。采用FIDIC合同条件，可以加快我国建设项目的规范化管理和标准化过程，提高工程项目管理水平，使我国的项目管理模式尽快与国际接轨。认识到它可以提高我国的投资效益，且有利于反腐倡廉。因此，我们广大的基本建设人员特别是政府职能部门的同志应充分认识到FIDIC合同条件的科学性、先进性、实用性，只有认识到运用FIDIC合同条件的意义，才能更快地解决运用它存在的问题。

(2) 建立完善的法规体系，创造良好的法制环境，是落实FIDIC合同条件的保证。法制是政府管理的基础，市场经济是法制经济，完善、配套、操作性强的法律法规是十分重要的，我国已经在建筑法律法规体系的建立上取得了很大的成绩，但是，还不是十分完善，在立法的思路、质量上存在一些问题；不同的法律法规在同一问题上的阐述并不一致；在职责划分、责任认定方面不严谨，仍有疏漏。我们应根据加入WTO后我国建筑市场面临的新情况、新问题、新要求，结合以前实践中的经验教训，培养懂工程管理、经济、技术的司法人员，建立完善的建筑市场法规体系及严格的执法监督体系，依法规范建筑市场。构建与市场经济相适应的完善的法律体系是FIDIC合同条款得以落实的根本保证。

(3) 深化建设行业管理体制的改革，营造公平的市场竞争环境，是运用FIDIC合同条件的基础。要建立符合FIDIC合同条件要求的程序公开、公平竞争、合同双方平等的建筑市场体系，完善建筑市场运行的规则，推动建筑市场主体的市场化，建立统一开放、竞争有序的建筑市场，确保参建各方的平等主体地位。转换政府建设行政主管部门的职责，使他们以依法管理为主，政策引导、市场调节、行业纪律、专业组织管理为辅，政府充分依靠专业人士实现对建筑产品生产过程的直接管理，重视发挥专业人士组织及行业协会在行业纪律和建筑市场管理中的作用，树立行业协会的专业权威，靠行业协会管理专业人士。明确政府部门、业主、承包商、监理工程师等各方的职责，做到各负其责，职责明确；完善责任体制，大力推行招标投标制、建设监理制、市场准入制、项目法人负责制、合同管理制，加大落实参建各方的责任的力度。确保各责任主体有能力履行职责和承担责任，确保建筑市场的有序性，构建一个公平、公正、公开的建筑管理、交易平台。

（4）建立与国际接轨的建筑业管理机制，为 FIDIC 合同条件的运用创造条件。建筑市场运行机制是指通过建筑市场建立起来的，在建筑产品生产过程中形成的，经济活动每个组成部分之间的内在的有机联系。国际建筑市场运行机制的基本模式是：在建筑业管理法规的约束下，围绕建筑产品的生产，建筑市场的各主体方（包括业主方、工程监理方、承包商及供应商等）通过市场竞争机制的作用构成相互制约的合同关系及监督管理关系。在这种关系中，以专业人士为核心的监理工程师对市场机制的有效运行及项目建设的成败起着重要作用，因为他们掌握着工程建设所需的技术、经济、管理方面的知识和技能，具体监督、管理工程项目的全部建设过程。在这种模式中，业主没有特殊的地位，政府也没有特殊的地位。

（5）提高监理工程师的素质，是应用 FIDIC 合同条件的关键。监理工程师必须有才，会用权、善用权、用好权；监理工程师必须有德，让别人放心他用权，信任他用权。根据我国监理队伍人才结构的现状，当前最重要的任务是培养既懂工程技术又懂管理、法律、外语的复合型人才。要按照 FIDIC 合同条件对监理工程师的行为准则要求和严格的培养程序，根据远期及近期目标，按照对不同层次人才的需求，制定人才培养计划，加大人才培养力度和知识更新速度，从而培养出具有现代科学知识、管理知识又能把握时代脉搏，具有较强的市场预测能力、调控能力的复合型人才。要建立继续教育制度，改善教育机制、用人机制，从培养人才、使用人才的软环境和硬环境等各个方面创造条件。要加强思想教育，培养有职业道德、敬业精神、有公信力的监理专业人才队伍，迎接加入 WTO 之后更激烈的市场竞争。目前，政府还有必要果断采取市场监管措施，保护监理企业合法、基本的经济利益，以求其生存、提高和发展，监理工程师才有立足之地，提高监理工程师素质才有可能。

（6）规范业主行为是落实 FIDIC 合同条件的必要条件。加强政策宣传，让其充分了解国家的法律法规，坚决依法办事，纠正业主的违规行为。只有这样，才能创造良好的市场环境。还要提高业主的科学管理水平，使其认识到不科学管理的危害性和不遵守合同的违法性。对公有制业主，要加强思想教育，使其树立正确的人生观、道德观、法制观，加强法律法规、职守道德、义务良心、荣誉幸福观等方面的教育，让其学法守法，正确运用法律。

（7）采取措施保证监理工程师的地位和权利，是使用 FIDIC 合同条件的前提。

## 1.3 FIDIC 条件的组成

《土木工程施工合同条件》，简称为 FIDIC “红皮书”，是进行土木建筑类工程项目建设，由业主通过竞争性招标选择承包商承包，并委托监理工程师执行监督管理的标准化合同文件范本。主要内容包括：通用条件、专用条件、投标书及其附件、合同协议书等。

### 1.3.1 通用条件

所谓“通用”，是工程建设项目不论属于哪个行业，也不管处于何地，只要是土木工程类的施工均可适用。

红皮书《通用条件》是 FIDIC 条件第一部分，可直接放入招标文件中，不需从头编写合同条件，且印刷格式相一致，一共72条194款。新红皮书的《通用条件》对第4版的红皮书进行了归类合并，现为20条163款。

（1）一般规定：1.1定义；1.2解释：1.3通信交流；1.4法律与语言；1.5文件优先次序；1.6合同协议书；1.7权益转让；1.8文件的照管和提供；1.9延误的图纸或指示；1.10业主使用承包商文件；1.11承包商使用业主文件；1.12保密事项；1.13遵守法律；1.14共同的和各自的责任。

（2）业主：2.1进入现场权；2.2许可、执照或批准；2.3业主人员；2.4业主资金安排；2.5业主的索赔。

（3）工程师：3.1工程师的任务和权力；3.2工程师的付托；3.3工程师的指示；3.4工程师的替换；3.5确定。

（4）承包商：4.1承包商的一般义务；4.2履约担保；4.3承包商代表；4.4分包商；4.5分包合同权益的转让；4.6合作；4.7放线；4.8安全程序；4.9质量保证；4.10现场数据；4.11中标合同金额的充分性；4.12不可预见的物质条件；4.13道路通行权和设施；4.14避免干扰；4.15进场道路；4.16货物运输；4.17承包商设备；4.18环境保护；4.19电、水和燃气；4.20业主设备和免费供应的材料；4.21进度报告；4.22现场保安；4.23承包商的现场作业；4.24化石。

（5）指定分包商：5.1指定分包商的定义；5.2反对指定；5.3对指定分包商的付款；5.4付款证据。

（6）合同文件：6.1员工的雇用；6.2工资标准和条件；6.3为业主服务的人员；6.4劳动法；6.5工作时间；6.6为员工提供设施；6.7健康和安全；6.8承包商的监督；6.9承包商人员；6.10承包商人员和设备的记录；6.11无序行为。

（7）生产设备、材料和工艺：7.1实施方法；7.2样品；7.3检验；7.4试验；7.5拒收；7.6修补工作；7.7生产设备和材料的所有权；7.8土地（矿区）使用费。

（8）开工和延误和暂停：8.1工程的开工；8.2竣工时间；8.3进度计划；8.4竣工实际时间的延长；8.5当局造成的延误；8.6工程进度；8.7误期损害赔偿费；8.8暂时停工；8.9暂停施工的后果；8.10暂停时对生产设备各材料的付款；8.11拖长的暂停；8.12复工。

（9）竣工试验：9.1承包商的义务；9.2延误的试验；9.3重新试验；9.4未能通过竣工试验。

（10）业主的接收：10.1工程和分项工程的接收；10.2部分工程的接收；10.3对竣工试验的干扰；10.4需要复原的地表。

（11）缺陷责任：11.1完成扫尾工作和修补缺陷；11.2修补缺陷费用；11.3缺陷通知期限的延长；11.4未能修补缺陷；11.5移出有缺陷的工程；11.6进一步试验；11.7进入权；11.8承包商调查；11.9履约证书；11.10未履行的义务；11.11现场清理。

（12）测量和评估：12.1需测量的工程；12.2测量方法；12.3估价；12.4删减。

（13）变更和调整：13.1变更权；13.2价值工程；13.3变更程序；13.4以适用货币支付；13.5暂列金额；13.6计日工作；13.7因法律改变的调整；13.8因成本改变的调整。

（14）合同价格和付款：14.1合同价格；14.2预付款；14.3期中付款证书的申请；

14.4 付款计划表；14.5 拟用于工程的生产设备和材料；14.6 期中付款证书的颁发；14.7 付款；14.8 延误的付款；14.9 保留金的支付；14.10 竣工报表；14.11 最终付款证书的申请；14.12 结清证明；14.13 最终付款证书的颁发；14.14 业主责任的中止；14.15 支付的货币。

（15）由业主终止：15.1 通知改正；15.2 由业主终止；15.3 终止日期时的估价；15.4 终止后的付款；15.5 业主终止的权利。

（16）由承包商暂停和终止：16.1 承包商暂停工作的权利；16.2 由承包商终止；16.3 停止工作和承包商设备的撤离；16.4 终止时的付款。

（17）风险与职责：17.1 保障；17.2 承包商对工程的照管；17.3 业主的风险；17.4 业主风险的后果；17.5 知识产权和工业产权；17.6 责任限度。

（18）保险：18.1 有关保险一般要求；18.2 工程和承包商设备的保险；18.3 人身伤害和财产损害保险；18.4 承包商人员的保险。

（19）不可抗力：19.1 不可抗力的定义；19.2 不可抗力的通知；19.3 将延误减至最小的义务；19.4 不可抗力的后果；19.5 不可抗力影响分包商；19.6 自主选择终止、付款和解除；19.7 根据法律解除履约。

（20）索赔、争端和仲裁：20.1 承包商的索赔；20.2 争端裁决委员会的任命；20.3 未能就争端裁决委员会达成协议；20.4 取得争端裁决委员会的决定；20.5 友好解决；20.6 仲裁；20.7 未能遵守争端裁决委员会的决定；20.8 争端裁决委员会任命的期满。

通用条件概括了工程项目施工阶段业主、承包商双方的权利与义务，建设监理工程师的职责与权利，各种可能预见事件发生的责任界限，正常履行合同过程中各方应遵守的工作程序以及因意外事件而使合同被迫终止时各方应遵守的工作准则。

通用条件内相关条款之间，既相互联系起到补充作用，又相互制约起到保证作用。

### 1.3.2 专用条件

专用条件是相对于通用条件而言的，要根据准备实施的项目的工程专业特点以及工程所在地的政治、经济、法律、自然条件等地域特点，针对通用条件中条款的规定加以具体化。可以对通用条件中的规定进行相应补充完善、修订或取代其中的某些内容以及增补通用条件中没有规定的条款。专用条件中条款序号应与通用条件中要说明条款的序号对应，通用条件和专用条件内相同序号的条款共同构成对某一问题的约定责任。如果通用条件内的某一条款内容完备、适用，专用条件内可不再重复列此条款。特别是对通用条件中某些条款不适合的，就可在专用条件中指出，予以删去或修改，换上本项目适合的内容，还可对通用条件中写得不具体细致的，在专用条件的对应条款中加以详细阐述或补充。

专用合同条件中条款出现的原因如下：

（1）在通用合同条件的措辞中专门要求在专用合同条件中包含进一步信息，如果没有这些信息，合同条件不完整。

（2）在通用合同条件中说到在专用合同条件中可能包含有补充材料的地方，但如果没有这些补充条件，合同条件仍不失其完整性。

（3）工程类型、环境或所在地区要求必须增加的条款。

（4）工程所在国法律或特殊环境要求通用合同条件所含条款有所变更。此类变更是这样进行的：在专用合同条件中说明通用合同条件的某条或某条的一部分予以删除，并根据具体情况给出适用的替代条款或者条款的一部分。

### 1.3.3 合同的通用条件和专用条件的关系

合同的通用条件和专用条件的关系如下：

（1）专用条件是结合具体某个国家的某一工程项目编制的，它的针对性较强；通用条件是国际性承包工程项目均可使用的，其应用的广泛性较强；

（2）一般来说，合同专用条件的法律地位比通用条件高；

（3）专用条件中的条款可以否定通用条件中的条款，反之则不行。

### 1.3.4 FIDIC 合同条件的组成顺序

FIDIC 合同条件的组成顺序依次包括以下几个部分：

（1）合同协议书（Agreement）；

（2）中标通知书（Letter of Acceptance）；

（3）标书、标书附录与投标保证（Tender, Appendix to Tender and Tender Security）；

（4）专用条件（Conditions of Contract for Works of Civil Engineering Construction, Part Ⅱ Conditions of Particular Application with Guidelines for Preparation of Part Ⅱ Clauses）；

（5）通用条件（Conditions of Contract for Works of Civil Engineering Construction, Part Ⅰ General Conditions）；

（6）其他有关文件：

1）图纸（Drawings）；

2）规范标准（Specifications）；

3）有标价的工程量清单（Priced Bills of Quantities）。

4）其他明确列入中标函和合同协议书中的文件，例如劳务费、材料供应协议，补遗，招标期间业主和承包商的来往信件，澄清会议纪要，现场条件资料，水文地质及气候资料等。

以上六部分文件单独存在时不具有法律效率，只有它们共同存在时才具有完整的法律效率。

### 1.3.5 FIDIC 合同条件七大条款的主要内容

针对 FIDIC 合同条件内容，可以将其条款汇总为七个方面：一般性条款、法律条款、商务条款、技术条款、权利与义务条款、违约惩罚与索赔条款、附件和补充条款。

#### 1.3.5.1 一般性条款

一般性条款包括下述内容：

（1）招标程序。招标程序包括合同条件、规范、图纸、工程量表、投标书、投标者须知、评标、授予合同、合同协议、程序流程图、合同各方、监理工程师等。

（2）合同文件中的名词定义及解释。

（3）工程师及工程师代表和他们各自的职责与权力。

（4）合同文件的组成、优先顺序和有关图纸的规定。

（5）招投标及履约期间的通知形式与发往地址。

（6）有关证书的要求。

（7）合同使用语言。

（8）合同协议书。

1.3.5.2 法律条款

法律条款主要涉及：合同适用法律；劳务人员及职员的聘用、工资标准、食宿条件和社会保险等方面的法规；合同的争议、仲裁和工程师的裁决；解除履约；保密要求；防止行贿；设备进口及再出口；强制保险；专利权及特许权；合同的转让与工程分包；税收；提前竣工与延误工期；施工用材料的采购地。

1.3.5.3 商务条款

商务条款系指与承包工程的一切财务、财产所有权密切相关的条款，主要包括：承包商的设备、临时工程和材料的归属，重新归属及撤离；设备材料的保管及损坏或损失责任；设备的租用条件；暂定金额；支付条款；预付款的支付与扣回；保函，包括投标保函、预付款保函、履约保函等；合同终止时的工程及材料估价；解除履约时的付款；合同终止时的付款；提前竣工奖金的计算；误期罚款的计算；费用的增减条款；价格调整条款；支付的货币种类及比例；汇率及保值条款。

1.3.5.4 技术条款

技术条款是针对承包工程的施工质量要求、材料检验及施工监督、检验测量及验收等环节而设立的条款，包括：对承包商的设施要求；施工应遵循的规范；现场作业和施工方法；现场视察；资料的查阅；投标书的完备性；施工制约；工程进度；放线要求；钻孔与勘探开挖；安全、保卫与环境保护；工地的照管；材料或工程设备的运输；保持现场的整洁；材料、设备的质量要求及检验；检查及检验的日期与检验费用的负担；工程覆盖前的检查；工程覆盖后的检查；进度控制；缺陷维修；工程量的计量和测量方法；紧急补救工作。

1.3.5.5 权利与义务条款

权利与义务条款包括承包商、业主和监理工程师三者的权利和义务。

（1）承包商的权利和义务：承包商的权利；承包商的义务。

（2）业主的权利和义务：业主的权利；业主的义务。

（3）监理工程师的权利和义务（监理工程师虽然不是工程承包合同的当事人，但他受雇于业主，为业主代为管理工程建设，行使业主或 FIDIC 条款赋予他的权力，也相应承担义务）：监理工程师的权力（监理工程师可以行使合同规定的或合同中必然隐含的权力）；监理工程师的义务（监理工程师作为业主聘用的工程技术负责人，除了必须履行其与业主签订的服务协议书中规定的义务外，还必须履行其作为承包商的工程监理人而尽的职责，FIDIC 条款针对监理工程师在建筑与安装施工合同中的职责规定了相关义务）。

1.3.5.6 违约惩罚与索赔条款

违约惩罚与索赔是 FIDIC 条款中一项重要内容，也是国际承包工程得以圆满实施的有效手段。采用工程承发包制实施工程的效果之所以明显优于其他方法，根本原因就在于按照这种制度，当事人各方责任明确，赏罚分明。

FIDIC条款中的违约条款包括两部分，即业主对承包商的惩罚措施和承包商对业主拥有的索赔权。

（1）惩罚措施：因承包商违约或履约不力，业主可采取没收有关保函或保证金、误期罚款、由业主接管工程并终止对承包商的雇用等惩罚措施。

（2）索赔条款：索赔条款是关于承包商享有的因业主履约不力或违约或因意外因素（包括不可抗力情况）蒙受损失（时间和款项）而向业主要求赔偿或补偿权利的契约性条款。这方面的条款包括：索赔的前提条件或索赔动因、索赔程序、索赔通知、同期记录、索赔的依据、索赔的时效和索赔款项的支付等。

1.3.5.7　附件和补充条款

FIDIC条款还规定了招标文件的文件内容和格式以及在各种具体合同中可能出现的补充条款。

（1）附件条款：附件条款包括投标书及其附件、合同协议书。

（2）补充条款：补充条款包括防止贿赂、保密要求、支出限制、联合承包情况下各承包人的各自责任及连带责任、关税和税收的特别规定五个方面的内容。

### 1.3.6　FIDIC合同中的定义及解释原则

1.3.6.1　定义

A　合同主体

（1）定义：合同主体是指具有民事权利能力和民事行为能力的法人和自然人。

（2）法人条件：1）依法成立；2）有必要的财产或经费；3）有自己的名称、章程、组织机构和办公场所；4）能够独立承担民事责任。

（3）种类：1）雇主：建设单位、业主、甲方、发包方；2）承包人：施工单位（设计单位、勘测单位等）、承包商、乙方；3）分包商；4）工程师及工程师代表；5）当事人、合法继承人、受让人；6）其他：项目经理、项目技术负责人等。

B　投标人须知（Instructions to Bidders）

投标人须知，简单说来，就是告诉投标人如何编制投标书，按什么程序投标以及招标人如何开标、评标和授标（即选定中标者）的文件。不懂招标投标的外行人，看过投标人须知后，就能知其大概。

C　合同文件

（1）合同文件。合同文件是一个专用名词，有其特定的内容，包括合同条件（第一、二部分，即通用条件、专用条件）、技术规范、图纸、工程量表、投标书及附件以及补遗书、来往信函、备忘录、会议纪要等。一经列入合同文件的都具有法律效力。

（2）合同协议书。合同文件指业主和承包商就某一土木建筑工程的施工明确双方权利和义务而达成的协议。

（3）技术规范（Specifications）。技术规范是业主要求承包商在履行施工合同中应遵守的质量、安全、工艺、操作、程序等规定。技术条款是相对合同条件而言的，合同条件可称为法律（商务条款）条款；技术条款规定合同的范围和技术要求，对承包商提供的材料的产地、质量和工艺标准（设计、加工、制造、安装、验收规范）以及承包商对永久工程的设计负责的程度必须作出明确的规定。技术条款还应当包括在合同期间由承包商提供的样品和进行试验的细节，对承包商工作或施工的顺序、时间安排或方法的选择自由有任何限制时都应当明确规定，同时，还必须给出对承包商使用工程现场的任何限制，例如，为其他承包商提供通道和空间。

（4）图纸（Drawings）。图纸必须足够详细，以便投标人在阅读了技术条款、工程量清单之后能够准确地确定合同所包括的工作性质和范围。在招标阶段，国外一般很少能够提供整套的完整图纸，承包商也很少在施工过程中不再需要业主提供任何进一步的图纸。国际上大多数合同都需要在承包商中标后随着工程的进行而提供。

（5）有标价的工程量清单（Bills of Quantities）。工程量清单列出了为完成合同工程而必需的各分项工程的估算工程量，是与技术规范相对应的非常重要的文件。它详细说明了技术规范中各工程细目的数量，是获得合同中关于工程量信息和有效而精确地编制投标书的依据。前面已经提到，FIDIC 合同条件仅适用于单价计量合同。当然，该清单中也可以列上某些按总价计算的工作或分项工程。如果列入总价工作，则一定要详细地说明其范围和性质。

（6）投标书及投标书附件（Tender，Bid）。投标书是投标人提交的最重要的单项文件，是由投标单位授权的代表签署的对业主和承包商双方均具有约束力的合同的重要部分的投标文件。投标书附件是对合同条件规定的重要要求的具体化文件，其内容有：投标人向招标人表态，承认自己已经认真阅读了招标文件，理解了招标文件的要求；投标人向招标人表明，自己正是根据招标文件的要求提出报价，并承担和履行招标文件要求的义务和责任。

（7）中标通知书。中标通知书是由业主向中标人发出中标的通知书。

（8）构成合同组成部分的其他任何文件。

D 工期、开工日期、竣工日期、实际工期、缺陷责任期

（1）合同工期。合同工期是所签合同内注明的完成全部工程或分部移交工程的时间，与合同履行过程中因非承包商应负责原因导致变更和索赔事件发生后，经工程师批准顺延工期之和。合同内约定的工期指承包商在投标书附录中承诺的竣工时间。合同工期的日历天数作为衡量承包商是否按合同约定期限履行施工义务的标准。

（2）开工日期。一般情况下，承包商在收到中标函 42 天内，工程就要开工。但工程师应在不少于 7 天前向承包商发出“开工日期”的通知，该通知书上写明的日期就是开工日期。

（3）施工期。从工程师按合同约定发布的“开工令”中指明的应开工之日起，至工程移交证书注明的竣工日止的日历天数为承包商的施工期。用施工期与合同工期比较，判定承包商的施工是提前竣工，还是延误竣工。

（4）竣工日期。竣工日期是合同工期的截止时间，承包商应在此时间前完成整个工程和每个分项工程。

（5）实际工期。实际工期指合同工期加上合同履行过程中因非承包商因素及非承包商应承担的风险事件发生后经工程师批准可以延长的时间。

（6）缺陷责任期。缺陷责任期即国内施工文本所指的工程保修期，是指自工程移交证书中写明的竣工日开始，至工程师颁发解除缺陷责任证书为止的日历天数。尽管工程移交前进行了竣工检验，但工程移交证书只是证明承包商的施工工艺达到了合同规定的标准，设置缺陷责任期的目的是考验工程在动态运行条件下是否达到了合同中技术规范的要求。因此，从开工之日起至颁发解除缺陷责任证书日止，承包商要对工程的施工质量负责。合同工程的缺陷责任期及分阶段移交工程的缺陷责任期，应在专用条件内具体约定。次要部位工程通常为半年；主要工程及设备大多为一年；个别重要设备也可以约定为一年半。

（7）合同有效期。合同有效期自合同签字日起至承包商提交给业主的“结清单”生效日止，期间施工合同对业主和承包商均具有法律约束力。颁发解除缺陷责任证书只是表示承包商的施工义务终止，即证明承包商的工程施工、竣工和保修义务满足合同条件的要求，但合同约定的权利义务并未完全结束，还剩有管理和结算等手续。结清单生效指业主已按工程师签发的最终支付证书中的金额付款，并退还承包商的履约保函。结清单一经生效，承包商在合同内享有的索赔权利也自行终止。

E　合同价格、暂定金额、预付款、保留金

（1）合同价格。合同条件中通用条件第 1.1 款规定，“合同价格指中标通知书中写明的，按照合同规定，为了工程的实施、完成及其任何缺陷的修补应付给承包商的金额。”但应注意，中标通知书中写明的合同价格仅指业主接受承包商投标书中为完成全部招标范围内工程报价的金额，不能简单地理解为承包商完成施工任务后应得到的结算款额。因为合同条件内很多条款都规定，工程师根据现场情况发布非承包商应负责原因的变更指令后，如果导致承包商施工中发生额外费用所应给予的补偿以及批准承包商索赔给予补偿的费用，都应增加到合同价格上去，所以签约时原定的合同价格在实施过程中会有所变化。大多数情况下，承包商完成合同规定的施工义务后，累计获得的工程款也不等于原定合同价格与批准的变更和索赔补偿款之和，可能比其多，也可能比其少。

（2）暂定金额。暂定金额指包括在工程报价中，但不包括在工程量清单内，由业主（工程师）支配的用于暂定工程、计日工、指定分包工程以及突发事件费用的一笔资金。某些项目的工程量清单中包括有“暂定金额”款项，尽管这笔款额计入在合同价格内，但其使用却由工程师控制。暂定金额实际上是一笔业主方的备用金，工程师有权依据工程进展的实际需要，用于施工或提供物资、设备以及技术服务等内容的开支，也可以作为供意外用途的开支。他有权全部使用、部分使用或完全不用。工程师可以发布指示，要求承包商或其他人完成暂定金额项内开支的工作，因此只有当承包商按工程师的指示完成暂定金额项内开支的工作任务后，才能从其中获得相应支付。由于暂定金额是用于招标文件规定承包商必须完成的承包工作之外的费用，承包商报价时不将承包范围内发生的间接费、利润、税金等摊入其中，所以他未获得暂定金额内的支付并不损害其利益。

（3）预付款。预付款是业主为了帮助承包商缓解进行施工前期工作时的资金短缺，从未来的工程款中提前支付的一笔款项。通用条件对合同中是否一定包括预付款以及预付款金额的多少没有作出明确规定，但在应用指南中说明如果业主同意给预付款的话，需在专用条件中详细列明支付和扣还的有关事项。预付款包括开工预付款和材料预付款。开工预付款总额一般为中标合同金额的5% ~20%。

（4）保留金。保留金是业主按照投标书附录中规定的百分比，从承包商应得的期中付款中扣发的保证承包商必须严格履行合同义务的担保金，一般为中标合同金额的2.5% ~5.0%。

F 期中支付、竣工结算、最终结算

（1）期中支付。期中支付指业主按工程进度给付工程进度款项的行为。

（2）竣工结算。竣工结算指工程竣工验收后，由工程师对照竣工图进行详细核算审查的过程。

（3）最终结算。最终结算指颁发履约证书后，对承包商完成全部工作价值的详细结算过程。

G 主导语言与法律

（1）主导语言。通用条件中要求应在专用条件中规定合同的主导语言。

（2）法律。法律指在专用条件中约定的适用法律。

H 中期支付证书、初验证书、终验证书、最终支付证书、合同终止时的评估证书

（1）中期支付证书。中期支付证书是按月向承包商支付已经完成工程量的支付证书，即根据工程师代表和承包商双方同意已经测量的工程量签发支付证书。业主必须在工程师收到承包商的付款请求后的56天内支付承包商。如果支付被延迟，则承包商有权对未支付部分按合同约定的利率计算方式收取利息，若延迟时间超过合同规定的期限，承包商有权提出暂时停工。

（2）初验证书。承包商按合同规定对已完成的工程或合同规定的部分工程提出申请后的28天内，如检验合格，工程师应对申请的整个工程或合同规定的部分工程出具初验证书。

（3）终验证书。工程师应在缺陷责任期过后28天内，在对所有工程进行验收并确认所有缺陷即认证书中所列缺陷得到纠正的基础上，向承包商出具终验证书。对承包商而言，只由工程师出具终验证书后才能被认为工程被业主正式接受。

（4）最终支付证书。在出具终验证书后，工程师必须在合同规定的期限内向承包商出具最终支付证书。

（5）合同终止时的评估证书。按合同规定，业主决定终止合同时，工程师应在终止日对工程进行评估并出具评估证书。

I 合同的转让与分包

（1）合同的转让。合同的转让是指合同的当事人一方将合同的权利和义务转让给第三方，由第三方接受权利和承担义务的法律行为。

（2）分包。分包是指经业主和监理工程师的同意，建筑工程总承包单位可以将承包工程的部分工程发包给具有相应资质条件的分包单位的行为。

J 指定分包商

指定分包商是指经业主和监理工程师挑选或指定的进行与工程实施、货物采购等工作

有关的分包单位。

K 保险

保险是一种受法律保护的分散危险、消化损失的经济制度。

1.3.6.2 解释原则

(1) 主导语言原则：一般在应用FIDIC条件，合同文本用两种语言编写时，合同中就必须明确以何种语言作为合同签订的语言即主导语言。

(2) 适用法律原则：

1) 以“意思自治”为原则；

2) 当合同中没有明文规定适用法律，一般以合同签订地和履行地的法律为适用法律。

(3) 要约与承诺原则：要约为订立合同的一方向另一方提出的合同草案或合同条件；承诺方则为完全同意和接受要约方的条件。因此，要约和承诺双方一旦达成协议，合同随即成立，构成了依据法律而存在的合同关系。

(4) 整体解释原则：

1) 专用合同条件优先于通用合同条件；

2) 具体规定优先于笼统规定；

3) 书写条文优先于打字条文，打字条文优先于印刷条文；

4) 单价优先于总价；

5) 技术规范优先于图纸。

(5) 反义居先原则：当合同文件中有矛盾和含糊不清，引起对合同条款的规定和理解有两种不同的解释时，应该以与合同起草一方相反的意图优先解释合同条款，而不是以合同起草一方的意图为准。

(6) 定量优先原则：依据FIDIC条件，当合同文件中有碰撞、遗漏等矛盾时，以合同文件的优先次序号码为准进行解释。当合同对关于数量的论述理解不同或矛盾时，按此原则，以具体数量规定的论述为主。

(7) 诚实信用原则：世界各国法律普遍认为，诚实信用原则是解释合同的基本原则之一。其含义是指当事人各方在签订和执行合同时，应该诚实，讲究信用，以善意与合作的方式履行合同规定的义务，不得规避法律和合同。因此，法律认为合同当事人各方在签订合同之前已认真阅读和理解了合同文件，都明白该合同是真实意思的表达，做到知其所图，言其所想。只有合同各方当事人都是诚心善意去理解和执行合同条款，才能使工程承包合同的目标顺利地实现。

上述原则是国际上公认解释合同的准则。

1.3.6.3 FIDIC合同条件中的明文条款规定

合同文件形成中，所有以文字叙述和数字明确写出的各项条款及具体规定，都属于合同的明文条款。它包括了合同的通用条件、专用条件、投标书、协议书、技术规范和图纸、试验检测报告、计量支付报表以及会议纪要、信函、电传、电报等一系列书面的合同文件。在土木工程合同执行过程中，明文条款对合同各方的责权利都有明确的书面规定，因而对合同的实施带来方便，很少会发生合同争端。一般合同争议常发生在合同规定不明确或遗漏、疏忽与矛盾含糊之处。为了避免和减少合同争议事件的发生，在编写和执行合同文件的过程中应该注意以下几方面的问题：

（1）合同文件制定应通盘考虑，认真细致地研究，尽量避免合同文件之间的矛盾与含糊不清。主要应注意通用合同条件与专用合同条件之间的差异，施工技术规范与施工图纸之间的重复、遗漏或相互矛盾，勘查设计资料与实际工程实施中水文地质条件之间的异同等。

（2）投标报价的承包商应严肃认真地对待招标文件，仔细阅读和研究招标文件，对于招标文件中的疑问或模糊不清处要及时提出质询，由此查明招标文件与合同中的风险大小，从而确定投标的战略战术，做出较合理有利的报价，以利于中标竞争。

（3）在得到中标通知书和正式签订施工协议书之前，业主和承包商双方对于施工合同文件中的细节要进行深入理解，对于合同中显失公平之处，风险分担不公平之处，或者是合同中前后矛盾之处，要利用合同谈判的机会，予以质疑并澄清问题。在双方共同协商一致的原则下，修改和补充原合同文件中的某一部分，并以书面文字予以记录，作为合同文件的组成部分，与原合同文件有同等的法律效力。

（4）在合同实施和工程项目的执行过程中，承包商若发现合同文件矛盾或含糊不清，应及时向监理工程师和业主提出，以便及时予以明确的调整，或由监理工程师下达变更令来执行，以免影响工程的进展。若监理工程师未及时予以解决，由此引起的工程延期和费用增加，承包商有权得到相应的补偿。

#### 1.3.6.4 合同文件中的合理推论工作的规定

根据FIDIC合同条件第8条的规定，承包商应按照合同的各项规定，以应有的精心和努力对工程进行设计、施工，并且竣工后修复任何缺陷。承包商不仅要完成合同文件中明文规定的工作，还要完成根据合同合理推论出来的工作，也就是业主或咨询工程师根据合同的内部含义而提出的新增的工作。

根据合同文件合理推论的工作，亦叫做合同文件中的隐含条款。它不像明文条款那样将合同双方的责权利等具体细节在文字上明确表达出来，但是为了执行合同和工程项目，合同的双方或多方又必须考虑隐含的合同条款精神，以便完成合同规定的工作。隐含的合同条款是一个广泛的合同概念，它可以从合同的明文条款中合理推论，也可以从法律上或当事人双方的合同关系中引申出来。只要这些推论或引申出来的合同含义符合法律规定，合同双方就应遵照执行。隐含的合同条款有其严格的法律上的合同意义与作用，它必须要满足一些基本条件才依法成立。

（1）对原合同的推论引申必须是公平合理的。不论是由业主提出，监理工程师提出，或承包商提出，都要符合法律及合同规定，出自公心，为了更好地实施工程项目工作。

（2）对原合同的推论引申必须是显而易见、清晰明确的。比如在土木工程项目实施过程中，由于工程实施需要，监理工程师提出了新的施工项目的要求，超出了工程量清单的范围。依据FIDIC合同条件第51条，监理工程师可以下达变更令，承包商则按此指示执行变更工程，但承包商有权在费用和工期方面提出合理的索赔要求。

（3）对原合同的推论引申必须与原合同的明文条款精神保持一致，并使原合同更加有效地实施。对原合同的推论引申不能超出原合同划定的工程范围，只能在此基础上有所变化，并对合同执行过程中的问题，及时协商处理。如对风险发生的责任，单价与总价的调整，工期的延长与否等问题及时解决，使工程项目的目标顺利达到。

### 1.3.7 FIDIC合同条件下的合同管理

FIDIC认为，随着项目的不断复杂化和项目融资渠道的多元化，为了在预定的时间和要求的预算内圆满完成项目，技术方面和管理方面的标准化是必不可少的。

#### 1.3.7.1 FIDIC合同条件使用基础和主要特点

（1）FIDIC合同条件适用于那些采用竞争性招标的项目。

（2）FIDIC合同条件要求由业主委托工程师管理合同，通常由咨询工程师设计该项目并编制招标文件。工程师不属于合同的一方，但FIDIC在合同中对工程师给予了许多职权。

（3）FIDIC应用于固定单价合同。工程量表中的工程量是估计的，要求投标者填写固定的单价。

（4）与上一条相对应，合同价是可以调整的。合同价格调整主要包括四个方面：因通货膨胀或汇率波动引起的各项工程投入价格的变化；后继法规导致的承包商费用的增加或减少；变更带来的合同价格的调整；对合理索赔的补偿。

（5）合同工期是可以改变的。因承包商原因导致的工期延误，承包商应自费加速施工或支付误期损害赔偿；由于业主原因引起的延误，工程师应给予工期延期。如果业主希望赶工并保证计划工期的实现，则应事先与承包商达成补充协议。

（6）合同争议通过调解方式解决。在新版FIDIC中，明确规定合同双方应设立“DAB”（争议裁决委员会），负责对争议的调解和处理，以尽可能避免仲裁。

#### 1.3.7.2 FIDIC由工程师代业主负责全面的合同管理

业主作为项目筹资、建设、运行和还贷整个过程的总负责人，自然是居于项目管理的中心地位，对项目负最终责任。所以，业主既要负责项目筹资、协调，及时做出重大技术、设计和合同问题的决策，又要帮助建立适当规模、人员充足和具有丰富管理经验的工程师机构，并按照合同给予工程师充分权力，支持工程师独立地进行工作，维护工程师公正执行合同的形象。这是FIDIC要求由工程师作为合同管理人的最重要的基础。

#### 1.3.7.3 FIDIC合同条件下的合同管理的目标

合同管理直接为项目总目标和企业总目标服务，保证项目总目标和企业总目标的实现。所以合同管理不仅是工程项目管理的一部分，而且又是企业管理的一部分。

（1）保证项目三大目标的实现，使整个工程在预定的成本（投资）、预定的工期范围内完成，达到预定的质量和功能目标。

（2）一个成功的合同管理，要在工程结束时使双方都感到满意，合同争执较少，合同各方面能互相协调。业主对工程、对承包商、对双方的合作感到满意；而承包商不仅取得了利润，而且赢得了信誉，建立了双方友好合作的关系。工程问题的解决公平合理，符合惯例，这是企业经营管理和发展战略对合同管理的要求。

#### 1.3.7.4 FIDIC合同条件下的合同管理的特点

（1）建筑工程项目是一个渐进的过程，工程持续时间长，工程承包合同生命期长。它不仅包括施工期，而且包括招标投标和合同谈判以及保修期，所以一般至少两年，长的可达 5 年或更长的时间。合同管理必须在这么长时间内连续地、不间断地进行，从领取标书直到合同完成并失效。

（2）由于工程价值量大，合同价格高，使合同管理对工程经济效益影响很大。合同管理得好，可使承包商避免亏本，赢得利润，否则，承包商要蒙受较大的经济损失。这已为许多工程实践所证明。

（3）工程过程中内外的干扰事件多，合同变更频繁。常常一个稍大的工程，合同实施中的变更能有几百项。合同实施必须按变化了的情况不断地调整，这要求合同管理必须是动态的，必须加强合同控制和合同变更管理工作。

（4）合同管理工作极为复杂、烦琐，是高度准确、严密和精细的管理工作。原因如下：

1）现代工程体积庞大，结构复杂，技术标准、质量标准高，要求相应的合同实施的技术水平和管理水平高。

2）由于现代工程资金来源渠道多，有许多特殊的融资方式和承包方式，使工程项目合同关系越来越复杂。

3）FIDIC 合同条件表现为合同条款多，所属的合同文件多，而且还表现在与主合同相关的从合同多。例如在工程承包合同范围内可能有许多分包、供应、劳务、租赁、保险合同，它们之间存在极为复杂的关系，形成一个严密的合同网络。复杂的合同条件和合同关系要求高水平的项目管理，特别是合同管理水平相配套，否则合同条件没有实用性，项目不能顺利实施。

4）工程的参加单位和协作单位多，即使一个简单的工程就涉及业主、总包、分包、材料供应商、设备供应商、设计单位、监理单位、运输单位、保险公司等十几家甚至几十家单位。各方面责任界限的划分、合同的权利和义务的定义异常复杂，合同文件出错和矛盾的可能性加大。合同在时间上和空间上的衔接和协调极为重要，同时又极为复杂和困难。

5）合同实施过程复杂，从购买标书到合同结束必须经历许多过程。签约前要完成许多手续和工作，签约后进行工程实施，有许多次落实任务，检查工作，会办和验收。要完整地履行一个承包合同，必须完成几百个甚至几千个相关的合同事件，从局部完成到全部完成。在整个过程中，稍有疏忽就会导致前功尽弃，导致经济损失。所以必须保证合同在工程的全过程和每个环节上都顺利实施。

6）在工程过程中，合同相关文件，各种工程资料汗牛充栋。在合同管理中必须取得、处理、使用、保存这些文件和资料。

（5）由于工程实施时间长，涉及面广，合同管理受外界环境的影响大，风险大，如经济条件、社会条件、法律和自然条件的变化等。这些因素承包商难以预测，不能控制，但都会妨碍合同的正常实施，造成经济损失。有人把它作为国际工程承包商失败的主要原因之一。合同本身常常隐藏着许多难以预测的风险，由于建筑市场竞争激烈，不仅导致报价降低，而且业主常常提出一些苛刻的合同条款，如单方面约束性条款和责权利不平衡条款，这在国际工程中并不少见。

# 1.4 FIDIC施工合同条件与国际其他施工合同条件的比较

## 1.4.1 FIDIC施工合同条件

### 1.4.1.1 1999年以前的FIDIC《施工合同条件》

1999年以前，FIDIC主要出版了5种模式的标准化合同条件，被称为“FIDIC彩虹族”。

（1）FIDIC的红皮书《土木工程施工合同条件》（Conditions of Contract for Construction）：1957年出版了第1版，经过1963年第2版、1977年第3版、1987年第4版和1992年修订版，是国际上通用的、权威性的土木工程施工合同条件。红皮书适用于所有的土木工程，特别是世界银行贷款的项目、单价合同项目。

（2）FIDIC的黄皮书《电气与机械工程合同条件》（Conditions of Contract for Plant and Design-Build）：1963年出版了第1版，经过1980年第2版、1987年第3版。黄皮书是在红皮书的基础上编写的，两者的基本出发点一致，都是基于建设项目的实施通过招标选择承包商，合同的履行过程中建立以工程师为核心的管理模式。黄皮书适用大型的、总价承包合同的土木工程项目。

（3）FIDIC的橘皮书《设计、建造与交钥匙工程合同条件》（Conditions of Contract for EPC/Turnkey Projects）：1995年出版了第1版，适用于由承包商设计与交钥匙的土木工程项目。

（4）FIDIC的白皮书《业主与咨询工程师标准服务协议书》：1990年在《设计和施工监督协议书国际范本及通用规则》（1979年）和《业主和咨询工程师项目管理协议书国际范本及通用规则》（1980年）的基础上编写，适用于国际工程的投资前研究、可行性研究、设计与施工管理、项目管理。

（5）FIDIC的褐皮书《土木工程施工分包合同条件》。

### 1.4.1.2 1999年以后的FIDIC《施工合同条件》

A 改版缘由

（1）1999年以前FIDIC出版的5种模式的标准化合同条件，虽然都采用了相同的原理，但实际上在版本结构、编目和用词上有相当大的差异，为此FIDIC尽可能地规范彩虹族系列，使各合同范本的定义和用词一般相同。

（2）由于国际工程项目管理的飞速发展，彩虹族系列实际上已不能满足世界上许多项目的要求，如在民用项目中，土建施工与复杂的机械、强电、弱电及其他系统的供应和安装一体化已日益普及，而现行的版本对此却缺乏适应性。

（3）有些项目经常采用双方当事人履行方式，从而派生出一些新的建造模式。如公共/民间合伙、民间主动融资、建造—运营—移交等。现行的版本对此无相适应的合同条件。

B 新彩虹族系列

新彩虹族系列包括：《土木工程施工合同条件》（新红皮书）、《工程设备与设计—建造合同条件》（新黄皮书）、《EPC/交钥匙项目合同条件》（银皮书）、《简明格式合同》（绿皮书）。

C 新版 FIDIC 合同条件的特点

新版的 FIDIC 合同条件同过去版本比较具有以下特点：

（1）编排格式统一化。新版中的通用条件部分均分为 20 条，条款的标题以至部分条款的内容能一致的都尽可能一致。

（2）四种新版合同条件的使用范围大大拓宽，适用的项目种类更加广泛。

（3）与老版本相比较新版条款的内容作了较大的改进和补充。

（4）在编写思想上也有了新的变化。新版本尽可能地在通用条件中做出全面而细致的规定，便于用户在专用条件中自行修改编写。

（5）新版本对业主、承包商双方的职责、业务以及工程师的职权都作了更为严格而明确的规定，提出了更高的要求。

（6）新版合同条件在语言上比以前的老版本简明，句子的结构也相对简单清楚，因此比老版本更易懂、易读。

D 新版 FIDIC 合同条件的条款结构

新版 FIDIC 合同条件的条款结构，见表 1-1。

**表 1-1 新版 FIDIC 合同条件的条款比较**

| 主条款序号 | 新红皮书 | 新黄皮书 | 银皮书 | 绿皮书 |
|---|---|---|---|---|
| 1 | 一般规定（14） | 同左 | 同左 | 1 一般规定（6） |
| 2 | 业主（5） | 同左 | 同左 | 2 业主（4） |
| 3 | 工程师（5） | 同左 | 业主的管理者（5） | 3 业主代表（2） |
| 4 | 承包商（24） | 同左 | 同左 | 4 承包商（4） |
| 5 | 指定分包商 | 设计（8） | 同左 | 5 由承包商设计（2） |
| 6 | 职员和劳工（11） | 同左 | 同左 | 6 业主的责任 |
| 7 | 生产设备、材料和工艺（8） | 同左 | 同左 | |
| 8 | 开工、延误和暂停（12） | 同左 | 同左 | |
| 9 | 竣工试验（4） | 同左 | 同左 | 7 竣工时间（4） |
| 10 | 业主的接收（8） | 同左 | 同左 | 8 接收（2） |
| 11 | 缺陷责任（15） | 同左 | 同左 | 9 修补缺陷（2） |
| 12 | 测量和估价（4） | 竣工后试验（4） | 同左 | |
| 13 | 变更和调整（8） | 同左 | 同左 | 10 变更和索赔（5） |
| 14 | 合同价款与支付（15） | 同左 | 同左 | 11 合同价款与付款（8） |
| 15 | 由业主终止（5） | 同左 | 同左 | 12 违约 |
| 16 | 由承包商暂停和终止（4） | 同左 | 同左 | |
| 17 | 风险和职责（6） | 同左 | 同左 | 13 风险和职责（2） |
| 18 | 保险（4） | 同左 | 同左 | 14 保险（3） |
| 19 | 不可抗力（7） | 同左 | 同左 | |
| 20 | 索赔、争端和仲裁（8） | 同左 | 同左 | 15 争端的解决（3） |

E 新版 FIDIC 合同条件的适用情况

a《土木工程施工合同条件》（新红皮书）适用范围

建造合同条件特别适合于传统的“设计—招标—建造”（Design-Bid-Construction）建设履行方式。该合同条件适用于建设项目规模大、复杂程度高、业主提供设计的项目。新红皮书基本继承了原红皮书“风险分担”的原则，即业主愿意承担比较大的风险。因此，业主希望做几乎全部设计（可能不包括施工图、结构补强等）；雇用工程师作为其代理人管理合同，管理施工以及签证支付；希望在工程施工的全过程中持续得到全部信息，并能作变更等；希望支付根据工程量清单或通过的工作总价。而承包商仅根据业主提供的图纸资料进行施工。（当然，承包商有时要根据要求承担结构、机械和电气部分的设计工作。）《施工合同条件》（新红皮书）正是此种类型业主所需的合同范本。

《土木工程施工合同条件》（新红皮书）的特点如下：

（1）框架：新红皮书放弃了原红皮书第4版的框架，而是继承了1995年橘皮书的格式，合同条件分为20个标题，与新黄皮书、银皮书合同条件的大部分条款一致，同时加入了一些新的定义，便于使用和理解。

（2）业主方面：新红皮书对业主的职责、权力、义务有了更严格的要求，如对业主资金安排、支付时间和补偿、业主违约等方面的内容进行了补充和细化。

（3）承包商方面：对承包商的工作提出了更严格的要求，如承包商应将质量保证体系和月进度报告的所有细节、在何种条件下将没收履约保证金、工程检验维修的期限等都提供给工程师。

（4）索赔、仲裁方面：增加了与索赔有关的条款并丰富了细节，加入了争端委员会的工作程序，由3个委员会负责处理那些工程师的裁决不被双方认可的争端。

b 《工程设备和设计—建造合同条件》（新黄皮书）适用范围

《工程设备和设计—建造合同条件》特别适合于“设计—建造”（Design-Construction）建设发行方式。该合同范本适用于建设项目规模大、复杂程度高、承包商提供设计、业主愿意将部分风险转移给承包商的情况。《工程设备和设计—建造合同条件》与《电气与机械工程合同条件》相比，最大的区别在于前者业主不再将合同的绝大部分风险由自己承担，而将一定风险转移至承包商。因此，如果业主希望在一些传统的项目里，特别是电气和机械工作，由承包商做大部分的设计，比如业主提供设计要求，承包商提供详细设计；采纳设计—建造履行程序，由业主提交一个工程目的、范围和设计方面技术标准说明的“业主要求”，承包商来满足该要求；工程师进行合同管理，督导设备的现场安装以及签证支付；执行总价合同，分阶段支付。那么，《工程设备和设计—建造合同条件》（新黄皮书）将适合这一需要。

《设备和设计—建造合同》（新黄皮书）的特点如下：

（1）框架：借鉴1995年橘皮书的格式，合同结构类似新红皮书，并与新红皮书、银皮书相统一。

（2）业主方面：对设计管理的要求更加系统、严格，通用条件里就专门有一条共7款关于设计管理工作的规定。同时赋予了工程师较大权力对设计文件进行审批；限制了业主在更换工程师方面的随意性，如果承包商对业主提出的新工程师人选不满意，则业主无权更换；业主对承包商的支付，采用以总价为基础的合同方式，其中支付和费用变更的方式均有详细规定。

（3）承包商方面：承包商要根据合同建立一套质量保证体系，在设计和实施开始前，都要将其全部细节送工程师审查；增加可供选择的“竣工后检验”并严格了“竣工检验”环节以确保工程的最终质量；另外，新黄皮书的规定使承包商要承担更多的风险，如将

"工程所在国内发生的叛乱、革命、暴动政变、内战、离子辐射、放射性污染等"在原黄皮书中由业主承担的风险改由承包商来承担，当然因为设计工作是由承包商来提供的，设计方面的风险自然也由承包商承担。

（4）索赔、仲裁方面：与新红皮书一样，采用 DAB 工作程序来解决争端。

c 《EPC/交钥匙项目合同条件》（银皮书）适用范围

《EPC/交钥匙项目合同条件》是一种现代新型的建设履行方式。该合同范本适用于建设项目规模大、复杂程度高、承包商提供设计、承包商承担绝大部分风险的情况。与其他三个合同范本的最大区别在于，在《EPC/交钥匙项目合同条件》下业主只承担工程项目的很小风险，而将绝大部分风险转移给承包商。这是由于作为这些项目（特别是私人投资的商业项目）投资方的业主在投资前关心的是工程的最终价格和最终工期，以便他们能够准确地预测在该项目上投资的经济可行性。所以，他们希望少承担项目实施过程中的风险，以避免追加费用和延长工期。因此，当业主希望承包商承担全部设计责任，合同价格的高度确定性以及时间不允许逾期；不卷入每天的项目工作中去；多支付承包商建造费用，但作为条件承包商须承担额外的工程总价及工期的风险；项目的管理严格采纳双方当事人的方式，如无工程师的介入，那么，《EPC/交钥匙项目合同条件》（银皮书）正是所需。另外，使用 EPC 合同的项目的招标阶段给予承包商充分的时间和资料使其全面了解业主的要求并进行前期规划、风险评估的估价；业主也不得过度干预承包商的工作；业主的付款方式应按照合同支付，而无须像新红皮书和新黄皮书里规定的工程师核查工程量并签认支付证书后才付款。

《EPC/交钥匙项目合同条件》特别适宜于下列项目类型：民间主动融资 PFI（Private Finance Initiate）或公共/民间伙伴 PPP（Public/Private Partnership）或 BOT（Built Operate Transfer）及其他特许经营合同的项目；发电厂或工厂且业主期望以固定价格的交钥匙方式来履行项目；基础设计项目（如公路、铁路、桥、水或污水处理石、水坝等）或类似项目，业主提供资金并希望以固定价格的交钥匙方式来履行项目；民用项目且业主希望采纳固定价格的交钥匙方式来履行项目，通常项目的完成包括所有家具、调试和设备。

《EPC/交钥匙项目合同条件》的特点如下：

（1）风险：EPC 合同明确划分了业主和承包商的风险，特别是承包商要独自承担发生最为频繁的"外部自然力"这一风险。

（2）管理方式：由于业主承担的风险已大大减少，他就没有必要专门聘请工程师来代表他对工程进行全面细致的管理。EPC 合同中规定，业主或委派业主代表直接对项目进行管理，人选的更迭不须经过承包商同意；业主或业主代表对设计的管理比黄皮书宽松；但是对工期和费用索赔管理是极为严格的，这也是 EPC 合同订立的初衷。

d 《简明格式合同》（Short Form of Contract，绿皮书）适用范围

FIDIC 编委会编写绿皮书的宗旨在于使该合同范本适用于投资规模相对较小的民用土木工程，如造价在 500000 美元以下以及工期在 6 个月以下；工程相对简单，不需专业分包合同；重复性工作；施工周期短。承包商根据业主或业主代表提供的图纸进行施工。当然，简明格式合同也适用于部分或全部由承包商设计的土木、电气、机械和建筑设计的项目。类似银皮书关于管理模式的条款，"工程师"一词也没有出现在合同条件里。这是因为在相对直接和简单的项目中，工程师的存在没有必要性。当然，如果业主愿意，他仍然

可以任命工程师。鉴于绿皮书短小、简单、易于被用户掌握，编委会强烈地希望绿皮书能够被非英语系国家翻译成其母语，从而广泛地应用。此外，对发展中国家、经济不发达国家在世界范围邀请招标的项目，绿皮书也被推荐使用。

《简明格式合同》的特点如下：

（1）简单：正如绿皮书的名字一样，本格式合同的最大特点就是简单，合同条件中的一些定义被删除了而另一些被重新解释；专用条件部分只有题目没有内容，仅当业主认为有必要时才加入内容；没有提供履约保函的建议格式；同时，文件的协议书中提供了一种简单的“报价和接受”的方法以简化工作程序，即将投标书和协议书格式合并为一个文件，业主在招标时在协议书上写好适当的内容，由承包商报价并填写其他部分，如果业主决定接受，就在该承包商的标书上签字，当返还的一份协议书到达承包商处的时候，合同即生效。

（2）业主方面：合同条件中关于“业主批准”的条款只有两款，从而在一定程度上避免了承包商将自己的风险转移给业主；通过简化合同条件，将承包商索赔的内容都合并在一个条款中；同时，提供了好几种变更估价和合同估价方式以供选择。

（3）承包商方面：在竣工时间、工程接收、修补缺陷等条款方面也和其他合同文本有一定的差异。

### 1.4.2 国际其他施工合同条件

#### 1.4.2.1 NEC 合同条件

NEC 合同条件是由英国土木工程师协会编制的工程合同体系，包括6种主要选项条款（合同形式）、9项核心条款、15项次要选项条款。发包人可以从中选择适合自己项目的条款。

A 6种主要选项条款

6种主要选项条款（合同形式）包括：总价合同、单价合同、目标总价合同、目标单价合同、成本加酬金合同、工程管理合同。发包人可以从中做出选择。

B 9项核心条款

NEC 的核心条款包括9部分，即总则、承包人的主要职责、工期、检验与缺陷、支付、补偿、权利、风险与保险、争端与终止。

关于支付，发包人可根据自己的需求，从上述6种合同形式中选择一种。NEC 可以提供总价合同、单价合同、成本加酬金合同、目标成本合同和工程管理合同。因此，NEC 不是某种标准的合同条件，而是内涵广泛的系列合同条件。

C 次要选择

NEC 含有15项次要选择，它们包括：完工保证、总公司担保、工程预付款、结算币种（多币种结算）、部分完工、设计责任、价格波动、保留（留置）、提前完工奖励、工期延误赔偿、工程质量、法律变更、特殊条件、责任赔偿、附加条款。

发包人可根据工程的特点、工程要求和计价方式做出选择。

D NEC 的主要特征

与现有的其他标准合同条件相比，NEC 合同条件具有如下特性：

(1) 适用范围广：NEC 合同立足于工程实践，主要条款都用非技术语言编写，避免特殊的专业术语和法律术语；设计责任不是固定地由发包人或者承包人承担，可根据项目的具体情况由发包人或承包人按一定的比例承担责任；6 种工程款支付方式和 15 种次要条款可以根据需要自行选择。从这个意义上讲，NEC 的灵活性体现了自助餐式的合同条件，适用范围广泛，并且可以减少争端。

(2) 为项目管理提供动力：随着新的项目采购方式的应用和项目管理模式的发展和变化，现有的合同条件不能为项目的参与各方提供令人满意的内容。NEC 强调沟通、合作与协调，通过对合同条款和各种信息清晰的定义，旨在促进对项目目标进行有效的控制。

(3) 简明清晰：NEC 的合同语言简明清晰，避免使用法律的和专业的技术语言，合同语句言简意赅。

#### 1.4.2.2 JCT 合同条件

JCT 合同条款即《建筑工程合同条款》，用于各种类型的建筑业承包领域。当前的最新版本为第 5 版，于 1991 年发布。1963 年版的 JCT 合同条款，已包含了相当完整的内容，是第二次世界大战以后的新版。1980 年，JCT 合同条款的第 4 版问世，但受到了不少批评，被认为对业主的利益考虑不够。因此，在 1987 年对第 4 版内容又作了相当大的修改。

在合同条款内容上，JCT 标准合同格式包含 4 个部分：总论部分（第 1 ~ 34 条）、指定的分包商及供货商（第 35 ~ 36 条）、价格调整（第 37 ~ 40 条）以及仲裁（第 41 条）。此外，还附有 4 个标准格式：投标书格式、合同协议书、指定分包商合同以及一个指定性的标准格式。

JCT 合同条款具有以下特点：

(1) 关于对建筑师（即相当于 ICE 合同条款中的工程师）的授权方面，JCT 合同条款对建筑师的授权范围较 ICE 合同条款对工程师的授权要小一些。这是因为，建筑工程在实施过程中遇到的风险，一般比土木工程所遇到的风险要少一些，因而对建筑师授予临时决策权较少。JCT 合同条款中的建筑师同 ICE 合同条款中的工程师一样，都负责工程项目施工中的监督。但 JCT 合同条款中的建筑师，有的只承担定期的现场监督职责，而将日常不断的监督工作改由承包商和业主承担。

(2) JCT 合同条款通常以总价合同的形式出现。它包括对工程项目的描述，列有工程量清单，要求承包商据此提出总承包价。当然，这个总合同价是随着一定的工程变动而可以变动的，当工程实施过程中实际完成工程量较合同中的工程量增多时，则作为工程变更，相应地调整总合同价的金额。

(3) JCT 合同条款的标准格式中，包含了一个“增值税补充协议书”，对税收作了详细的规定。

1987 年，合同审定联合会（JCT）发布了一个新的合同条款标准格式——《管理合同》。这是不同于传统合同管理方式的管理方法。在传统的合同关系中，施工合同由业主和承包商签订，而施工合同的实施则由业主委托工程师负责，即授权工程师进行监理。但根据《管理合同》的规定，同业主签订施工合同的总承包商，实质上是一个负责监理的工程实施经理。他实际上并不承担施工，而将工程项目分包给分包商们具体实施，自己负责施工的组织协调、监督管理工作，如掌握施工进度，检查施工质量，协调各个分包商的工作，保证工程按期完成，累计保管施工记录资料，对设计工作提出改进意见和建议等。

JCT 合同条款强调在履行合同中的担保或保证制度：

（1）在工程项目中，保证是指由第三方（担保者）向购买人（业主）提供的具有法律强制约束力的金融保函，保证供货商或工程承包商按合同履行其义务。如果承包商违约不履行合同义务，要由担保者向业主支付一定的货币，该保证金的目的就是帮助业主完成工程或纠正违约缺陷。

（2）合同的保证或履约担保是保证合同履行的一项法律保证，其目的在于促使当事人履行合同。保证具有以下法律特征：保证属于人的担保范畴，它不是用具体的财产提供担保，而是以保证人的信用和不特定的财产为他人的债务提供担保；保证人必须是主合同以外的第三方；保证人必须具有清偿债务的能力；保证人和债权人可以在保证合同中约定保证方式，在英国，必须遵守欧共体和英国的法规。

（3）种类：

1）无条件即付保证。无条件即付保证是指允许业主在任何时间动用保证金。无条件即付保证只能由银行提供，是已经生效的保付支票。

由于无条件即付保证不与承包商的履约情况相联系，所以无条件即付保证有可能被不正当地使用，在英国政府工程中基本上不使用。

2）履约保证。履约保证通常在授予合同时提供，按照双方协定的总合同价的百分比（通常为 10%）；履约保证通常应有一个终止日，当合同价增加或合同工期延长时，履约保证可能需要相应地修改。履约保证可以促使承包商更好地履行合同，当承包商违约时，可以对业主提供一些补偿。履约保证又可以分为两种：以违约为条件的履约保证和有条件即付履约保证。

① 以违约为条件履约保证。以违约为条件的履约保证是指根据合同条款规定，当承包商出现严重违约情况时（如承包商破产等），业主才动用保证金。这种保证在英国是比较公正的，主要由担保公司提供。对于以违约为条件的履约保证，正确表达违约条件非常重要，应避免使用含糊不清的语言。

② 有条件即付履约保证。这种保证适用于违约造成的后果或成本非常高的情况。这种保证应符合下列条款或条件：一个索取机制（只有遵循某些程序，业主的高级人员批准索取时，才可以索取保证金）；要求业主确认索取保证金的原因（这些原因可能需要质询和证实）；冻结期（承包商可能纠正违约的期间）。

3）母公司保函。这种形式的保函由母公司（或控股公司）提供，保证其分支机构正确地履行合同，适用于承包商有其母公司或者是某个大型集团的分支机构。

4）预付款保证。预付款保证是指当业主向承包商提供预付款时，承包商向业主提供的保证。英国财政部曾发出一项指南，指出应尽量避免提供预付款时通过银行保函提供保证。

5）滞留担保。这些保证在英国还很少，但其使用有增加趋势。如果提供此类保证，承包商在实施工程的过程中，业主可能不再从进度款中扣除保留金。此类保证一般由担保公司提供。

传统的保留系统是在合同的进展过程中，业主从进度款中扣除一部分（通常为合同价的 5%）作为一个基金，即保留金，当工程竣工时，将保留金的一半返还给承包商，另外一半等到维修期期满时再返还；如果承包商在维修期间不履行维修责任，则业主可以用保留金来完成维修工作。

1.4.2.3 AIA 系列合同条件

美国建筑师学会（AIA）成立于1857年，100多年来，AIA一直在出版标准的项目设计和施工方面的合约文件，用于机关业务和项目管理。

AIA文件分为A、B、C、D、F、G系列，其中A系列是关于发包人与承包人之间的合约文件；B系列是关于发包人与提供专业服务的建筑师之间的合约文件；C系列是关于建筑师与提供专业服务的顾问之间的合约文件；D系列是建筑师行业所用的文件；F系列是财务管理表格；G系列是合同和办公管理表格。

A系列文件包括：发包人—承包人合约以及该合约的通用条款和附加条款、发包人—设计/建筑商合约、总承包人—分包商合约、投标程序说明、其他文件（如投标和洽商文件、承包人资格预审文件等）。其中，工程承包合同通用条款（A201）包括14章的内容，分别是一般条款、发包人、承包人、合同的管理、分包商、发包人或独立承包人负责的施工、工程变更、期限、付款与完工、人员与财产的保护、保险与保函、剥露工程及其返修、混合条款、合同终止或停止。

AIA系列合同的特点如下：

（1）AIA合同条件主要用于私营的房屋建筑工程，并专门编制用于小型项目的合同条件。

（2）美国建筑师学会作为建筑师的专业社团已经有近140年的历史，成员总数达56000名，遍布美国及全世界。AIA出版的系列合同文件在美国建筑业界及国际工程承包界，特别在美洲地区具有较高的权威性，应用广泛。

（3）AIA系列合同条件的核心是“通用条件”。采用不同的工程项目管理、不同的计价方式时，只需选用不同的“协议书格式”与“通用条件”结合。AIA合同文件的计价方式主要有总价、成本补偿合同及最高限定价格法。

## 复习思考题

1-1 名词解释：通用条件、专用条件、技术规范、合同协议书、中标通知书。

1-2 FIDIC条件的特点有哪些？

1-3 简述整体解释原则。

1-4 我国使用FIDIC合同条件的优、缺点有哪些？

1-5 简述通用条件与专用条件的关系。

1-6 试述FIDIC施工合同条件与国际其他施工合同条件的比较。

1-7 AIA系列合同的特点是什么？

1-8 FIDIC合同条件下合同管理的特点是什么？

1-9 FIDIC合同条件的优、缺点有哪些？

# 第2章　合同的谈判与订立

## 2.1　合同法律关系

### 2.1.1　合同的法律基础

在市场经济中，工程承包是一个法律行为，它受到一定的法律制约和保护，该法律被称为合同的法律基础或法律背景。法律基础对工程承包合同的实施和管理有如下作用：

（1）合同在其签订和实施过程中受到这个法律的制约和保护。该合同的有效性和合同签订与实施带来的法律后果按这个法律判定。

（2）对一份有效的工程合同，除合同作为双方的第一行为准则外，如果出现合同规定以外的情况，或出现合同本身不能解决的争执，或合同无效时，合同的法律基础规定了应依据什么样的法律解决，应按什么样的程序进行解决，这些法律条文在应用和执行中有怎样的优先次序等。

合同的法律基础是合同的先天特性。它对合同的签订、执行，合同争执的解决常常起决定性作用。

### 2.1.2　合同法律关系及其构成要素

从法律上讲，合同是市场经济中交易的基本法律形式，所以合同关系即属于法律关系。

法律关系是指人与人之间的社会关系有法律规范调整时所形成的权利与关系。在社会生活中，人与人之间会形成各种各样的社会关系，当某一种社会关系由法律规范所调整时，这种社会关系的参与者之间就形成了一种用法律形式规范的权利与义务的法律关系。

不同的社会关系或社会关系的不同方面需要不同的法律规范进行调整，因而人与人之间形成了内容和性质各不相同的法律关系，如行政法律关系、民事法律关系、合同法律关系、建设法律关系等。

法律关系由主体、客体和内容三部分构成，它们称为法律关系的构成要素，如图2-1所示。

#### 2.1.2.1　合同法律关系主体

合同法律关系是由合同法律规范所确认并调整的，在合同的订立、履行、变更转让和终止等过程中产生的民事权利与义务关系。

合同是由平等主体的自然人、法人或其他组织所订立的，是由平等主体的自然人、法人或其他组织所实施的一种民事行为。

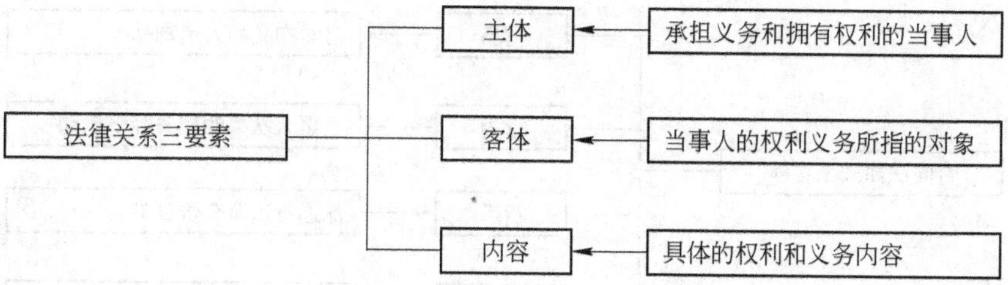


图 2-1 法律关系构成要素

民事行为作为一种最重要的法律事实，是民事主体实施的以意思表示为要素的能够引起民事权利和民事义务的产生、变更或终止的行为。

我国《合同法》第二条第一款规定：合同是平等主体的自然人、法人、其他组织之间设立、变更、终止民事权利义务关系的协议。依此规定，合同首先是一种协议，协议须经当事人协商达成一致；其次，合同是平等主体之间的协议；再次，合同是设立、变更、终止民事权利义务关系的协议。

合同作为法律行为，只有在合同当事人所做出的意思表示是合法的、符合法律要求的情况下，合同才具有法律约束力，并应受到国家法律的保护。而如果当事人做出了违法的意思表示，即使达成协议，也不能产生合同的效力。由于合同是一种民事行为，因此民法中关于民事行为的一般规定，如民事法律行为的生效要件、民事行为的无效和撤销等，均可适用于合同。如我国《民法通则》第五十五条规定："民事法律行为应当具备下列要件：(一) 行为人具有相应的民事行为能力；(二) 意思表示真实；(三) 不违反法律或者社会公共利益。"这也是合同的一般生效要件。

因此，合同法律关系的主体是合同法律关系中经济权利的享有者和经济义务的承担者，即当事人，包括国家机关、法人、其他社会组织、个体经营户和农村承包经营户、公民等。其中，法人是合同法律关系的基本主体。

其他组织，也可以成为合同的主体，这种组织通称为非法人组织。这些非法人组织依据有关法律规定能够独立从事一定范围的生产经营或服务活动，但不具备法人条件。主要包括企业法人所属的领有营业执照的分支机构、从事经营活动的非法人事业单位和科技性社会团体、事业单位和科技性社会团体设立的经营单位、外商投资企业设立的从事经营活动的分支机构等。

#### 2.1.2.2 合同法律关系客体

合同法律关系的客体是指合同法律关系主体（当事人）享有的权利和承担的义务所指的对象。客体是主体的目标所在，所以法律关系中的客体又叫标的。客体的主要形式如图 2-2 所示。

A 物品

物品包括自然资源和人工制造的产品，可以分为种类物、特定物、可分物和不可分物。

(1) 种类物。种类物是指具有相同特性的、可以等价替代的、能起同样作用的一类物品。比如，有人损害了公共宣传栏的玻璃，就可以让他买一块同样的玻璃安上。他买的玻

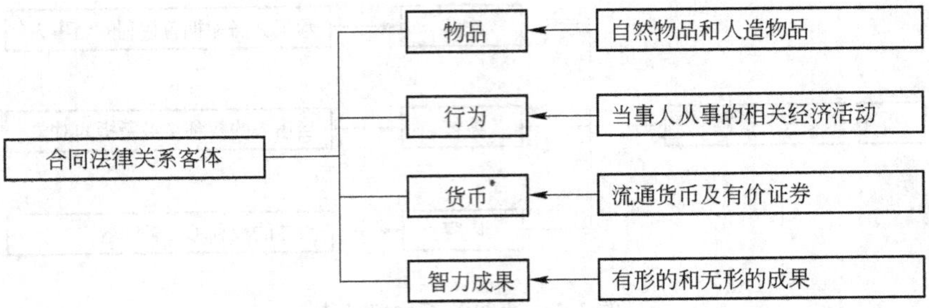


图2-2 合同法律关系客体的表现形式

璃和被他损坏的那块玻璃是同一种类物。但如果你借人家一台崭新的铲运机，然后还人家一台旧的，可能就有问题，因为虽然新的旧的都可以铲运土方，但它们不属于同一种类物，因为两者不等价。

(2) 特定物。特定物是指具有特定价值或特定用途的物品。如在文物展览会上，一个人损坏了一件清代瓷瓶，他去买一件制作一模一样的现代瓷瓶作为赔偿物就不行，因为那个清代瓷瓶是文物，它有特定的价值，属于特定物，是不可能用其他物品来替代的。

(3) 可分物。可分物是指将物品分离后不丧失其原有性能和价值的物品。

(4) 不可分物。不可分物是指将物品分离后即丧失其原有性能和价值的物品。

B 行为

客体也可以是行为。行为是指合同关系主体为达到一定经济目的所进行的经济活动。如项目公司对项目的管理行为是项目管理咨询合同的客体；工程项目的施工行为是建筑工程施工合同的客体；提供劳务及服务等行为则分别是劳务合同及服务合同的客体。

行为即是合同主体为保证经济权利和经济义务的实现而进行的活动，包括了作为和不作为。比如建设工程无理由延期完工、延期付款、错运到货地点、保管不善、质量不符合标准等均属不作为行为。不作为行为属于违约，因而不作为行为应承担违约责任。

C 货币

货币包括货币资金和有价证券。货币是充当一般等价物的特殊商品，在生产流通过程中是以价值形态表现的资金。有价证券是指具有一定票面金额，代表某种财产权的凭证，如股票、债券、汇票等。

D 智力成果

智力是指人们的智力或才能、学识等，如引进人才、邀请专家顾问等。智力成果也称非物质财富，是指靠人的脑力劳动所创造的成果，如专利、发明、科研成果、创作成果等。

2.1.2.3 合同法律关系的内容

合同法律关系的内容是指合同当事人享有的权利（即债权）和承担的义务（即债务）。从民事法律关系讲，合同的内容是指合同当事人依据法律规定和合同约定所产生的权利义务关系，简称为合同权利和合同义务，或债务关系，如图2-3所示。

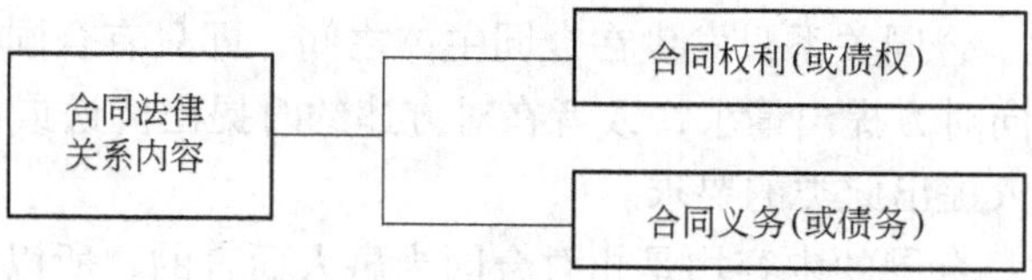


图 2-3 合同法律关系内容

A 权利

法律权利是指权利主体依据法律规定和约定，有权按照自己的意志作出某种行为，同时要求义务主体作出某种行为或者不得作出某种行为，以实现其合法权益。合法权利人的具体权利如下：

(1) 在法律规定的范围内，有权自己决定从事或不从事某些经济活动，从而实现或放弃自己的利益。

(2) 有权依照法律、法规或约定要求相对的义务主体履行法律义务，以实现自己的利益和要求。

(3) 因相对义务主体不依法或不依约定履行义务，致使权利主体的权利受到侵犯时，权利主体有权请求国家权力机关强制其履行，以保护和实现自己的权益。

B 义务

法律义务是指国家在法律中规定的，对法律主体的行为进行约束的一种手段。义务主体必须依据法律规定和权利主体的合法要求，作出某种行为或不得作出某种行为，以保证权利主体实现其权益，否则就要承担法律责任，义务主体的具体义务内容如下：

(1) 义务主体必须依照法律、法规或合同约定作出一定行为或者不得作出一定行为以实现权利主体的利益和要求。

(2) 义务主体应自觉履行事先约定的义务，如果不履行或不完全履行，将受到国家法律制裁。

(3) 义务主体的义务权限仅限于当事人依法约定的范围，约定以外的不必履行。

2.1.2.4 合同法律关系的相对性

A 合同法律关系相对性的含义

合同法律关系的相对性是指有效合同只对合同当事人具有法律效用，即合同的权利义务关系只能发生在合同当事人之间，只能由合同当事人行使合同规定的权利，同时承担合同规定的义务或责任。与合同当事人无合同上的权利义务关系的其他人不能行使合同规定的权利，也不用承担合同规定的义务或责任。

合同法律关系的相对性是合同法律关系区别于物权关系的一个最重要的特点。合同法律关系具有相对性，而物权关系则具有绝对性，即物权人对其物品具有绝对掌控权，任何人都负有不得侵害他人物权的义务。

B 合同法律关系相对性的主要内容

合同法律关系的相对性表现在主体相对性、内容相对性和合同违约责任相对性三个方面。

（1）主体相对性。合同关系只发生在合同主体之间，即只有合同当事人之间才有权就合同约定内容，相互向对方提出请求，或者在对方违约时提出诉讼或申请仲裁，而无权向合同关系以外的第三人提出此类的要求。

（2）内容相对性。合同的内容均是相对合同当事人而言的，所以只有合同的当事人才享有合同约定的权利，并承担合同约定的义务。合同当事人以外的任何第三人既不能主张合同中的权利，也无须承担合同中的义务。合同内容的相对性主要包括以下两个方面的内容：

1）合同权利一般只能由合同当事人享有，第三人不能享有；合同义务一般也只能由合同当事人承担，第三人无须承担。

2）合同的权利义务关系只对合同当事人产生约束力，而不能约束合同关系以外的其他人。

（3）违约责任相对性。违约责任以合同债务的存在为前提，合同债务则体现在合同义务之中。所以合同义务的相对性就决定了合同责任的相对性。合同当事人不但应当为自身原因造成的违约承担责任，还应当为合同关系以外的第三人原因造成的违约承担责任。合同关系以外的第三人，不承担违约责任，合同当事人也不对合同关系以外的其他组织、个人或国家承担违约责任。有人会问：如果因为当事人违约对合同关系以外的其他组织、个人或国家造成了损害，应该怎么办呢？我们说这种情况下违约人不承担违约责任，并不意味着违约人也不承担其他责任。上述的法律依据如下：

1）我国《合同法》第一百零七条规定：“当事人一方不履行合同义务或者履行合同义务不符合约定的，应当承担继续履行、采取补救措施或者赔偿损失等违约责任。”

2）我国《合同法》第一百二十一条规定：“当事人一方因第三人的原因造成违约的，应当向对方承担违约责任。当事人一方和第三人之间的纠纷，依照法律规定或按照约定解决。”

3）我国《合同法》第八条规定：“依法成立的合同，对当事人具有法律约束力。当事人应当按照约定履行自己的义务，不得擅自变更或者解除合同。”

#### 2.1.2.5 合同法律关系的扩张

根据合同法律关系相对性特点，合同仅对其当事人具有法律效力，对合同以外的其他人无效，但有时当事人之间的合同关系在某些情况下，可能会与当事人以外的第三人有一定关系。因此，在合同法的某些条款中扩张了合同关系对第三人的效力。

##### A 涉他合同

涉他合同即涉及第三人的合同。当事人若要让第三人承担合同债务，则应提前与第三人约定；而要第三人直接取得合同债权则无须与他提前约定。

涉他合同分为两大类：第一类是为了第三人利益的合同（利他合同）；第二类是由第三人履行的合同。

（1）为了第三人利益的合同是债务人直接向第三人履行债务，而不是向债权人履行债务。在这类合同中，第三人虽然不是合同当事人，但却和债权人一样享有要求债务人履行债务的权利，比如保险合同。

（2）由第三人履行的合同意思是合同当事人约定，合同债务由第三人履行，而不由合同当事人向债权人履行。比如，甲在互联网上向乙网站订购一套教材，并约定由丙公司送达到甲家中。

B 合同债权的保全

合同成立后，债务人应以其部分财产作为合同债权的担保。当债务人转移或随意处置财产而影响到合同履行时，法律就要采取保护债权人利益的措施。这种措施就是债权的保全。

为防止因债务人的财产不当减少而给债权人的债权带来危害，法律允许债权人行使代位权或撤销权，以保护其债权。

（1）代位权。所谓代位权是指债权人为保全其债权，向法院请求以自己的名义行使属于债务人权利的权利。

（2）撤销权。债务人放弃其对第三人的到期债权、无偿转让或已明显不合理低价转让财产，对债权人造成损害的，债权人可以请求人民法院撤销债务人行为，此即债权人行使撤销权。在我国，撤销权的行使只能通过诉讼的方式，所以撤销权实际上是一种请求法院撤销合同的权利。

C 租赁权的物权化

为了保护租赁合同中承租人的利益，防止在合同持续过程中因租赁物被出卖而使承租人无法再继续使用租赁物，我国《合同法》第二百二十九条规定："租赁物在租赁期间发生所有权变动的，不影响租赁合同的效力。"这实际上就是从法律上规定了租赁权在一定程度上可以对抗所有权人的物权，即租赁权的物权化。

租赁权的物权化有效保护了承租人的利益。只要租赁物在租赁期间发生所有权的变动，无论其原因是买卖、赠与、继承或其他情形，都不能影响租赁合同的效力。

D 保护第三人利益的合同

我国《合同法》第二百三十四条规定："承租人在房屋租赁期间死亡的，与其生前共同居住的人可以按照原租赁合同租赁该房屋。"这一条规定意味着在合同关系成立后，根据诚实信用原则的要求，与债权人具有特殊关系的第三人（如债权人的家人、受雇人、与债权人共同居住的人等），也应受到合同保护，债务人对这些特殊关系人亦负有照顾、保护等义务。若因债务人不履行此义务，给债权人的特殊关系人造成损害的，亦应依合同法的原则，承担赔偿责任。这就使合同具有了保护第三人利益的功能。

### 2.1.3 我国建筑工程合同的法律体系

#### 2.1.3.1 我国法律体系概况

在我国，所有国内工程合同都必须以我国的法律作为基础。我国的法律是一个完整的法律体系，它不仅包括法律，还包括各种行政法规、地方法规；不仅包括建设领域的，还包括其他领域的法律和法规，如税法、会计法、外汇管制法、公司法。它有如下几个层次：

（1）法律。指由全国人民代表大会及其常务委员会审议通过并颁布的法律，如《宪法》、《民法》、《民事诉讼法》、《合同法》、《仲裁法》、《文物保护法》、《土地管理法》、《会计法》、《招标投标法》等。

(2) 行政法规。指由国务院依据法律制定或颁布的法规，如《建筑安装工程承包合同条例》、《建设项目环境保护办法》、《建设工程勘察设计合同条例》、《环境噪声污染防治条例》、《公证暂行条例》等。

(3) 行业规章。指由建设部或（和）国务院的其他主管部门依据法律制定和颁布的各项规章，如《建设工程施工合同管理办法》、《工程建设施工招标投标管理办法》、《建筑市场管理规定》、《建筑企业资质管理条例》、《建筑安装工程总分包实施办法》、《建设监理试行规定》、《建设工程保修办法》等。

(4) 地方法规和地方部门的规章。它是法律和行政法规的细化、具体化，如地方的《建筑市场管理办法》、《招投标管理办法》等。

下层次的（如地方、地方部门）法规和规章不能违反上层次的法律和行政法规，而行政法规也不能违反法律，上下形成一个统一的法律体系。在不矛盾、不抵触的情况下，在上述体系中，对于一个具体的合同和具体的问题，通常特殊的、详细的、具体的规定优先。

#### 2.1.3.2　适用于建筑工程合同关系的法律

建筑工程合同，具有一般合同的法律特点，同时又受到建筑工程相关法规的制约。建筑工程合同的种类繁多，有在合同法中列名的，也有无名的。不同的合同，适用于它的法律的内容和执行次序不一样。

(1) 工程承包合同。我国有《建筑安装工程承包合同条例》，适用于它的法律及执行次序如下：

1）工程承包合同；

2）建筑安装工程承包合同条例；

3）合同法；

4）民法通则。

如果在合同的签订和实施过程中出现争执，先按合同条文和双方的其他协议解决；如果解决不了（如合同中没有明确规定），则在建筑安装工程承包合同条例中寻找解决；如果仍解决不了，再按合同法以及民法通则中的规定解决。

(2) 建筑工程勘察设计合同。它与工程承包合同相似，适用于它的法律及执行次序如下：

1）建设工程勘察设计合同；

2）建设工程勘察设计合同条例；

3）合同法；

4）民法通则。

(3) 工程联营合同。它在性质上不同于一般的经济合同，它的目的是组成联营体，适应于它的法律及执行次序如下：

1）工程联营合同；

2）民法通则。

（4）对建筑工程中的其他合同，如购销合同、加工合同、运输合同、借款合同等，适应于它们的法律如下：

1）合同。

2）合同法。

3）民法通则。

（5）除了上述法律外，由于建筑工程是一个非常复杂的社会生产活动，在它的签订和实施过程中还会涉及其他非常复杂的法律问题，还适用其他相关的法律。主要包括：

1）建筑法。建筑法是建筑活动的基本法。它规定了施工许可、施工企业资质等级的审查、工程承发包、建设工程监理制度等。

2）涉及合同主体资格管理的法规。例如国家对于签订合同各方的资质管理规定，资质等级标准。

3）建筑市场法规，如招标投标法。

4）建筑工程合同管理法规，包括国家关于合同公证和鉴证的条例和规定。

5）建筑工程质量管理法规，包括中华人民共和国标准化法。

6）建筑工程造价管理法规。

7）税法。

8）劳动保护法。

9）环境保护法。

10）保险法。

11）担保法。

12）合同争执解决方面的法规，如仲裁法、诉讼法。

13）文物保护法。

14）安全生产方面的法规。

15）其他。例如土地管理法、交通管制条例等。

#### 2.1.3.3 国际工程合同的法律基础

在国际工程中，合同双方来自不同的国度，各自有不同的法律背景。这会导致对同一合同有不同的法律背景和解释，导致合同实施过程中的混乱和争执解决的困难。国际工程合同不存在统一适用的法律，所以在合同中双方必须对适用于合同关系的法律达成一致。对此有如下几种情况：

（1）合同双方都希望以自己本国法律作为合同的法律基础，因为自己已熟悉本国法律，对合同行为的法律后果很清楚，合同的风险较小。如果发生合同争执，也不需花过多的时间和精力进行法律方面的检查。在合同实施过程中自己处于有利地位。

（2）如果采用本国法律的要求被否决，最好使用第三国工业发达国家（如瑞士、瑞典等国）的法律作为合同的法律基础。因为这些国家法律比较健全、严密，而且作为“第三者”，有公正性。这样，合同双方地位比较平等，争执的解决比较公正。

（3）在招标文件中，发包商（业主或总承包商）常常凭借他们的主导地位、规定仅他们国家的法律适用于合同关系，而且这在合同谈判中往往难以修改，发包商不作让步。这已成为一个国际工程惯例，发包商通过这一条保证自己在合同实施中法律上的有利地位。如果遇到重大争执，对承包商的地位极为不利。所以，承包商从合同一开始就必须清楚这点，并了解该国法律的一般原则和特点，使自己的思维和行动适应这种法律背景。

（4）如果合同中没有明确规定合同关系所适用的法律，按国际惯例，一般采用合同签字地或项目所在地（即合同实际实施地）的法律作为合同的法律基础。

（5）通常分包合同选用的法律基础可以和总承包合同一致，但也有总承包商在分包工程招标文件中，规定以总承包商所属国的法律作为分包合同的法律基础的。这时，总承包合同对分包合同也有法律上的制约。

例如，在伊朗实施的某国际工程，总承包合同规定，以伊朗法律适用于合同关系。按伊朗的法律特点，合同的法律基础的执行次序如下：

（1）总承包合同；

（2）伊朗民法；

（3）伊斯兰宗教法。

而该总承包合同所属工程范围内的一分包合同却以总承包商所属国的法律作为法律基础，则该分包合同法律基础的组成为：

（1）分包合同；

（2）总承包合同的一般采购条件；

（3）总承包商所属国建筑工程承包合同条例；

（4）总承包商所属国民法。

当然，在国际工程中，合同和合同实施不得违反工程所在国的各种法律，如合同法、民法、外汇管制法、劳工法、环境保护法、税法、海关法、进出口管制法、出入境管理办法等。

通常在国际承包工程中，承包商不必对工程所在国法律十分精通。在合同执行中，或遇到小的争执，也不必对合同所依据的法律作扩展分析。这有如下两个原因：

（1）在任何国家，法律确定了经济活动的约束范围和行为准则，而具体经济活动的细节由合同规定。在承包工程实施中，合同是第一性的，作为最高法律。例如 FIDIC 合同条件国际通用，适用于各个法律健全的或不健全的国家，对它的解释比较统一。许多国际工程专家告诫，承包商应注重签订一个有利的和完备的合同，并圆满地完成合同责任，这对承包商是最重要的。

（2）作为一个外国人要熟悉或精通别国的法律是极为困难的，通常承包商自己无能为力。如果遇到重大的争执或法律问题，应请专家咨询，或请律师。但承包商必须了解该国与工程相关的法律的范围、特点、执行顺序、主要精神，用以指导整个合同实施和索赔工作。

## 2.2　常见的几种合同形式

合同形式，是指当事人合意的外在表现形式，是合同内容的载体。我国《合同法》第十条规定：“当事人订立合同，有书面形式、口头形式和其他形式。合同的形式有广义和狭义之分，狭义的合同形式指合同订立的方式；广义的合同形式也可以是法律行为的形式。”

劳动合同的形式，是劳动合同当事人合意的表现形式，“是劳动合同内容赖以确定和存在的方式，即劳动合同当事人双方意思表示一致的外部表现”。劳动合同采用何种形式，对于判断当事人之间是否存在劳动关系以及确定双方的权利义务，具有重要意义。

### 2.2.1 口头形式

#### 2.2.1.1 基本概念

A 定义

合同的口头形式指当事人只用口头语言为意思表示订立合同，而不用文字表达协议内容的合同形式。

B 优缺点

口头形式优点在于方便快捷，缺点在于发生合同纠纷时难以取证，不易分清责任。

#### 2.2.1.2 适用范围

口头形式适用于能即时清结的合同关系。

当事人在使用口头形式时，应注意只能是及时履行的经济合同，才能使用口头形式，否则不宜采用这种形式。口头形式是指当事人只用语言为意思表示订立合同，而不用文字表达协议内容的形式。口头形式简便易行，在日常生活中经常被采用。集市的现货交易、商店里的零售等一般都采用口头形式。合同采取口头形式，无须当事人特别指明。凡当事人无约定、法律未规定须采用特定形式的合同，均可采用口头形式。但发生争议时当事人必须举证证明合同的存在及合同关系的内容。合同采取口头形式并不意味着不能产生任何文字的凭证。但这类文字材料只能视为合同成立的证明，不能作为合同成立的要件。口头形式的缺点是发生合同纠纷时难以取证，不易分清责任。所以，对于不能即时清结的合同和标的数额较大的合同，不宜采用这种形式。

### 2.2.2 书面形式

#### 2.2.2.1 基本概念

A 定义

书面形式是指合同书、信件以及数据电文（包括电报、电传、传真、电子数据交换和电子邮件）等可以有形地表现所载内容的形式。当事人协商同意的有关修改合同的文书、电报和图表，也是合同的组成部分。

B 优缺点

书面合同较口头合同复杂，在当事人发生纠纷时举证方便，容易分清责任，也便于主管机关和合同管理机关监督、检查。法律、行政法规规定采用书面形式的，应当采用书面形式。当事人约定采用书面形式的，应当采用书面形式。在实践中，书面形式是当事人最为普遍采用的一种合同约定形式。

2.2.2.2 书面形式的形式

书面形式又可分为下列几种形式：

（1）由当事人双方依法就合同的主要条款协商一致并达成书面协议，并由双方当事人的法定代表人或其授权的人签字盖章。

（2）格式合同。

（3）双方当事人来往的信件、电报、电传等也是合同的组成部分。现代各国对合同形式采用以不要式为原则，一般不加限制，法律只规定特定种类的合同必须具备书面形式或其他形式。

2.2.2.3 适用范围

书面形式是指当事人双方用书面方式表达相互之间通过协商一致而达成的协议。根据经济合同法的规定，凡是不能及时清结的经济合同，均应采用书面形式。在签订书面合同时，当事人应注意，除主合同之外，与主合同有关的电报、书信、图表等，也是合同的组成部分，应同主合同一起妥善保管。书面形式便于当事人履行，便于管理和监督，便于举证，是经济合同当事人使用的主要形式，也是“口头形式”的对称。它具有权利关系明确，有据可查，便于预防和处理纠纷的优点。

2.2.2.4 分类

（1）一般书面形式和特殊书面形式。前者指行为人采用普通文字形式进行意思表示，如书面合同，授权委托书、书信和电报等；后者指行为人除采用普通文字进行意思表示外，还须履行法律所规定的其他形式，才能完成意思表示，如经公证、鉴证、审核、登记等。

（2）法定书面形式和约定书面形式。前者指由法律规定当事人必须以文字形式进行意思表示；后者指由双方当事人协商确定以某种书面形式进行意思表示。

各国民法对民事法律行为的成立均重视书面形式。如《苏俄民法典》第 44 条规定：“下列行为必须采用书面形式：

（1）国家组织、合作社组织、社会团体之间的法律行为以及这些组织同公民间的法律行为；

（2）公民之间发生的金额在 100 卢布以上的法律行为；

（3）公民之间的、而法律要求遵守书面形式的其他法律行为。”

美国《统一商法典》也规定：“买卖契约价金在 500 美元以上的，应以书面形式订之。”我国《经济合同法》第三条规定：“经济合同，除即时结清者外，应当采用书面形式。”

## 2.2.3 其他形式

2.2.3.1 公证形式

公证形式是当事人约定或者依照法律规定，以国家公证机关对合同内容加以审查公证的方式订立合同时所采取的一种合同形式。

公证机关一般均以合同的书面形式为基础，对合同内容的真实性和合法性进行审查确认后，在合同书上加盖公证印鉴，以资证明。经过公证的合同具有最可靠的证据力，当事人除有相反的证据外，不能推翻。我国法律对合同的公证采取自愿原则。合同是否须经公证，一般由当事人自行约定。当事人要求必须公证的合同就须公证，不经公证不生效。但对一些重要的合同种类，法律也可以规定必须进行公证。当事人和法律都可以赋予合同的公证形式以证据效力或者成立生效的效力。

2.2.3.2 鉴证形式

鉴证形式是当事人约定或依照法律规定，以国家合同管理机关对合同内容的真实性和合法性进行审查的方式订立合同的一种合同形式。鉴证是国家对合同进行管理和监督的行政措施，只能由国家行政主管机关进行。鉴证的作用在于加强合同的证明，提高合同的可靠性。鉴证也采取自愿原则。除国家规定必须鉴证的合同外，鉴证机关根据当事人的申请进行鉴证。对于地方性法规规定必须予以鉴证的合同，在作出鉴证规定的行政区域内签订时应从其规定。

2.2.3.3 批准形式

批准形式是指法律规定某些类别的合同须采取经国家有关主管机关审查批准的一种合同形式。这类合同，除应由当事人达成意思表示一致而成立外，还应将合同书及有关文件提交国家有关主管机关审查批准才能生效。这类合同的生效，除应具备一般合同的生效要件外，在合同形式上还须同时具备书面形式和批准形式这两个特殊要件。合同的批准形式是国家对某些特殊类别合同的特殊要求。法律不要求合同批准形式的，当事人不能约定或要求国家进行批准。须经批准而未经批准的合同，自始就无法律效力。即使当事人之间意思表示一致，也不能认为他们之间成立了合同。这是合同的批准形式与其他几种法定形式的重要区别。

2.2.3.4 登记形式

登记形式是指当事人约定或依照法律规定，采取将合同提交国家登记主管机关登记的方式订立合同的一种合同形式。登记形式一般常用于不动产的买卖合同。某些特殊的动产，如船舶等，在法律上视为不动产，其转让也采取登记形式。合同的登记形式可由当事人自行约定，也可以由法律加以规定。

2.2.3.5 合同确认书

合同确认书即当事人采用信件、数据电文等形式订立合同，一方当事人可以在合同成立之前要求以书面形式加以确认的合同形式。

## 2.3 合同的谈判

### 2.3.1 基本概念

2.3.1.1 定义

合同谈判是为实现某项交易并使之达成契约的谈判。所谓合同，必须具有最基本的"要件"，即"标的、费用、期限"。一旦这几个要件达成协议，合同谈判也就"基本"

结束。

准合同是带有先决条件的合同。这些先决条件是指决定合同要件成立的条件，如许可证落实问题、外汇的筹集、等待律师审查或者等待正式文本的打印、正式签字等。从自然关系上说，准合同是合同的前身，在内容格式上完全相同，只是一个为草本，一个为正本而已；但从法律上说，两者有根本的区别。准合同可以在先决条件丧失时自动失效，而不必承担任何赔偿责任；但合同则必须执行，否则就是“违约”。

#### 2.3.1.2 构成谈判的要素

谈判有人、事、时、地四大要素。

(1) 人的因素，这也是最重要的因素。通常，一方的谈判代表要与对方对称，要有相对应的决定权。谈判时，内部要有分工，如以谁为中心、谁为主攻、谁为调和者、谁记录、谁当配角等，要让每个角色各有任务。这样才能有主有从，可进可退，攻守自如，临阵不乱。

(2) 谈判的第二个要素是事。事就是根据谈判的主题与目标，做好充分的准备。这包括当事双方的有关资料准备、市场行情摸底、确定谈判程序等。

(3) 时间的要素。一般应选择于我方有利的时间进行谈判。选准了时机，谈判就更容易成功。如果是东道主，要给予对方以热情的接待，以便增进友谊，为谈判打下良好的感情基础。总之，要使自己在时间要素的运用方面有条不紊。

(4) 地点。可由双方事前分别权衡后协商确定。

### 2.3.2 合同谈判的特点

合同谈判并不是一次就形成的。多数情况下，交易双方要反复多次协商，进行各种意向性、协议性谈判，直到条件成熟，才进入合同签约阶段。由于合同谈判是交易双方进入实质性交涉阶段。所以，合同谈判具有以下几个特点：

(1) 谈判目标明确，涉及实质问题。经过前几轮的意向谈判，双方对谈判中的合同目标已十分明确，或经过前几轮谈判的相互探测、摸底，双方对要达成协议的目标比较清楚、比较具体，因此，双方很可能在谈判时很快就进入实质问题的磋商，如产品交易中的价格、付款方式、交货期限，投资项目中的利率、期限、宽限期等，这时，双方的协商就是讨论合同条款，所以，都千方百计地发挥各自的优势，运用各种策略技巧，取得妥协，达成合约。

(2) 合同谈判是以法律形式确保双方交易的有效性。谈判如果能进签约阶段，则进入实质性阶段，它标志着双方合作的开始，也为交易提供了可能性和保障性。如果有一方在交易中不执行合同条款，则会因违约受到处罚。正因为如此，双方对谈判中的合同条款考虑都十分慎重，决不轻易许诺、妥协、让步。此外，合同谈判都是正式谈判，场合正规，气氛严肃，私下接触不是主要的协商形式。

(3) 合同谈判人员较为重要。签订合同要符合法律程序，具有合法性。合同形式是指合同当事人之间确定相互权利和义务关系的行为方式，对双方当事人都具有法律约束力，以此确保双方按照合同规定的条款履行各自的权利和义务，保证交易的顺利实现。合同的成立是以签字的书面形式体现的。要确保合同为有效合同，双方的签字必须是法人或者是委托代理人。所以，在合同谈判中，双方的主谈人基本都是企业或项目负责人或授权代理人，具有拍板决定权。只有这样，才能敲定合同的主要条款。对合同主要内容的谈判中多有律师出席。

### 2.3.3 合同谈判应遵循的原则

通常，谈判是签订合同的前奏，甚至于有的谈判过程就是签订合同的过程。一个善始善终的谈判对合同的签订及其内容起着决定性的作用。所以，合同谈判时应遵循如下原则：

（1）平等互利的原则。谈判双方的法律地位不分单位大小，实力强弱，都互惠互利。如果一方只享受权利而不承担义务，而另一方只尽义务却不享受权利，这样的合同很难签订。只有平等互利才能达到“双赢”的结果。

（2）友好协商的原则。谈判时，不可避免地要发生争议。在发生争议的时候，急躁、强迫、要挟、欺骗等手段都不是解决问题的好办法。谈判往往正是在冲突中实现双方的合同目的。双方应通过友好协商的方式解决争议。如果双方在合作的开始就不愉快，以后就很难能顺利履行合同。

（3）依法办事的原则。双方只有把自己的想法和愿望放置于法律的框架内，才能使自己在市场经营过程中防范由各方面因素所带来的风险，其权益才能受到国家法律的保护。

### 2.3.4 合同谈判前的准备工作

合同谈判前的准备工作包括以下几个方面：

（1）分析论证，确定谈判的目标、任务和要求。

（2）了解对方，审查对方的法人资格和资信情况以及对方的履约能力。

（3）了解对方的谈判人员以及他们的身份、地位、性格、爱好、办事作风，分析各自的优势和劣势。

（4）收集、整理和熟悉与谈判有关的资料，要努力做到能运用自如。

（5）设计和确定最优方案、次优方案和备选方案。要准备好上、中、下三策，做到临场不乱。

（6）进行内部分工，派定谈判角色，以便在谈判桌上角色分明、相互配合、各有重点、进退自如。

（7）设计出谈判的程序。一开始谈什么，接着谈什么，最后谈什么，事先都要有一个大致的安排。同时，要预计哪些环节可能出现分歧，出现了这些分歧应采取什么对策。

（8）在国际贸易里还要了解对方国家的法律制度、风俗习惯、经济、技术和质量水平。

### 2.3.5 合同谈判中的技巧

#### 2.3.5.1 倾听

倾听不但有助于了解问题的实质，而且有助于了解对方的动机，从而及时正确地做出判断，采取恰当的行为。

倾听，要做到专注。一般听话时思索的速度比讲话时思索的速度要快四倍，要利用这多出来的时间进行思考，做出判断和寻求对策。

倾听时还要以体态语言，如口头语、表情、手势等，向对方表达自己的了解程度，或是要求对方解释、澄清问题。同时，还要注意对方的面部表情、眼神和体态，以便对对方的感情、态度进行推断。

特别注意不要随便打断对方的谈话，要让对方把话说完。只有让对方把话说完，才能了解对方的真正意图，从而给予恰当的回答。

2.3.5.2　发问

问话的作用在于取得自己所不知道的信息，或希望对方提供自己尚不知道的资料，或要求对方澄清我方尚未弄明确的问题，或是借此表达发问人的感受，或是提醒对方注意到某些重要的问题，为对方的思考提供新的思路等。有的问话还有利于终结话题。举例如下：

（1）“您的意思是否是说……？”一类，这表示要澄清某个问题。

（2）“您有什么想法？”“您有什么打算？”等一类表达了问话人探索的语气。

（3）“本协议，你们是今天实施还是到明天实施？”这是将自己的意见抛给对方，使对方在一个很小的范围内进行选择。

（4）“这些货物，是本月中旬运到还是下旬运到？”这种提问方式属于强迫选择式，给人态度很坚决的印象。但应注意语气要缓和，措辞要得体，不要显得专横跋扈、强加于人。

（5）如果您只想了解一般情况，则提出一连串的问题请对方回答即可，如：“能否请你们在质量、价款、运输各个方面谈谈意见呢？”

（6）还有一种有强烈暗示作用的问话，如：“如果你方违约，我方就有权要求赔偿经济损失，是不是？”

2.3.5.3　谈判中答复的秘诀

答复更趋向于承诺，是谈判中最重要的方面之一。答复不准确，就会给自己造成极大的被动。所以，答复时应掌握好以下技巧：

（1）在答复之前，要深思熟虑，充分思考。这样才能使答复恳切明确，有利于确定互利互惠的合作关系。如果对方提出的问题是自己始料不及的，千万不要随口答复。为了使自己获得一个充分的思考时间，或者获得一个内部商量的机会，可以用“记不清”、“资料不全”或“这个问题我们尚未进行认真的思考”等为由，拖延答复。

（2）要在弄清了问题的真正含义之后再进行答复。对方提出询问，或是为了了解问题的真正实质，或是为了获得确切的数据、数值，或是为了说定甚至说死我方到底要承担什么样的义务。对于这些问题，答复时要采取极为慎重的态度，说错了就要承担责任。

（3）谈判中要有标底，但不要一开始就将标底和盘端出。在谈判中，应知道什么该说什么不该说，什么先说什么后说。要知道，谈判是在双方之间进行的，双方的目标很少百分之百的一致。要使双方的目标趋于一致，就要通过一个反复的要约—反要约—要约最后到承诺的过程。因此，在谈判时，不仅要顾及自己的目标，同时也要顾及对方的目标。要准备在较高的标底的基础上，一点点让步，最后才能接近自己的标底。如果你一开始就交出标底，就没有讨价还价的余地了。

（4）要适时地运用回避手段。对于有些问题，当不能回答或不便于回答时就不可勉强作答，而要采取回避手法。如果能用一个幽默的方式回避一下，则更有利于打破僵局。

（5）在谈判终了时，对谈判要给予正面的、肯定的评价。不管结论如何，谈判都会给参与的双方带来一定的积极成果。所以，切勿以否定的话来结束谈判。不满意时，可以重开谈判或推迟订立合同的时间，但不必全盘否定。

#### 2.3.5.4 说服的要领

说服的目的是要设法让对方改变当初的想法而接受自己的意见，这是谈判工作中最艰难的一步。因此要掌握好以下的要领：

（1）要对对方表示友善，使对方熟悉和信任自己。只有让对方感到亲切、可信，对方才更容易接受你的忠告。

（2）要向对方讲明接纳意见后的利弊得失。谈判的目的无非是获利，如果对方感到有利可图，或者觉得不会失去利益，或者能更少地失去利益，就会十分重视这种意见，就更容易接受建议。

（3）在说服对方时，也应该坦率地说明自己的利益，使对方认为所提要求合情合理。

（4）要更多地强调双方利益的一致性。正是这种一致性，使双方坐到谈判桌前直至签订协议。

（5）如果对方接受了说服，也要使相关的手续和事件简便，以利于说服效能的发挥。

#### 2.3.5.5 辩论的技巧

一般说来，在准备阶段设计谈判程序时，就要努力避免辩论。但为了证明自己的立场，为了维护自身的合理要求，有时也不得不进行某种辩论。

（1）一旦提出不同的看法，就要论证自己立场的科学性和正确性，就要说明自己意见的事实根据或法律根据。

（2）针对对方没有根据的指责，要正当反驳。反驳时，可指出对方论点不正确，不合法律规定，不合国际惯例，或不合原合同的规定；可指出对方的论据不可靠，或是不充分，或是根本就没有事实根据；可指出对方的论点和论据之间没有逻辑联系，推导不科学。

（3）采取原则问题不妥协、枝节问题不纠缠的方法。要抓住要点，切中要害，至于小问题，能含糊就含糊，能妥协就妥协。

（4）措辞准确、锋利，但不要伤害对方，特别不要刻薄讽刺，也不能断章取义，歪曲对方的原意，特别是不要蛮不讲理。

（5）态度要客观、公正，要从容不迫、有条不紊、仪表庄重、举止自然。不要自乱方寸，更不要有失检点。

（6）辩论的目的是为了合作，因而应该有原则的、有分寸的、善意的。

#### 2.3.5.6 叙述的要领

叙述是阐述己方对某一问题的立场、观点、看法和意见，提出自己的方案。

（1）叙述时，务必明确易懂、使对方明白自己的意思，如有较为艰深的词语，要加以解释。因为对方决不会同意做他们根本就不懂的事情。

（2）叙述时，重点要突出，要抓住主题，绝对不能远离主题去叙述一些无关紧要的事情。

（3）叙述时，要直接说明自己的观点，不要拐弯抹角。

（4）叙述时，要讲出精确的数值，如价格、税率、质量规格等，这是谈判中通常要涉及的实质性内容，半点也含糊不得。有的要提出某某上限或某某下限，以供对方选择，作为讨价还价的基础。

（5）叙述时，第一次就要将叙述的内容说对，切忌信口乱说，然后再来修正。为此，谈话之前要做好充分的准备工作，而在谈判时也要采取谨慎的态度。

### 2.3.6　合同谈判策略

#### 2.3.6.1　基本策略

（1）带一点狂。审时度势，必要时可以提高嗓门，逼视对方，甚至跺脚，表现一点吓唬的情绪，以显示自己的决心，使对手气馁。

（2）给自己留一定的余地。提出比自己的预期目标更高一些的要求，这样就等于给自己妥协时留下了一些余地。目标定得高，收获便可能更多。

（3）装一点小气。让步要缓，而且还要显得很勉强，争取用最小的让步去换取对自己最有利的协议。

（4）不要以“大权在握”的口吻去谈判，而要经常说：“如果我能做主的话……”。要告诉对方，自己还不能做最后的决定，或说自己的最后决定权有限。这样，就更有回旋的余地，使自己有推后思考的时间和摸清对方底牌的时间。

（5）不要轻易亮出底牌。要使对手对自己的动机、权限以及最后期限知道得越少越好，而自己在这方面应对对方的情况知道得越多越好。

（6）运用竞争的力量。即使卖主认为他提供的是独门生意，也不妨告诉对方，自己还有买新产品或买二手货的路子。要显示自己还可以在买或不买、要或不要之间做选择，以造成一种竞争的态势。

（7）伺机喊“暂停”。如果谈判陷入僵局，不妨喊“暂停”，告诉对方：自己要找合伙人、老板或专家磋商。这就既可以使对方有时间重新考虑其立场，又可以使自己有机会研究对策，或者以一点小的让步重回谈判桌旁。

（8）不要急于成交。除非自己的准备工作十分充分，而对方却毫无准备，或者自己握有百分之百的主动权，否则，不必也不能不加思考就亮出自己的底牌。要有足够的时间去考虑谈判的各种细节。

（9）改变方法，出其不意。有时要突然改变方法、论点或步骤，使对方措手不及、陷入混乱而做出让步。如改变说话的声调、语气、表情乃至生气等，都可能使对方改变立场和态度。

（10）盛气凌人。有时可以威逼对方，看对方如何反应。这一手有一定冒险性，但有时很生效，可以迫使对方接受修改的合同或重开谈判。

（11）间接求助战略。可以说：“我真的喜欢你的产品，也真的有此需要，可惜我没有能力负担。”这样可以满足对方自负的心理，因而让步。

（12）小利也争。小利也是利，有时一个小利就是几千、几万元，因而也值得一争。

（13）要有耐性、韧性。不要期望对方立即接受自己的新构思。坚持、忍耐，对方或许最终会接纳意见。

（14）不要逼得对方走投无路，要给人留点余地，顾及对方的面子和利益。

成功的谈判是使双方都有好处、双方都愉快地离开谈判桌的谈判。谈判的原则是：没有哪一方是失败者，而且每一方都是胜利者。这就是所谓的“双赢”。

（15）谈判须有完整的记录，记录要正确无误。谈完后，还须双方认同签字。

2.3.6.2　同外国人谈判的注意事项

（1）保险问题。国际贸易规模巨大，相应而言风险也很大。为了化解风险，必须进行保险，以便在受到损失时可以收到赔偿费。

（2）收回货款的问题。货款回收是谈判内容中非常重要的一项。如果合同条款不完备，或者中间环节太多，都会造成货款回收的困难。交付货款最常用的方法是要买方开立信用证。最理想的条款是买方在合同约定的时间内，无条件地付清一切款项。为了削除买方的自由裁决权，另一方应要求信用证用不可撤销的方式开立。这样，只要付款期一到，并且提供好双方同意的单据，证明货已装船或发运，银行就无法拒绝支付货款。无条件的履约保证书也是国际贸易中常用的一招。因此，在谈判中，供应方一定要保证只有对方信用证能满足我方的条件时，才可执行履约保证书。

（3）谨防欺骗和敲诈的问题。在与外方当事人谈判时要了解其谈判习惯、交易习惯及风俗文化等，以便正确地理解外方当事人的意思表示，从而防止被骗的事情发生。

## 2.4 合同的订立

### 2.4.1 合同订立的原则

合同订立的原则如下：

（1）合同当事人的法律地位平等，一方不得将自己的意志强加给另一方。

（2）当事人依法享有自愿订立合同的权利，任何单位和个人不得干预。

（3）当事人应当遵循公平原则确定各方的权利和义务。

（4）当事人行使权利、履行义务应当遵循诚实守信的原则。

（5）当事人订立、履行合同，应当遵循法律、行政法规，尊重社会公德，不得干扰社会经济秩序，损害社会公共利益。

### 2.4.2 合同订立的方式

我国《合同法》第十三条规定，当事人订立合同，采取要约、承诺方式。

2.4.2.1　要约

A　定义

要约又称为发盘、出盘、发价、出价或报价等。要约是希望和他人订立合同的意思表示。发出要约的当事人称要约人，而要约所指向的对方当事人则称为受要约人。

一个有效的要约必须具备以下条件：

（1）要约必须是特定人所为的意思表示。一项要约，可以由任何一方当事人提出，不管他是自然人还是法人。但是，发出要约的人必须是特定的，即人们能够确定发出要约的是谁。一般情况下，要约的相对人（受要约人）也是特定的，即要约是向特定人提出的。但在一些场合，要约也可以向不特定人提出。如商店中明码标价的商品销售，就是要约人（商家）向不特定的顾客（受要约人）发出的要约。

（2）要约内容必须明确、具体、肯定。要约是订立合同的提议，必须包括合同主要条款，以使受要约人确切知道要约的内容，决定是否接受要约。

（3）要约必须表明经受要约人承诺即受该意思表示约束。即要约必须具有缔结合同的目的。当事人发出要约，是为了与对方订立合同，要约人要在其意思表示中将这一意愿表示出来。要约作为表达希望与他人订立合同的一种意思表示，其内容已经包含了一份可以得到履行的合同成立所需要具备的基本条件，在此情况下，如果受要约人表示接受此要约，则双方达成了订立合同的合意，合同也即告成立。因此，一项有效的要约，必须在受要约人表示承诺的情况下，要约人就要受该要约的约束。

B　要约邀请

要约邀请是希望他人向自己发出要约的意思表示。要约邀请是当事人订立合同的预备行为，在发出要约邀请时，当事人仍处于订约的准备阶段。要约邀请只是引诱他人发出要约，它既不能因相对人的承诺而成立合同，也不能因为自己作出某种承诺而约束要约人。

要约与要约邀请区别在于：要约是当事人自己发出的愿意订立合同的意思表示，而要约邀请则是当事人希望对方当事人向自己发出订立合同的意思表示；要约一般是向特定人发出，要约邀请是向不特定人发出；要约中要约人提出合同主要条款以供对方考虑，要约邀请中要约邀请方没有提出合同订立的主要具体条款；要约发出后，受要约人接受要约，要约人即受此要约的约束，而要约邀请的发出，在法律上没有意义，不能产生合同成立与否的法律后果，要约邀请对要约邀请人和相对人都没有法律约束力。

合同法规定，寄送的价目表、拍卖公告、招标公告、招股说明书、商业广告等为要约邀请。商业广告的内容符合要约规定的，视为要约。普通商业广告的主要职能是商品生产者和消费者在最大、最有效的时空领域中建立直接或间接的商品交换关系。其目的是通过媒介或者其他方式介绍自己所推销的商品，以唤起不特定的人购买该商品的欲望，从而向自己提出购买该商品的要求。因此，商业广告原属于一种要约邀请，而不是要约。如果商业广告中明确注明了要约，或者声明对完成一定行为的人给予报酬的悬赏广告，因为其内容具体确定并注明只要相对人承诺自己即受该承诺约束，因而其应当属于要约，而不再属于要约邀请。例如，甲公司因建筑工程需要，急需水泥，遂向乙、丙、丁三家水泥厂发出函电，函电中称：我公司急需标号为××型号的水泥，如贵厂有货，请速来函电，我公司愿派人前往购买。甲所发出的函电属要约邀请，而不是要约。因为一方面，函电中明确声称“请速来函电”表明甲是希望乙或丙或丁向自己发出要约；另一方面，甲提出“我公司愿派人前往购买”，其含义是派人前去协商购买，而不是前往提货。同时函电中并不具备要约的要件，即函电中不具备合同主要条款，如数量、质量、价格、履行方式、违约责任等。

C 要约的生效与失效

合同法规定，要约到达受要约人时生效。确定要约的到达时间，在口头对话的情况下，应当以相对人了解要约内容为标准来确定；在非口头对话的情况下，只要要约已经送达到受要约人所控制的地方，应当认定要约已经到达受要约人，如将载有要约内容的信件投入受要约人的信箱，就应当认定要约从投入信箱时起已经到达受要约人。基于同样的理由，合同法进一步规定：采用数据电文形式订立合同，收件人指定特定系统接收数据电文的，该数据电文进入该特定系统的时间，视为到达时间；未指定特定系统的，该数据电文进入收件人的任何系统的首次时间，视为到达时间。

一个有效的要约产生以下法律后果：

(1) 要约生效后，受要约人取得依其承诺而使合同成立的法律资格，即受要约人承诺的，合同即告成立；受要约人不为承诺的，合同不能成立，受要约人不负任何责任。

(2) 要约人发出要约在要约中规定要约答复的期限，称要约的有效期。在要约的有效期内受要约的约束。即受要约人接受要约，要约人有与之签订合同的义务；当要约人以特定物向要约人发出要约后，不能再向第三人发出同样的要约，如果要约人是以种类物向对方发出要约，那么，只有在满足第一个受要约人数量的情况下，用其余的种类物向第三人发出要约。要约人在要约有效期内不得随意撤销或变更要约。

(3) 口头要约规定了承诺期限的，于承诺期限内有效；未规定期限的，受要约人如没立即承诺，要约即失效。书面形式的要约，有承诺期限的，在承诺期内有效；未定期限的，在依通常情形能够收到承诺所需一段合理的期间内，要约有效。受要约人作出拒绝承诺的表示的，要约即失去效力。

D 要约撤回

合同法规定，要约可以撤回。要约的撤回是指要约人发出要约到达受要约人之前，要约人有权宣告取消要约，使其丧失法律效力的意思表示。

要约的撤回应当符合下列条件之一：

(1) 撤回要约的通知在要约到达受要约人之前到达受要约人。

(2) 撤回要约的通知与要约同时到达受要约人。

允许要约人撤回要约，是尊重要约人的意志和利益的体现。由于撤回是在要约到达受要约人之前作出的，因此在撤回时要约并没有生效，撤回要约也不会影响到受要约人的利益。如果要约撤回的通知是在要约已经到达受要约人之后，受要约人已经作出承诺履约的行为，则该撤回要约的行为不产生消灭的法律效力，要约人依然受要约的拘束。

E 要约撤销

要约人发出的要约，并已到达受要约人的情况下，要约人可以根据情况，撤销要约。撤销要约的通知应当在受要约人发出承诺通知之前到达受要约人。因为，要约人想要撤销的要约，是已经到达受要约人并发生法律效力的要约，此时，受要约人完全有理由进行订立合同甚至履行合同的准备工作，所以必须有严格的限制，以保护受要约人的利益不受损害。

合同法规定，有下列情形之一的，要约不得撤销：

(1) 要约人确定了承诺期限或者以其他形式明示要约不可撤销；

（2）受要约人有理由认为要约是不可撤销的，并已经为履行合同做了准备工作。

第一种情况下，实际上要约人自己主动放弃了撤销要约的权利，因而也就不得再撤销要约。第二种情况下，通常是受要约人在接到要约后，按照以往的交易习惯或者是依据要约人的行为能够推定该要约是不可撤销的，或以往的交易已证明了这一点。因而受要约人有理由认为本次要约也是不可撤销的，并为履行合同做了准备工作。因而要约人不得撤销要约。要约撤回和要约撤销的区别在于，要约撤回只能适用于要约没有效力的情况下，而要约撤销则适用于要约已经发生效力的情况。

F　要约的失效

要约的失效又称要约消灭，是指要约丧失了法律拘束力，要约不再对要约人和受要约人产生法律上的拘束，合同失去其成立的基础。根据合同法规定，要约失效有以下四种情形：

（1）拒绝要约的通知到达要约人。即受要约人没有接受要约中所确定的条件，并以明确的方式通知到达要约人时，要约失效。拒绝要约通知的到达与要约的到达时间规定应该是相同的，在拒绝通知到达要约人之前，受要约人如果改变态度，要约仍然有效。受要约人拒绝要约的通知到达要约人后，即使在承诺期限内表示同意的，其意思表示也视为发出新的要约。对于向不特定人发出的要约，如商店标价出售的商品，则不因特定人的拒绝而消灭。

（2）要约人依法撤销要约，要约失效。

（3）承诺期限届满，受要约人未作出承诺。要约的有效期限也为受要约人承诺期限。在该期限届满时，受要约人未作出承诺的，则要约失效。但是，根据合同法规定，受要约人在承诺期限届满以后发出承诺的，如果要约人及时通知受要约人该承诺有效的，则要约仍然有效。否则，该承诺可看作是承诺人发出的新要约，原要约人则成为新的受要约的人。

（4）受要约人对要约的内容作出实质性变更，则视原要约失效，受要约人对原要约人发出新的要约。实质性变更主要包括合同的标的、数量、质量、价款或者报酬、履行地点和方式、违约责任、解决争议的方法等。如果受要约人对要约的内容作出了非实质性变更的，除了要约人及时表示反对，或者要约表明承诺不得对要约的内容作出任何变更的以外，要约仍然有效，受要约人对要约作出的承诺也有效。

2.4.2.2　承诺

A　定义

承诺是受要约人同意要约的意思表示。承诺一经作出，并送达要约人，合同即告成立。要约人有义务接受受要约人的承诺，不得拒绝。

一个有效的承诺必须具备以下条件才能具有法律效力：

（1）承诺必须由受要约人本人或其法定代表人或其委托代理人作出。要约如果是向特定人发出的，则承诺必须由该特定人或其授权的代理人作出，如果要约是向一定范围的人作出的，承诺可以由该范围内的任何人作出。

（2）承诺不附带任何条件，承诺的内容必须和要约的内容一致。承诺必须是无条件地接受，承诺对要约的内容作出实质性变更的，为新要约。

（3）承诺必须在合理期限内向要约人作出。如果要约规定了承诺期限，则应该在规定的承诺期限内作出；如果没有规定期限，则应当在合理期限内作出。超过了要约有效期（承诺期限）或合理期限的承诺，视为一项新要约。如果要约中没在规定要约有效期，即承诺期限的，承诺应该在合理期限向要约人作出，合理期限一般指要约的送达时间、受要约方考虑是否接受要约的时间、接受要约送达到要约方的时间的总和。承诺是对要约的全部接受，只对要约人和受要约人有拘束力。所以，承诺必须向要约人本人或其授权代理人作出，对要约人以外的人作出的承诺，合同不能成立。

（4）承诺必须明确表示受要约人同意与要约人订立合同。承诺必须清楚明确，不能含糊。

B　承诺的方式

合同法规定，承诺通知到达要约人时生效。承诺不需要通知的，根据交易习惯或者要约的要求作出承诺的行为时生效。

根据合同法的规定，承诺的方式有如下几种：

（1）承诺的方式应当符合要约中提出的要求。要约人在要约中明确提出承诺方式的，受要约人在作出承诺时必须以要约所要求的方式作出。

（2）要约中没有对承诺方式提出特定要求的，承诺应以通知的方式作出。通知的方式可以是口头的，也可以是书面的（视要约的方式而定），只要是明示的方式即可。

（3）依交易习惯默示的承诺方式。这种方式一般适用于双方当事人是长期的合作伙伴，根据以往的交易习惯或依据当地的交易习惯，一方向另一方发出要约以后，另一方在规定的时间内没有作出意思表示的，则认为已经承诺，在此种情况下，受要约人可以不再向要约人作出承诺的通知。如甲乙双方有长期的供货关系，通常情况下，甲方付款，乙方发货，并无异议。在这种情况下，只要乙方向甲方发出货物，甲方不在规定的时间内作出明确表示的，也可以认为已经承诺。

（4）推定承诺。即要约中表明可以通过行为作出承诺的，以行为方式作出承诺有效。如果要约人发出要约时声明不需要承诺通知，而把对方履行合同的行为，视为承诺人同意合同生效的意思表示，则从承诺人着手履行合同时起，合同即告成立。如商店里明码标价的商品，一旦有顾客付钱，付钱行为就是作出承诺，买卖合同成立。又如，甲向乙借钱，乙未作回答，但把钱寄给甲，即可认为借款合同成立。

C　承诺期限

承诺期限是指受要约人作出有效承诺的期限。根据合同法的规定，承诺应当在要约确定的期限内到达要约人，要约没有确定承诺期限，要约以对话方式作出的，应当即时作出承诺，对话的方式可以是面对面，也可以用电信手段：要约以非对话方式作出的，承诺应当在合理期限到达。非对话方式包括信件、电报、传真、数据电文形式。

D　逾期承诺的后果

逾期承诺是受要约人超过一定承诺期限或在合理期限外作出的承诺。其后果有二：一是承诺无效。合同法规定，受要约人超过承诺期限发出承诺的，除要约人及时通知受要约人该承诺有效的以外，为新要约。二是承诺有效。只要要约人对逾期承诺予以承认并能及时通知受要约人，就可以视为该承诺有效，合同成立。

E　承诺迟延的后果

承诺迟延指受要约人在承诺期限内发出承诺，但因传递原因在超过承诺期限的情况下到达要约人。根据合同法的规定，承诺迟延的法律后果有二：一是承诺有效，合同成立。受要约人在期限内发出承诺通知，并相信其承诺能够及时到达要约人，由于邮局或交通运输工具等传递原因，导致承诺通知超过承诺期限到达要约人，受要约人本身并无过错，所以在这种情况下，一般认为逾期到达的承诺有效，合同成立。二是承诺无效，合同不能成立。由于承诺迟延到达，要约人认为受要约人拒绝承诺，要约人已作出别的行为。如果此时承诺到达，要约人可及时通知受要约人因超过期限而不予接受，该承诺无效，合同不能成立。

F　承诺生效

我国合同法对承诺生效的时间采用的是到达主义，即承诺通知到达要约人时生效。合同法规定，承诺通知到达要约人时生效。承诺不需要通知的，根据交易习惯或者要约的要求作出承诺的行为时生效。采用数据电文形式作出承诺，其到达时间的确定标准为，要约人指定系统接收承诺的，该承诺进入该特定系统的时间，视为到达时间；未指定特定系统的，该承诺进入要约人的任何系统的首次时间为到达时间。

承诺生效的时间与合同成立的时间是一致的，承诺一旦生效，合同即告成立。

G　承诺撤回

承诺撤回是指受要约人对要约人作出承诺以后，承诺人阻止承诺发生法律效力的意思表示。合同法规定，承诺可以撤回，撤回的通知必须先于或同时与承诺到达要约人，才能阻止承诺生效的效力。如果迟于承诺到达要约人，因承诺已经生效，合同也随之成立，就不发生承诺撤回的效果。要约的撤回、承诺的撤回规定，体现出合同法对合同当事人平等保护的意义，也具体体现了合同自由的原则。

当事人签订合同，一般经过要约和承诺两个步骤，但实践中往往是通过要约→新要约→新新要约……承诺多个环节最后达成的。

## 复习思考题

2-1　与建筑企业经营管理关系较密切的法律法规有哪些？

2-2　常见的合同形式有哪些？

2-3　合同谈判的特点有哪些？

2-4　合同谈判应遵循的原则有哪些？

2-5　合同谈判的技巧有哪些，如何应用？

2-6　合同订立的原则和方式是什么？

2-7　合同法律关系的内容是什么？

2-8　合同法律关系相对性的含义是什么？

2-9　合同法律关系指的是什么？

# 第3章 业主、监理、承包商三方责权利

## 3.1 合同各方关系

### 3.1.1 项目管理

3.1.1.1 *施工管理参与方*

施工管理主要参与方包括业主、承包商、工程师。

A *三方管理关系*

FIDIC 条件的框架关系是业主、咨询工程师与承包商之间的三方管理关系，是“三位一体”关系，见图 3-1。也就是一种三角关系，但并非是等边三角形，咨询工程师在这个三条关系中靠业主一侧更近些，因为国际承包的市场毕竟还是买方市场。FIDIC 条件实际上是想建立一个以咨询工程师为中心的专家管理体系。从理论上讲，咨询工程师是一个中间人，又是一个设计者，又是一个施工监理，又是一个准仲裁员，更是业主的代理人（但与业主没有任何依附或从属关系）。咨询工程师是独立于业主和承包商以外的第三方，他在两者之间起着过滤器和筛子的作用，即签订合同后，大家都要遵守咨询工程师做出的指示，就算这些指示有问题，只要还能承受就要听从并且执行。当然，如果实在忍受不了就只好提交国际仲裁了。在 FIDIC 条件中，解决争端的最终办法就是仲裁，而第 67 款中写得很清楚，承包商不能跨越咨询工程师直接去仲裁。咨询工程师的准仲裁对于一个承包商，或更广泛地说对合同双方的经济利益是相当关键的。

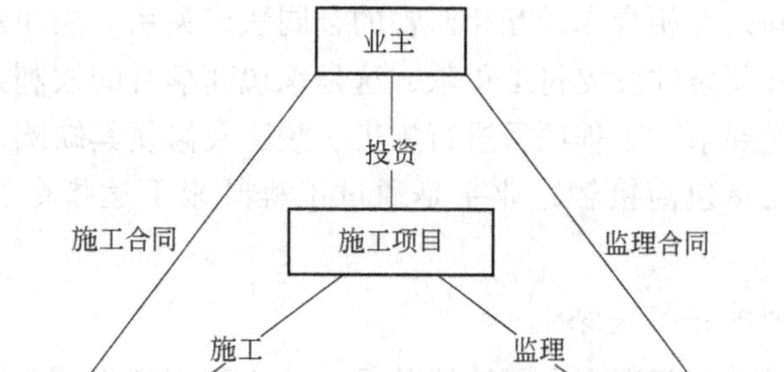


图 3-1 管理关系图

FIDIC 的鼻祖是 ICE（英国土木工程师协会，Institution of Civil Engineers），也就是说，

先有ICE，后有FIDIC。但值得特别一提的是，ICE与FIDIC有着本质上的区别，ICE是亲业主的，它侧重于维护甲方业主的利益；FIDIC是亲承包商，它维护乙方承包商的利益更多。在香港经常遇到这样的情况，如果当承包商，你会尽量向业主推荐FIDIC；如果当业主或向外分包，你就一定要用ICE。

FIDIC的最大特点是程序公开、公平竞争、机会均等，这是它的合理部分，对任何人都没有偏见，至少出发点是这样的。从理论上讲，FIDIC对承包商、对业主、对咨询工程师都是平等的，谁也不能凌驾于谁之上。因此，作为承包商应尽量选用FIDIC，这样才能更好地保护自己的经济利益及合法权利。但是，FIDIC又坚持要形成买方市场，主张在“买”（业主）“卖”（承包商）双方的交往中，利用经济的约束手段，维系对买方的有利条件。因此，从某种意义上说，也就没有绝对的平等而言。

B 三方的项目管理

（1）业主：首先根据合同需求在合同条款中说明他的要求，并邀请通过资审的承包商参与投标。业主必须向承包商提供工程场地，甚至要提供供水和供电设施。负责落实资金，并根据合同向承包商支付。如遇任何无法解决的合同纠纷，也主要决定是否与承包商谈判解决，还是提交仲裁。

（2）承包商：按照招标文件的要求承担施工任务。在投标过程中，承包商要认真研究所有的地质土工信息，进行现场考察，检查进场条件以及当地劳动力和材料的供应情况。一旦中标，有责任采取一切需要采取的措施，按照合同规定完成工程的施工任务。

（3）工程师：在FIDIC合同条款下，业主要委托一个独立的咨询工程师，即“工程师”来完成可行性研究、工程设计及建设监理等工作。在1999年新版FIDIC合同条款出台前，工程师被认为应该充分运用自己的独立专业判断，在与业主和承包商有关的合同问题上做出公正的决定，但在1999年新版FIDIC合同条款中，工程师被认为是代表业主行使权力，原来独立行使权被消减。

#### 3.1.1.2 FIDIC合同条件中三方的基本法律关系

A 业主和承包商的法律关系

业主和承包商之间是互相合作、互相监督的合同法律关系，法律地位完全平等。业主的义务是提供施工的外部条件及支付工程款，这是承包商享有的权利；承包商的义务是按合同规定的工期及质量要求对工程项目进行施工、竣工及修复其缺陷，这是业主享有的权利。业主一般不直接与承包商接触，业主是通过工程师来下达指令、行使权力、管理工程的。

B 业主和工程师的法律关系

业主和工程师之间是监理咨询合同法律关系。业主聘用工程师代他进行工程管理。工程师的任务和职权是由业主与承包商之间签订的施工合同及业主与工程师签订的监理服务合同两种文件确定的。

工程师作为独立的一方管理合同，行使自主处理权时，则必须行为公正，不偏向任何一方，但是工程师的报酬由业主来支付。在项目管理中，工程师只承担管理责任及与之相关的责任而不是一切责任，这些管理责任与相关责任在业主和工程师的协议中规定。

C 承包商与工程师的法律关系

承包商与工程师之间没有合同，因而不存在合同主体法律关系。但在工程实施中，承包商必须接受和遵从工程师的指示，工程师在行使开列在第二部分的权利时，须经雇主事先批准。承包商无权核实工程师是否已获得此类批准。根据 FIDIC 合同 2.1 款可以理解：如果承包商按工程师指示施工增加了费用，那么即使工程师无权对该项工作下达命令，承包商也有权得到该项工作的付款。尽管承包商可能不同意工程师颁发的某项指示，但根据 13.1 款，他必须执行该指示。工程师完全承担责任的错误一般是导致了承包商的索赔，如拖延给出图纸、拖延决定时间、错误指令等。

在工程中，不经承包商同意，业主不得更换工程师。因为在 FIDIC 合同中，工程师有很大的权力，具有特殊的作用，所以工程师的信誉、工作能力、公正性等，已是承包商投标报价必须考虑的重要因素之一。

业主和承包商之间的合同文件规定，凡根据合同在工程师有自己酌情处理权的地方，工程师在业主和承包商之间应行为公正，以没有偏见的方式使用合同。

D 分包商与其他各方的法律关系

a 承包商与分包商的关系

承包商与分包商是分包合同主体法律关系。通过分包，承包商获得分包差价或管理费。相应地，分包商被视为承包商组织机构的一部分，承包商并不能因为工程分包而减少其对该部分工程在承包合同中所应承担的责任和义务，承包商对分包部分承担全部工程责任。在与业主关系上，承包商仍承担主合同所定义的全部合同责任。如果分包商履约能力不足，将给承包商带来风险。

分包商的风险之一是变更或索赔都要通过承包商来完成，承包商对这项工作不一定有积极性；分包商的风险之二在于分包商的支付常常受到业主对承包商支付的影响，而业主未及时支付可能是承包商原因或其他分包商原因造成的。

业主对分包商的选定有较严格的要求，要对分包商做出资格审查。在承包商的投标书中，必须附上拟定的分包商的名单，供业主审查。如果在工程施工中重新委托分包商，必须经过业主和工程师的批准。

b 工程师与分包商的关系

工程师与分包商之间也没有合同关系，在项目实施中，工程师通过承包商管理分包商的工程。在征得承包商同意后，工程师可以就一些技术问题直接与分包商打交道，在此情况下，有必要把各个阶段的情况都告知承包商，尤其涉及付款和施工计划的问题。这样承包商就可以及时了解工程师和分包商之间的商讨情况和信函往来的情况，以便在他认为合适的时间发表意见和采取措施。

### 3.1.2 业主、监理、承包商之间的行为关系

#### 3.1.2.1 行为关系

（1）业主、监理和承包商是责权分明的单元体。FIDIC 合同条款及其附件为业主、监理和承包商三方各自规定了明确的责权范围，并辅以相应的经济手段来制约。三方都知道自己在整个工程建设过程中应承担的主要工作责任和所尽的义务，并有一定的程序和时间

限制，有质和量的界定，合同一旦生效，就得无条件按此行事。同时，有责就有权，权责相当是企业管理和完成工程项目必须遵循的普遍规律。权是责的保障，应有的权力得不到落实，承担责任也就成了空话。三方各自对来自他方的侵权行为，都要以合同条文据理力争，要充分利用经济手段甚至法律手段来保护自己的合法权益。业主、监理和承包商究竟有哪些责权？简单地概括为：业主按合同条款规定提供必要条件和服务，委托赖以信任的监理和挑选中意的承包商，在FIDIC条款的制约下完成自己期望的工程项目。承包商按合同条款获得必要条件和服务，在接受监理程序的前提下按期完成监理认可无质量缺陷的合格工程项目，并取得一定的经济效益。监理监督业主按期提供必要条件和服务，并承担相应责任；监督承包商按合同条款和既定技术规范、技术标准对工程全过程进行全方位的严格施工管理，使工程项目达到监理满意或认可的程度。监理凭借合同所赋予的权力，站在公正的立场，发出指令和通知，仲裁合同争议，保证工程顺利进行，最终实现业主委托之责。

（2）业主、监理和承包商是相互制约的独立体。业主、监理和承包商均具备独立法人资格，不受行政控制约束，各自都有人、财、物的支配实体和法人代表，并在合同上签字画押，经公证机关履行公正手续而合法化。监理以合同条款为依据，行使合同规定的或必要时由合同暗示的权力。当业主与承包商发生争端或者一方利益受损，监理可公正地利用判断的权力进行调解，作出对双方均有约束力的裁决，但无权免除合同所规定业主与承包商应尽的责任和义务。如果监理仲裁不公，未按合同规程办事，当事一方不服时，可向国内外的最高仲裁机构申诉，求得最终裁决。

FIDIC条款对三方都有较强的约束力，是相互制约的关系，当一方未按合同规定完成自己应尽的责任和义务，给另一方造成影响或损失，就要受到制裁，赔偿或补偿另一方的经济损失。FIDIC条款要求三方各尽其责，严格按合同程序办事，否则将受到惩罚。只要业主未按合同要求给承包商提供工程所需的必要条件和服务，造成施工受挫，或随意变动合同条款，影响工程费用增加或工期延误，就要承担相应的经济赔偿责任。如果业主因故无力支付工程进度款，在超过合同条款所规定的时间期限，仍不能继续履行合同义务，则承包商有权宣布终止其根据合同的受雇义务，业主还应支付承包商由于该种终止造成或与该种终止有关或由其后果产生亏损的全部经济损失。由此看来FIDIC赋予业主的责任并不轻松。然而，对承包商的条款显得更加苛刻。承包商经过激烈角逐中标签约后，还必须为其履行合同提供担保，开具银行保函，并向业主交纳一定数额的保证金。开工要批准，事事要报告，项项要检查，步步要试验，分部分项每层每道工序都必须经过监理的检查认可，否则不承认，一切按合同条款、合同程序、技术标准、技术规范施工，质量达不到要求，或已达到要求但未经监理签字认可，也不予验收，不予计量支付。材料不合格，监理可拒绝接受并限期清除，设备要按要求进场，调出工地还要监理批准，人、材、机、资金、计划、技术方案等与工程有关的一切事务均需申报认可，监理的书面指令要执行，口头指令也要执行，总之一切通过监理，整个施工必须在监理的严格监督下进行。如果承包商严重违约或到期不能完成工程任务，将受到合同条款规定的尤其严厉的经济惩罚，直到业主指令驱逐承包商而使其企业破产。所以作为合格的承包商必须有强烈的合同意识观念，认真执行FIDIC条款，信守合同，适应监理，才能在激烈的国内外建筑市场立于不败之地。

（3）业主、监理和承包商是三位一体的合作伙伴。业主、监理和承包商之间通过FIDIC合同条款联系在一起，三方权力均衡，既相互制约，又互为关联。业主想用最少的投资尽快获得质量最优的建筑产品，承包商想以最低的成本按期交出符合质量要求的工程，并赚取尽可能多的利润，而监理的期望是早日看到符合质量标准的竣工项目，以实现自己受托之责。尽管三方受各自利益驱动，其侧向目的不太一致，但早日建成合格的建筑产品却是他们的共同目标和利益基础，因而，他们之间又形成全面合作的伙伴关系。

合作是实行共同目标的根本保证，三方都要以积极的姿态，尽可能为他方提供更多的便利条件，以促进工程的顺利实施。业主应按合同条款给承包商和监理提供必要条件和完善的服务，创造一个良好的社会环境，主要包括提供规定的资金，完成前期占地拆迁，动员地方资源，协调社会各界通力合作，尊重和支持监理，充分信任和依靠监理，调动他们的积极性，让其尽心尽责完成监理重任，同时，监理也要以向业主负责的态度，尽职尽责，对整个工程的全过程从严监理，指令和要求承包商按合同程序和技术规范一丝不苟地施工，按期交出符合质量要求的工程来。监理一要严把质量关，二要树立服好务的思想，竭力帮助承包商解决施工过程中的技术难题和实际困难。承包商一方面应主动配合，树立共同创造施工环境的观点，尊重当地风俗习惯，尽可能照顾当地群众利益，多用地方劳务、运力、地材等，为地方的经济发展提供方便。另一方面要正确认识监理工作和工程质量的统一性，并主动与监理搞好伙伴关系。自觉接受监理，严字当头，加强管理，才能加快工程进度，保证工程质量，最终交出一个各方满意的合格工程。如果监理放手不管，质量无人把关，很容易出现质量低劣或根本就不合格的工程，造成重大质量事故和返工，延误了工期，浪费了人力、物力、财力，承包商不但经济上要蒙受重大损失，而且，企业信誉也会受到严重的负面影响。

#### 3.1.2.2　业主、监理、承包商三者之间行为关系的现状

开工预付款是业主为了帮助承包商缓解进行施工前期工作时的资金短缺，从未来的工程款中提前支付的一笔款项。通用条件对合同中是否一定包括预付款以及预付款金额的多少没有作出明确规定，但在应用指南中说明如果业主同意给开工预付款或材料预付款的话，需在专用条件中详细列明支付和扣还的有关事项。综观近年来建设市场的混乱局面，业主、监理、承包商三者之间的关系表现出以下几种情况：

（1）业主控制合同管理和建设资金的支付，监理控制工程质量和工程进度，由于资金等问题，承包商处于被监督管理的状态。其具体做法是：社会监理承担质量、进度，合同和费用（含监理费用）由业主控制，在这样的管理模式下，费用管理成为工程建设中的首要矛盾集中点。承包商完成一定的工作后，工作内容、工程量和费用申报要经过合同段监理组、驻地监理处、总监代表处、业主等相关部门的层层审批，手续烦琐，耗时长，同时引发了以下矛盾：

1）开工前期业主不能及时协调当地相关部门进行前期拆迁等工作，造成窝工，后期又利用自行制定的奖罚措施要求施工单位按期完工，不考虑天气等不利因素的影响，一味地要求抢工，并暗示监理人员开绿灯。这样一来，增加监理人员工作难度的同时，工程质量根本无法保证。承包商完成后，业主又不愿支付由于以上原因所增加的费用。一旦工程质量出现问题，现场监理承担责任、挨批评，承包商掏腰包返工。

2）资金不到位。计量完成后工程款不能及时拨付，导致工期因资金而延期。

3）项目执行办公室计量处对已经经过合同段监理组、驻地监理处、总监办审核并批复过的工作内容、工程量重新审核。重新审核不但引起支付时间的延长，导致工程款不能及时拨付，而且形成业主对监理不信任的事实。

4）因项目执行办合同处是核算、控制工程造价的管理部门，深入施工现场的机会极少，对经监理工程师和设计代表审核、批准过的计量、变更和索赔等既不能轻易肯定，又不能轻易否定，有心到现场核实，却又被审核计量等工作困在办公室中，引起变更、索赔等批复困难。更有甚者，承包商害怕因变更、索赔工作耽误下一步工作而否认已上报并经监理工程师、设计代表签认的变更项目。

（2）监理工程师作为经业主委托、独立于业主和承包商之外的第三方，本应按照规范和法律公平、公正地维护双方的利益，而在现行模式下，监理工程师在业务上有心科学、规范的行使监理权力，在行政上却受制于业主，无所适从，矛盾重重。主要表现在：

1）变更、计量申请的二次审核引起监理工程师的抵触情绪，容易产生“反正你要审核，我审不审都无所谓”的思想，这样一来，就放松了对计量、变更申请等工作。现场监理作为计量、变更数据的主要控制关口起不到相应的作用。发现问题后必然影响计量支付时间，从而影响进度。

2）因社会监理在某种形式上成为了业主的雇佣，往往会出现对业主唯命是从，从而出现损害承包商利益的现象，这会引起承包商的消极反抗，工程质量从而受到威胁。

3）社会监理成为“传话筒”，将业主的命令、要求下达给承包商，利用手中的监督管理权力强制要求承包商执行，对于承包商的各种申请只是简单的上传给业主，至于如何解决、执行完全听命于业主，不能真正起到公平、公正的协调双方关系的作用。

（3）由于种种因素的影响，在这种管理模式下承包商在三者之间始终处于受“压迫”的状态：业主控制支付资金，监理工程师控制质量和进度。主要表现在以下两个方面：

1）计量支付的审批手续过于烦琐，资金迟迟不能到位，业主和社会监理又一味地强调提高质量的同时催赶进度。

2）个别监理人员业务素质不高，现场不敢表态，或是个人品行低劣，对承包商处处吃、拿、卡、要，百般刁难，造成工作周期延长，对监理人员的抵触情绪愈演愈烈。

#### 3.1.2.3 业主、监理、承包商三者之间行为关系的根源

根据现阶段混乱的我国建设项目管理现状，我们不难看出FIDIC管理模式不能在我国照搬，工程项目管理不能在短时间内走向正轨。就其根源，主要有如下几个方面：

（1）受计划经济的影响，作为出资方的业主，习惯于“一竿子插到底”，事无巨细统抓统管的管理思想和管理模式一时间难以改变，对于自己出资建设的项目将“三控”大权交于他人处理的现象一下子难以接受。

（2）受“权力经济”的影响，出现了管理跨度过大而造成的中层无能或有力没处使的现象。业主在进行机构设置时的“集权”行为不能在短时间内转化为“集权和分权相结合”的现代管理模式。

（3）作为出资方的业主还没有彻底转变传统的管理观念，认为监理是受自己的委托来进行工程监督的，承包商是付钱请来完成工程施工任务的，两者都是自己的雇佣，不能接

受业主、监理、承包商“三足鼎立”的局面。

（4）监理费用的支付完全控制在业主手里，监理如果不能按照业主的命令、指示开展工作，就不能顺利得到应得到的费用，因而只能对业主唯命是从。正确也好，不正确也罢都予以执行。这样监理就失去了“社会监理”的职能，成了业主派往现场的“施工监督员”。这也是当前模式下监理无法愈合的“痛楚”。

（5）部分监理人员业务水平和个人素质不高。目前的监理模式，使得监理不用承担过多的责任，却有利可图。有些监理公司从社会上招聘一些刚刚大学毕业的学生从事一线施工监理任务。这些人缺乏丰富的施工管理经验，深厚的技术知识，相关的法律、经济知识和严肃的合同意识。更有甚者，有些监理公司派驻现场的人员竟有煤炭、汽车销售、法律等专业。加上一些监理单位对派往现场的人员疏于管理，他们在一定程度上不具备全方位、全过程的监理能力。这样一来，业主不会十分放心地将工程管理工作完全托付给他们是可以理解的。

（6）个别承包商不能严格按照规范进行施工，采用非正当的行为诱使或迫使监理人员作假，有些素质较差的监理人员在承包商“糖衣炮弹”的攻击下放弃了原则，降低检验标准，为工程质量埋下隐患。这样一来，不能保证工程质量的同时也不能保证工程量，特别是变更、索赔数量的准确。

（7）业主实行“一竿子插到底”的微观管理模式，严重挫伤了监理人员科学、规范化管理的积极性。长此以往，监理威信下降，承包商对监理视而不见，导致效率低下、秩序混乱。

（8）现行体制下的业主与承包商之间的“血缘关系”使得监理有名无实、有权无力，从而监理成为空架子。“监理工程师的地位不太突出”的说法也是理所当然了。

#### 3.1.2.4 对策

扭转目前建设市场混乱秩序，走上正轨的管理道路，是一项长期而又艰巨的任务。

（1）以 FIDIC 条款为依据，建立健全相关的法律、法规或行政措施，严格约束三者之间的行为。目前仅仅依靠现有的经济合同方面的法律对工程施工来说是远远不够的，需要有专门的、详细的、具有较强可操作性的工程施工、监理方面的立法或行政规定，公平、公正地保障三者的责任和权益，保证工程的正常实施。

（2）建设方应认真学习社会主义市场经济条件下的相关管理知识、法律知识，转变观念，摆脱计划经济时代形成的用行政手段管理工程建设的模式和思路，特别是加入 WTO 后，公路工程建设以及管理思路要逐渐向条款的要求靠拢。同时摆正自己的位置，承认业主、监理、承包商“三足鼎立”局面的事实，完全突破近乎“自编、自导、自演”的管理模式。建设方除了对重大变更、索赔进行宏观控制、审批外，应按照“多协调、少干预、各司其职、强化监理”的原则和国际惯例充分放权于被委托的合格的社会监理单位及其派出机构，使其充分享有合同赋予的职权和利益，真正担负起合同规定的监督管理责任，充分发挥监理的独立性和公正性，以合同及相关法律法规来约束监理和承包商的行为，运用法律和合同等经济手段进行工程建设管理，保证工程质量、进度、费用等目标的全面实现，并促进建设项目管理向专业化、社会化转变。

（3）监理单位除了掌握全面的工程技术外，还应认真学习法律知识，对合同应有清晰的概念，能够熟练运用合同解决纠纷，保证工程顺利实施。监理单位应不断提高自身的素质，在挑选监理人员时，在注重专业素质的同时，更应注重个人的人品，保证监理人员能公平公正地开展工作，廉洁自律，真正担负起合同规定的监督管理职责。监理单位应定期对现场监理人员进行全面考核，加强管理，对不合格监理人员坚决予以更换。同时，监理单位应该通过与优秀监理企业（或个人）的交流、合作等方式学习别人先进的管理、经营理念，提高自身实力。

（4）承包商在决定投标的时候，应根据工程规模、施工难易程度选择合适的岗位人选，并保证进入工地的人员、设备和投标书上的相一致。开工后能严格按照规范积极配合监理人员保质保量地完成施工任务。

（5）业主在选择监理单位和施工单位时首先应进行严格的资质审查，对进入公路建设市场的施工单位、监理单位及其人员的素质进行综合的全面的考察和考核，保证有资质和能力的施工单位和能够真正做到公平、公正地完成监理任务的监理单位进入工程建设市场，真正做到从源头上制止不合格企业进入工程建设市场。同时要放手、放权、放心地将管理权力交给监理，使其能够因地制宜、实事求是地开展工作。

（6）对于那些合同、责任、质量意识较差，不能严格按照合同承诺及规定配备相应的监理人员、施工设备的监理单位、施工单位进行严肃的处理，决不手软。

（7）业主充分放权，扩大监理工程师的权力后，定期对监理工程师进行考核，并通过责权利统一原则进行管理。一经发现有滥用职权、腐败的现象应进行严肃处理。

（8）一改过去监理单位、承包商向业主交纳一定数额的履约保证金制度，建立三方履约保证金制度。建设方、监理、承包商在签订合同后，都拿出相应比例的资金作为自己保证履约的信用保证金，存入相关主管部门（如交通厅质量监督站）的专设账户中，在对履约情况进行严格、细致、深入的考核后，对不能履约者给予经济处罚，对受损者给予补偿。这样做的好处是不仅仅是承包商、监理单方面地向业主保证履约，而是三方相互保证履约，可以更有效地保证三方共同约束自己的行为，严格按照合同办事，保证工程保质、保量、按期完工。

### 3.1.3 项目具体管理

#### 3.1.3.1 政府的宏观控制

（1）对业主：公民、法人、依法成立的组织；工程要报建；工程要委托监理；要竞争性招投标；严禁“三边工程”。

（2）对承包商：企业法人；建筑资质；从业人员资格；严禁“工程转包”。

（3）对监理企业：企业法人；监理资质；从业人员资格。

#### 3.1.3.2 各方的项目具体管理

（1）施工单位应成立项目经理部，委派项目经理全权负责工程项目的施工管理。

（2）监理单位应派出总监理工程师，全盘负责施工项目质量、进度、成本的监督。

（3）业主派出驻场代表，负责工程投资的支付等。

（4）设计单位派出驻场工程师，负责与承包商进行工程技术交接等。

# 3.2 业主的责权利

## 3.2.1 业主

### 3.2.1.1 业主的定义

业主（应译为“雇主”，国内目前通称为“业主”）是指既具有某项工程建设要求，又具有该项工程建设相应的建设资金和各种准建手续，在建设市场中发包工程建设的勘察、设计、施工任务，并最终得到建筑产品的法人和个人。

### 3.2.1.2 作为业主的条件

（1）具有民事权利能力和民事行为能力。

（2）具有购买某件建筑商品的要求。

（3）具有购买某件建筑商品的资金。

（4）具有购买某件建筑商品的各种准建手续：工程报建批准通知书、规划许可证、土地使用权证、施工许可证等。

（5）具有购买某件建筑商品的勘测设计资料、施工图纸、工程概预算书等。

（6）已经委托了建设监理单位。

（7）已经通过竞争性招投标选择好了工程施工承包商。

（8）该件准备购买的建筑商品的工地已经完成了拆迁和“三通一平”。

## 3.2.2 业主的职责

### 3.2.2.1 业主在工程建设前期的责任与权利

业主一般是建设项目的产权所有人，与建设工程项目有着密切的利害关系，在工程建设中的工作最为繁重，重大的决策和管理都由业主做出。业主任务繁重，加上又可能是工程建设方面的专家，所以在整个建设过程中，应要聘用工程咨询公司、承包商、供应商、各有关方面专家等来协助或承建工程，随之而来的是以业主为一方，与其他诸多参加工程建设的承包单位签订合同。对于一个工作项目：

（1）业主要作出投资的决策。对投资的效益、建设的规模、资金的筹措、技术上的可能性等问题都要进行可行性研究。重大的工程建设项目，就需要经济学、市场学、规划建筑等各方面的专家咨询，然后再决策建造这一项目。如我国三峡工程的可行性研究与论证，参加专家之多，学科面之厂，时间之长，都是前所未有的。

（2）业主要筹措资金。国际上通行的做法是，资金的来源可有财团认资、发行债券、银行贷款、国内外投资几种方式。这是业主要做的最艰苦的工作，也是比较难处理的工作。在我国，过去搞基建都是国家财政拨款，现在改为贷款，这就加重了业主的工作。至于确定建设基地、委托设计等，可在筹资过程中同时进行，也可以在筹资后完成。

（3）业主要委托设计，搞招标发包，签订合同等。委托设计工作，在我国一般是先搞初步设计，待初步设计完，工程概算批准后，方可进行招标发包工作，或者是在全部施工图设计完成后，才搞招标发包工作，但都是以业主为一方签订双边或多边合同。工程设计包括：一阶段设计（初步设计）、两阶段设计（初步设计与施工图设计）、三阶段设计（初步设计、技术设计与施工图设计）。

（4）业主要委托工程项目管理或监理班子。国际惯例是：设计工作开始后，都是由工程师或建筑师作为业主的顾问，协助业主办理与工程建设有关的事宜，且都是在业主的名义下进行的。也就是业主聘用某一工程咨询机构负责工程建设的投资控制、工程进度控制和工程质量监督工作。

（5）业主要进行工程招投标（审查承包商的资质——四个方面：注册资金数目、工程技术人员的资格与数目、技术装备数目、业绩与信誉）。

（6）业主要与有关各方签订合同。与业主签订合同的各方都是受业主聘用而为业主服务的，因此原则上讲都应执行业主的要求和指令，各方面的工作都应做到使建成的工程尽可能使得业主满意。

#### 3.2.2.2 业主在工程实施期间的职责和义务

（1）提供建设用地、按期移交施工现场：

1）办理土地征用、拆迁补偿、平整施工场地等工作，使施工场地具备施工条件，并在开工后继续解决以上事项的遗留问题；

2）工程报建，办理施工许可证；

3）将施工所需水、电、电信线路从施工场地外部接至专用条款约定地点，并保证施工期间需要；

4）开通施工场地与城乡公共道路的通道以及专用条款约定的施工场地内的主要交通干道，满足施工运输的需要，保证施工期间的畅通。

（2）按合同提供正式图纸，工程必需的水文、地质及有关技术资料和数据，并对这些资料的准确性负完全的责任：

1）工程勘测：包括工程测量、水文地质勘察、工程地质测绘；

2）向承包人提供施工场地的工程地质和地下管线资料，保证数据真实、位置准确；专用条款内需要约定向承包人提供工程地质和地下管线资料的时间；

3）确定规范与标准；

4）确定工程用主要建材；

5）组织承包人和设计单位进行图纸会审和设计交底；

6）确定水准点与坐标控制点，以书面形式交给承包人，并进行现场交验。

（3）在多家独立的承包商受雇于同一工程或属于分阶段移交的工程情况下，业主负责办理保险。

（4）按时支付承包商应得的款项，包括预付款。工程预付款主要用于采购建筑材料。预付额度，建筑工程一般不得超过当年建筑（包括水、电、暖、卫等）工程工作量的30%，大量采用预制构件以及工期在6个月以内的工程，可以适当增加；安装工程一般不得超过当年安装工程量的10%，安装材料用量较大的工程，可以适当增加。双方应当在专用条款内约定发包人向承包人预付工程款的时间和数额，开工后按约定的时间和比例逐次扣回。预付时间应不迟于约定的开工日期前7天。

（5）为承包商办理各种许可、如现场占用许可、道路通行许可、材料设备进口许可、劳务进口许可等；办理施工许可证和临时用地、停水、停电、中断道路交通、爆破作业以及可能损坏道路、管线、电力、通信等公共设施法律、法规规定的申请批准手续及其他施工所需的证件（证明承包人自身资质的证件除外）。

（6）承担疏浚工程竣工移交后的任何调查费用；支付超过一定限度的工程变更所导致的费用增加部分；协调处理施工现场周围地下管线和邻近建筑物、构筑物（包括文物保护建筑）、古树名木的保护工作，并承担有关费用。

（7）派驻地工程师。驻地工程师（甲方代表）的主要职责是检查工程进度，及时验收，支付工程进度款项。

（8）承担业主风险损失及违约索赔；确保承包商免于承担属于承包商义务以外情况的一切索赔、诉讼，损害赔偿费、诉讼费、指控费及其他费用。

1）业主严重拖欠承包商应得工程款；

2）无理干涉、阻挠或推迟各项证书所需要的批准；

3）业主不可抗拒的原因；

4）所在国政治、经济、军事严重混乱。

（9）发包人应做的其他工作，双方在专用条款内约定。

FIDIC 条款中没有专门准确说明业主的职责和义务，其职责和义务散落在一些相关的条款中。业主的一些主要义务条款归纳后见表 3-1。

**表 3-1 业主的职责和义务**

| 序号 | 权利类型 | 对应 FIDIC 条款 | 说 明 |
|---|---|---|---|
| 1 | 知识产权和工业产权 | 17.5 | “侵权”是指侵犯（或被指称侵犯）与“工程”有关的任何专利权，已登记的设计、版权、商标、商号、商品名称、商业机密或其他知识产权或工业产权。因承包商按照合同的要求完成工程施工不可避免要出现的一些结果时，业主应保障并保持承包商免受因此而提出的指称侵权的任何索赔引起的伤害 |
| 2 | 资金安排证明 | 2.4 | 业主在收到承包商的任何要求 28 天内，提供其已经做好并维持下去的资金安排的合理证明。如果业主想要对其资金安排做出任何改变，应将改变的详细情况通知承包商 |
| 3 | 办理“许可、执照或批准” | 1.13 | 业主应已经为“永久工程”取得规划、区域规划或类似的许可，业主应保障并保持承包商免受其未能完成此类许可而带来的伤害 |
| | | 2.2 | 业主应根据承包商的要求，取得与合同有关的而又不容易得到工程所在国的法律文本；当承包商运送货物或者其设备运离现场出口时，业主应协助承包商申办工程所在国法律要求的许可、执照或批准 |
| 4 | 承担风险 | 17.3 | 业主应承担政治、社会、污染及外力等方面的风险 |
| 5 | 政策与法令变化对工程成本的影响 | 13.7 | 工程所在国的政策、法令是投标商制定报价的依据，如果在“基准日”后出现影响承包商施工成本的某些变更，如限制进口、税收政策等变化，均会导致承包商施工成本的变化。这些变化当然是一个有经验的承包商无法预测和防范的，所以此类情况导致的成本变化也应该由业主承担 |
| 6 | 不可预见的物质条件 | 4.12 | “不可预见的物质条件”（Unforeseeable Physical Conditions）是指承包商在现场施工时遇到的事先不可预见的自然物质条件和人为的以及其他物质障碍和污染物等。当不可预见的物质条件出现时，承包商要尽快地通知工程师并说明不可预见的理由，经工程师检验核实后，如果该条件导致承包商施工费用的增加和时间的延长，业主应给予承包商相应的补偿 |

续表 3-1

| 序号 | 权利类型 | 对应 FIDIC 条款 | 说 明 |
|---|---|---|---|
| 7 | 不可抗力 | 19.1 | 出现不可抗力后，承包商要及时通知工程师，并采取措施努力使其对合同造成的损失减至最小。针对承包商因不可抗力提出的补偿要求，业主有义务予以满足 |

### 3.2.3 业主的权力

业主具有如下权力：

（1）业主有权不接受最低标。

（2）工程检查权：1）对材料的检查；2）对工序的检查；3）对隐蔽物的检查。

（3）用人选择权：1）选择分包商；2）选择监理工程师；3）选择材料供应商。

（4）财务支付和控制权：1）合同价格（固定价格、可调价格、成本加酬金价格）的确定；2）工程预付款；3）工程款的结算（按月、分段、竣工）；4）确定支付程序。

（5）在承包商违约时，业主有权接管工程或没收各种保函或保证金。

（6）有权决定在一定的幅度内增减工程量。

（7）不承担承包商因发生在工程所在国以外的任何地方的不可抗力事件所遭受的损失（因炮弹、导弹等所造成的损失例外）。

（8）有权拒绝承包商分包或转让工程（应有充足理由）。

同样，FIDIC 条款中并没有完整的一条或一款来规定业主的权力，其权力也是散落在相关条款中。业主的一些主要权力条款归纳后见表 3-2。

**表 3-2 业主的权力**

| 序号 | 权力类型 | 对应 FIDIC 条款 | 说 明 |
|---|---|---|---|
| 1 | 使用承包商的文件 | 1.10 | 业主为了工程的目的，可以无限期地、可转让地、不排他地、免版税地复制、使用和传送由承包商完成的文件 |
| 2 | 要求承包商转让分包合同 | 4.5 | 如果分包商的义务延伸到有关“缺陷通知期”的期满日期以后，工程师在该日期前，指示承包商将此类义务的权利转让给业主时，承包商应照办。除非在转让中另有规定，在转让生效后，承包商对分包商实施的工作不应再对业主负责 |
| | | 4.4（d） | 当分包商遇到“由业主终止”的规定而导致终止时，承包商必须将分包合同转让给业主 |
| 3 | 由业主终止合同 | 15.2 | 1. 未按合同规定的要求提交“履约担保”，且未能按照工程师的要求予以改正；<br>2. 放弃工程，或明确表示不继续按照合同履行其义务的意向；<br>3. 未能按照合同约定的“开工日期”进行施工，或当工程师发出“拒收”或者“修补工作”的通知，在其后的28天内未能遵守工程师的通知要求；<br>4. 将整个工程分包出去，或将合同转让他人；<br>5. 破产或无力偿还债务；<br>6. 为了与合同相关的任何利益，直接或间接地向任何人付给或企图付给任何贿赂、礼品、赏金、回扣或其他贵重物品。<br>在出现任何上述事件或情况后，业主可提前14天向承包商发出通知，终止合同，并要求其离开现场，而且如果出现上述5. 或者6. 两种情况，业主可以发出通知立即终止合同 |

### 3.2.4 业主的利益

业主的最大利益是按期得到合格工程，并投入使用。

工程实施中，为确保业主应得的利益，避免对工程不应有的一切罚款，控制工程造价也有一定的作用。FIDIC 合同条件为此制定了相应的条款，明确了以下问题：

（1）承包商在实施本工程以及修复工程缺陷时，应做到安全、可靠，并注意环境保护，以免伤害他人及公共利益。承包商还应遵守工程项目所在国和省的法令、规章，以避免各种违章罚款，保护业主利益不受损害。

（2）工程现场发掘的化石、钱币、文物等均应视为业主的财产，承包商应予以保护。

（3）承包商应保障业主避免有关专利权、商标权等侵权的索赔、诉讼等费用开支。

（4）承包商应避免连接或通往现场的已有道路与桥梁的损坏。

（5）除合同另有规定外，承包商应自行安排一切当地或其他来源的职员和劳务的雇用以及负责支付上述人员的劳务费用、住房、膳食与交通费用等。

（6）由工程师检查出的任何不合格材料的检验费、搬运费，质量不合格工程的返工费等，均由承包商自负。

（7）在承包商违约和业主进驻工地并终止合同履行时，承包商应将合同中已写明的任何货物、材料、设备及施工中的利益，转让给业主。

## 3.3 监理工程师的职责与权限范围

### 3.3.1 建设工程监理

#### 3.3.1.1 概述

A 建设工程监理的概念

建设工程监理是指具有相应资质等级的工程监理企业，接受业主的委托，根据国家批准的工程项目建设文件，有关工程建设的法律、法规和工程建设委托监理合同以及其他工程建设合同，代表业主对承包商的建设行为实施监控的一种专业化服务活动。

B 建设工程监理的性质

（1）服务性。监理为建设单位提供的是管理服务，这是由它的业务性质方面决定的。其内涵是建设监理单位以控制建设工程投资、进度、质量为任务，以规划、控制、协调为主要方法，基本目的是以协助建设单位在计划的目标内将建设工程建成投入使用。建设监理单位不能完全取代建设单位的管理活动。它不具有工程建设重大问题的决策权，只能在授权范围内代表建设单位进行管理。监理服务是按照委托监理合同的规定进行的，是受法律约束和保护的。

（2）科学性。科学性由建设工程监理要达到的基本目标所决定。面对工程规模的日趋庞大，环境的日益复杂，功能和标准的要求越来越高，市场竞争的日益激烈，新材料、新设备、新技术、新工艺的不断涌现，参加建设的单位越来越多，风险日益增加的情况，建设监理单位只有采用科学的思想、理论、方法和手段才能驾驭工程建设。科学性包含了管理能力、建设经验、管理制度、管理手段、管理理论、管理方法、工作态度、工作作风等内容。

（3）公正性。公正性是社会的职业道德准则，是建设监理单位能够长期生存和发展的基本职业道德准则。

（4）独立性。独立性是国际惯例，是监理单位公正、独立、自主的三大工作原则之一。不唯业主，也不与承包商和供应商有经济或隶属关系。在开展建设工程监理的过程中，应以事实为依据、以法律和合同为准绳，排除各种干扰，客观、公正地对待和处理建设单位和承包商之间的关系。

C 建设工程监理的原则

（1）业主自愿性与强制性相结合的原则。

（2）遵守职业道德的原则。

（3）科学性与公正性相结合的原则。

（4）依法监理的原则。

D 建设工程监理的依据

建设工程监理的依据如下：

（1）工程建设委托监理合同。

（2）工程建设合同（咨询合同、勘察设计合同、施工合同、设备采购合同）。

（3）工程项目建设文件（可行性研究报告、已批准的设计文件、已批准的施工图纸、已批准的工程概预算）。

（4）有关法律法规（建筑法、合同法、招投标法、建设工程监理规则等）。

（5）有关标准、规范。

E 建设工程监理的范围

（1）工程：所有的工程（工业与民用建筑、公路工程、桥梁工程、电力工程、水利工程、港航工程等）。

（2）活动：勘察、设计、施工、采购，其中施工监理是我国主要的监理活动。

F 建设工程监理的主要任务与基本方法

（1）任务：

1）四控：进度控制、质量控制、费用控制、安全控制；

2）三管：合同管理、信息管理、风险管理；

3）一协调：协调与建设工程有关各方的关系。

（2）基本方法：目标规划——动态控制——组织协调。

3.3.1.2 FIDIC合同条件中施工监理制度及合同法律特征

（1）业主和承包商的关系是互相合作、互相监督的合同法律关系，他们是合同中权利与义务的主体。业主的义务是提供施工的外部条件及支付工程款，这是承包商享有的权利；承包商的义务是按合同规定的工期及质量要求对工程项目进行施工，竣工后修复其任何缺陷，这是业主享有的正当权利。但业主和承包商不发生直接的工作关系。

（2）监理工程师是合同监督者、组织者及协调者，他不属于业主和承包商任何一方；对于承包商履行的义务由监理工程师进行监督；对于业主应支付的工程款由监理进行审查并开具支付证书（这是一个监督的过程）；当业主不能及时提供施工的外部条件而引发施工索赔等涉及承包商合法权益的问题时，监理工程师应公正地予以审理并开具赔偿证明，这也是监督的过程。

（3）监督工程师的权力是由施工承包合同赋予的；任何一方无权擅自变更或撤销。监理工程师不是施工承包合同中的权利义务主体，监理工作应坚持独立性、公正性。监理制度不改变业主和承包商的权利与义务关系。

### 3.3.2 监理企业与监理工程师

#### 3.3.2.1 监理企业

（1）定义：监理企业指具有法人资格和一定的监理资质等级证书，从事工程建设监理的经济组织。

（2）条件：

1）取得了法人资格；

2）具有相应的资质等级（人员素质、资金数目、专业技能、技术装备、管理水平、监理业绩、信誉）。

#### 3.3.2.2 监理工程师（Engineer）

FIDIC 条件中将施工阶段的工程监理人员分为三个层次：监理工程师、监理工程师代表、监理工程师助理。

监理工程师指在建设工程监理工作岗位上工作，经全国统一考试合格，并经政府建设主管单位注册的工程建设监理人员。工程师不属于业主和承包商之间合同的任一方，但在业主和工程师（顾问）之间的协议书中规定了雇用工程师的条件。此协议书常采用 FIDIC 推荐的，标题为“业主和咨询工程师之间协议书国际通用规则”（IGRA）的格式。协议书格式的范本新版本于 1990 年初出版。新版 IGAR 将规定业主委托给工程师何种权力，并应明确根据 FIDIC 条件给予工程师的权力是否应受限制。

根据 FIDIC 条件，分配给工程师的职责包括工作进行中向承包商发布信息和指令；评价承包商的工程进展情况；保证材料和工艺符合规定；同意已完成工作的测量值以及校核并向业主送交临时和最终付款证书。在合同管理中，尽管业主、承包商和工程师之间定期召开会议，业主和承包商的全部联系还应通过工程师进行。以避免可能出现的混乱和误解。工程师的费用以及竣工期限。例如，颁发继续进行工程中止工程的指示就属于管理工作。为了保持各方之间的相互信任，合同应适应明确工程师在上述事务中采取行动的程序以及工程师应遵守这些程序，这是很重要的。

（1）分派给工程师的许多职责都涉及财务问题，包括临时付款和最终付款颁发的证书及根据合同条件发出的所有费用等，但仲裁诉讼和运用延期罚款条款而引起的费用因素（如有时）除外。正常情况下，工程师付款证书的付款包括在合同价格之内，因为业主业已对此授权。但合同条款中所说的指令的变更，劳务、材料和运输价格波动，完成的工程或提供的材料和服务以及承包商要求额外付款的解决，每一项都可能导致合同价格的调整。

(2) FIDIC条件的一项基本原则就是工程师有权决定额外付款。这有利于高效率的管理和避免重复工作。如果业主希望限制工程师的权力，则应在第二部分中明确规定，这样承包商就能在投标之前提前知道他将要在什么条件下进行工作。业主在多大程度上允许工程师决定影响工作范围、费用以及竣工时间等事宜的权力，将在很大程度上依赖于业主内部机构的能力。因而，在选择工程师时应考虑其职业道德、根据合同履行义务的能力以及为了双方的利益公平合理地管理合同的能力。

(3) 在工程进行中，合同要求工程师发布指令，对承包商的请求给予批准或拒绝，授权支付，颁发证书等。合同双方应当明白，工程师在职责范围内给予批准同意以及采取其他行动时，他的目的是保证根据合同要求，使业主在竣工时得到工程以及承包商根据其工作，合理地得到报酬。

(4) 工程师的职责是解释书面合同。工程师这样做时应努力判定承包商在制订其投标书时，是否预见到他可能面临的各项要求。

然而应注意到，业主和承包商最终均不受工程师的解释或决定约束，即使它是根据第67条作出的决定。这一条规定了对工程师所作的决定如一方或双方不能接受时将采取的步骤。

#### 3.3.2.3 监理工程师应具备的基本素质

(1) 较高的学历和多学科知识；

(2) 丰富的工程建设实践经验；

(3) 良好的品德；

(4) 健康的体魄和充沛旺盛的精力。

#### 3.3.2.4 行为准则

FIDIC组织认为咨询业对于社会和环境的可持续发展是至关重要的。为了使工作更有效，不仅要求咨询工程师要不断提高自身的知识和技能，同时也要求社会必须尊重咨询工程师的诚实和正直，想念他们判断的准确性并给予合理的报酬，所有成员协会都把如下条款当做他们的行为准则：

(1) 对社会和咨询业的责任。咨询工程师应该认可咨询业对社会的责任；寻求适合可持续发展的解决措施；在任何时候都维护咨询业的荣誉。

(2) 能力。咨询工程师保证其掌握的知识和技能与技术、法规和管理的发展一致，并有义务在为顾客提供服务的时候付出足够的技术、勤奋和关注，提供自身能胜任的服务。

(3) 正直诚实。咨询工程师的所有行为都应以保护顾客的合法利益为出发点，并以正直、诚实的态度提供服务。

(4) 公正。咨询工程师在提供建议、判断和决定的时候应保持公正；将服务过程中有可能产生的任何潜在利益冲突都告知顾客；不接受任何可能影响其独立判断的酬劳。

(5) 公正地对待其他工程师。咨询工程师有义务推动“质量决定选择”的概念；无论是无心或故意都不得损害其他方的名誉和利益；对于已经确定工程师人选的工作，其他工程师不得直接或间接试图取代原定人选；在未接到顾客终止原先咨询工程师的书面指令并与该工程师协商之前，其他工程师不得取代该工程师的工作；当被要求对其他工程师的工作进行评价时，咨询工程师应保持行为的恰当。

(6) 拒绝腐败。既不提供也不接受任何不恰当的报酬，如果这些报酬旨在影响咨询工程师及顾客作出选择或支付报酬的过程，或试图影响咨询工程师公正判断；当有合法的研究机构对服务或建筑合同管理情况进行调查时，咨询工程师要进行充分的合作。

### 3.3.3 工程师的职责和权限

#### 3.3.3.1 工程师的任命及职责

依据 FIDIC 条款第 3.1 款规定：雇主（业主）应任命工程师，该工程师应履行合同中赋予他的职责。担任工程师的人员包括有恰当资格的工程师以及其他有能力履行上述职责的专业人员。

工程师无权修改合同。

工程师可行使合同中明确规定的或必然隐含的赋予他的权力。如果要求工程师在行使其规定权力之前需获得雇主的批准，则此类要求应于合同专用条件中注明。雇主不能对工程师的权力加以进一步限制，除非与承包商达成一致。

然而，每当工程师行使某种需经雇主批准的权力时，则认为他已从雇主处得到任何必要的批准（为合同之目的）。

除非合同条件中另有说明，否则当履行职责或行使合同中明确规定的或必然隐含的权力时，均认为工程师为雇主工作。工程师无权解除任何一方依照合同具有的任何职责、义务或责任以及工程师的任何批准、审查、证书、同意、审核、检查、指示、通知、建议、请求、检验或类似行为（包括没有否定），不能解除承包商依照合同应具有的任何责任，包括对其错误、漏项、误差以及未能遵守合同的责任。

根据此规定，监理工程师的职责和权力如下：

(1) 工程师应履行合同规定的职责。

(2) 工程师可行使合同中规定的或者合同中必须隐含的权力。但是，如果根据业主任命工程师的条件，要求工程师在行使上述权力之前，需得到具体批准，则此要求的细节应在本合同条件第二部分中予以表明。否则，就应视为工程师在行使任何此类权力时均已事先经业主批准。

(3) 除在合同中明确指出，工程师无权解除合同规定的承包商的任何义务。本款的规定明确指出，工程师的一切工作职责和权力都来自于合同。要求遇到重大事项时，工程师在作出决定之前，应和业主以及承包商进行适当协商。FIDIC 合同 3.1（b）款中对工程师权力的限制可能来自于政府或其他法律或条例的要求。这些限制常适用于对工程重大变动的批准，因此类变动会导致工程费用的增加和竣工期限的延长。

(4) 当工程师认为工程现场出现了危及生命、工程或相邻财产的紧急事件时，在不解除合同规定的承包商的任何义务和职责的情况下，工程师可以指示承包商实施为解除或减少这种危险而必须进行的与此相关的工作或事情。尽管没有时间去获得业主的批准，承包商也应立即遵守工程师的任何此类指示。工程师则应据 FIDIC 条款将增加的费用加入合同价格上，同时通知业主和承包商。

#### 3.3.3.2 工程师代表的任命及职责

FIDIC 合同条款第 3.2 款规定：工程师代表应由工程师任命并对工程负责，应该履行和行使由工程师据第3.2款可能授予他的职责和权力。FIDIC合同条款第3.2款规定了工程师权力的委托：工程师可以一次又一次地将赋予他自己的职责和权力委托给工程师代表，并可随时撤回这种委托。任何此类委托或撤回均应采取书面形式，并且在未到达业主和承包商之前，不应发生效力。由工程师代表按此委托向承包商发出的任何信函均与工程师发出的信函具有同等效力。

注意事项如下：

(1) 因为工程师代表失误，未曾对任何工作、材料或工程设备发出否定意见，不应影响工程师对该工作、材料或工程设备提出否定意见，并发出进行改正的指示的权力。

(2) 如果承包商对工程师代表的任务信函有任何质疑，他可将该问题提交给工程师，工程师应对此信函的内容进行确认、否定或更改。

(3) 工程师要对其代表的行为负责。所有任命的人员必须书面告知业主和承包商。工程师应决定将什么样的权力委托给工程师代表（亦常称为驻地工程师），以便能使现场工作不间断地顺利进行。此类委托必须包括在有关紧急情况下工程师代表采取行动的规定，如FIDIC条款第64条提到的紧急补救工作等。

#### 3.3.3.3 助理人员（也称为驻地监理人员）的任命

FIDIC合同条款第3.2款规定工程师或工程师代表可任命任意数量的人员协助工程师代表履行规定的职责，工程师代表应将此类人员的姓名、职责和权力范围通知承包商。上述助理无权对承包商发布任何指示，除非此类指示对他们行使助理的职责和确保他们根据合同规定对材料、工程设备或工艺质量进行验收是必不可少的。任何助理为此目的发出的任何指示均应视为工程师代表发出的指示。

在国际工程项目监督管理工作中，工程现场需要许多驻地监理工作人员。因此，工程师和工程代表有任命助理人员的权力，而这些助理的职责和权力是有限的。从以上可看出，FIDIC合同条款中，对监理工程师在一个项目中的组织原则为三级体制：工程师、工程师代表、驻地监理人员。而所有人员都应对工程师负责，工程师有委托和撤回他们职责和权限的权力。

工程师代表和助理人员要对工程师负责，切实履行好自己的职责；接受工程师的指示，监督和检查工程的进行；做好工地的试验和检验工作；检查各种材料是否合格；施工工艺是否符合技术规范的要求；核实工程计量；做好监理日志等各种工程记录。为工程师完成其他职责、决定重大事项提供有关事实证明，必须时提供解决的方法。工程师代表应与工程师保持紧密的联系，执行好工程师所授予的职权，履行自己的职责，经常向工程师报告工作。

#### 3.3.3.4 工程师书面指示的发布

FIDIC合同条款第3.3款规定：工程师应以书面形式发出指示，如果工程师认为由于某种原因有必要以口头形式发出任何此类指示，承包商应遵守该指示。工程师可在该指示执行之前或之后，用书面形式对其口头指示加以确认，在这种情况下应认为此类指示是符合本款规定的。如果承包商在7天内以书面形式向工程师确认了工程师的任何口头指示，而工程师在7天内以书面形式加以否认，则此项指示应视为是工程师的指示。

本款中的规定应同样适用于工程师代表和任何据第3.2款任命的工程师或工程师代表助理发出的指示。

要求工程师发布书面指示，符合经济合同类法律中强调的书面合同管理要求。若工程师认为工程现场情况紧急而发布口头指示，事后应尽快确认。这主要关系到承包商在索赔工期或费用时要保存足够的同期记录，用以作为索赔的证据。

3.3.3.5 工程师的行为规范

对于监理工程师群体的职业道德，FIDIC施工合同条件中也做了规定，要求其工作重合同，守信誉，行为要公正。也就是要求工程师在处理工程问题或矛盾纠纷时，乐于倾向和考虑业主及承包商双方的观点，基于客观事实作出决定，并经得起时间仲裁的公开复查。

当监理工程师采取可能影响业主或承包商的权利和义务的行动时，他应在合同条款规定内，并兼顾所有条件的情况下，做出公正的处理。监理工程师的任何此类决定、意见、赞同、批准以及确定的价值或采取的行动，均可按条款规定予以公开、复查或修正。

3.3.3.6 工程师保留执行的权力条款

工程师共有48条职责与权力条款，可考虑保留自己执行的有如下8条：

（1）工程师签发开工通知书；

（2）决定竣工期限的延长；

（3）工程师签发工程或区段的竣工验收交接证书；

（4）工程师颁发缺陷责任终止证书；

（5）判定并证实承包商是否严重违约，向业主建议处理办法；

（6）处理特殊风险；

（7）工程师为解决业主和承包商的合同争端作出决定；

（8）证实业主违约并及时解决矛盾。

### 3.3.4 工程师的权力

3.3.4.1 前提

监理工程师的权力是由业主委托与授权的。委托与代理的异同点如下：

（1）相同点：

1）都需要委托，即将自己的事务交给受托人处理的行为；

2）所产生的法律后果均由被代理人或委托人承担。

（2）不同点：从人格、行为范围、法律关系及授权等方面看两者的区别，见表3-3。

**表3-3 代理与委托的区别**

| 区别点 | 代 理 | 委 托 |
|---|---|---|
| 人 格 | 只能以被代理人的名义活动 | 可以委托人或受托人的名义活动 |
| 行为范围 | 不包括事实行为、只包括法律行为 | 包括事实行为和法律行为 |
| 法律关系 | 对第三人发生法律关系 | 只在委托人和受托人之间发生法律关系 |
| 授 权 | 单方授权 | 双方当事人合意 |

3.3.4.2 具体权利内容

（1）批准权：1）分包；2）乙方进度、计划及修订；3）乙方使用的材料、设备与工艺；4）竣工时间表；5）“缺陷责任书”与“移交证书”。

（2）决定权：1）计日工；2）索赔；3）工程延期；4）工程变更指令和工程变更单价；5）暂定金额使用权；6）紧急抢险工程；7）暂停工与复工。

（3）处分权（处理权）：1）对不可抗逆事件；2）指定分包；3）乙方违约；4）特殊风险；5）合同争议；6）甲方违约；7）合同价格变化；8）币值变化；9）非主体双方责任事故；10）地下意外发现。

（4）撤换权（否定权）：1）撤换乙方的不负责任者；2）拆除不合格工程，将拆除的材料运出现场；3）撤销缺陷责任期。

（5）解释权：1）解释合同文件；2）解释技术规范等。

（6）检查权：1）随时进入现场对操作检查；2）对隐蔽工程进行检查验收。

（7）监督权：1）甲方交出施工现场：2）工程进度；3）支付。

（8）奖惩权：1）提前竣工奖；2）违约惩罚。

3.3.4.3 监理工程师的权力制约

在FIDIC合同中，监理工程师权力是多方面的，但是并不是说监理工程师权力就没有制约。在合同执行过程中，监理工程师的权力主要受以下几方面的制约：

（1）合同文件；

（2）业主的授权；

（3）仲裁；

（4）职业道德；

（5）国家监督（外部监督）；

（6）内部监督（监理制度）。

### 3.3.5 工程师的义务

工程师具有如下义务：

（1）必须根据服务协议书委托的权力进行工作；

（2）行为必须公正，处事公平合理，不能偏听偏信；

（3）应虚心听取业主和承包商两方面的意见，基于事实做出决定；

（4）发出的指示应该是书面的，特殊情况下来不及发出书面指示时，可以发出口头指示，但随后以书面形式予以确认；

（5）应认真履行职责，应根据承包商的要求及时对已完工程进行检查或验收，对承包商的工程报表及时进行审核；

（6）应及时审核承包商在履约期间所做的各种记录，特别是承包商提交的作为索赔依据的各种材料；

（7）应实事求是地确定工程费用的增减与工期的延长或压缩；

（8）如因技术问题需同分包商打交道时，须征得总承包商同意，并将处理结果告知总承包商。

### 3.3.6 FIDIC合同条款中工程师及全体监理人员的行为准则

工程师与全体参加监理工作的人员应确切牢记，业主、承包商和工程师三方之间不是领导与被领导的关系，而是相互间以合同为准则，互相约束的合同职责分工关系。工程师及全体监理人员与承包商之间虽是监督与被监督的合同关系，但仍应建立起良好的互相信任、合作共事的工作关系。

(1) 工程监理中，只要施工能正常地、满意地进行，承包商可以用他自己的施工方法。监理人员应注意在任何情况下都不要指令承包商用监理人员自己的方法去完成工程。如果监理人员能够证实承包商的那种方法是有危险的，有可能造成工程的损害时，则可以提出要求或者以书面形式要求承包商自己对可能造成工程损害的施工方法进行纠正，或者对已造成的工程损害进行补救。

(2) 监理人员应与承包商保持良好的关系，在处理问题时切不可忽视承包商的存在，并应在其职权范围内尽可能地关心及热情帮助承包商减少损失或损害，这对成功完成工程是有利的。

(3) 监理人员在合同执行期间应不受任何行政命令的干扰，更不能有任何偏见。吸取业主和承包商代表的合理意见，严格执行合同才是监理人员的最基本准则。无论处理哪些工作，最重要的是监理工程师在合同执行中要熟悉合同，了解和掌握监理工作的重点，及时处理发生的问题。否则，将使监理工作总处于忙乱的困境之中。

(4) 合同执行时，如果承包商希望转包工程的任何一部分，监理工程师应对推荐的分包商认真审查，否则会因分包商工作失误给整个合同的顺利执行带来困难，这一点应引起注意。

(5) 监理人员不应容许承包商生产在质量上达不到标准要求的工程，但又不可剥夺承包商在确保工程质量的前提下，通过技术手段获得利益的机会。进行施工时，监理不可过多地留意琐碎细节事项，也不可太坚持已见，应靠自身正确公正的判断能力进行施工监理，切不可低估承包商自身的技术水平和完成工程施工的能力。

(6) 要求承包商就小的缺陷进行补救比较易于接受，但如果要求对工程的主要部分作出改正，往往会导致长时期的纠纷甚至索赔争论。因此，经验丰富的监理人员及其助理在察觉缺陷工程与低劣工艺的危险信号方面应有敏锐的洞察力。监理人员与承包商因对工程质量的判断发生分歧时，应以合同文件和检测、试验资料为依据，用科学的数据以理服人，切忌感情用事，或凭个人的看法和经验随意作出决定。

(7) 无论什么原因，当发现工程质量已受到危害时，监理工程师应迅速地先通知承包商，然后采用劝告、提示的方法引导承包商进行纠正。当确有证据证明质量已经低于规范要求而承包商又未听劝告继续施工时，必须果断地指令暂停施工进行检查。暂停施工可以书面或者口头（事后应补充书面）形式通知承包商的现场主管。

(8) 质量的优劣既要以试验和测量数据为依据，还应按规范要求对测量和试验数据进行综合评价才能做出结论。绝不能因个别数据不符合标准，就做出质量不符合要求的决定，这很难使承包商接受，也不可能达到质量控制的最佳效果。

(9) 监理工程师在计划监控中仅告诉承包商进度不能令人满意是不够的，还必须有充分的根据去论证，令承包商信服地了解进度已经缓慢，必须采取措施加快进度。

（10）在工程计量时，工程监理人员应严格按合同条款与计量法则进行。

（11）监理工程师或其助理必须定期地，最好每周一次检查和记录承包商的人员变动和工地情况以及材料和施工机械运转情况，并系统地做好记录，以便在承包商要求额外支付和延长工期时能提供一个有价值的完整记录。

（12）监理人员在管理合同时需要有多方面的经验。否则，施工中提供不成熟的图纸，或发布不符合合同的指令，均可能导致要求额外支付而引起的争端。

（13）监理工程师在给承包商指令时一定要慎重。非合同内的事项在未与承包商协商前不要发出指令，因为承包商没有义务接受合同规定以外的其他指令。

（14）监理工程师不能超越业主的授权范围而行使职权，只能在与业主签订的《监理合同》中所规定的范围内行使职权，进行监理工作。

综上所述，监理方是受业主委托并按合同规定行使合同管理职权的独立一方。监理方在遇到合同争端以及业主与承包商双方利益冲突时，必须做一个监督合同执行的公证人。所以在合同管理工作中，全体监理人员必须以公正和科学的态度，不受任何一方干扰，更不能接受承包商的任何贿赂，也不允许和其他材料供应者合作或合伙。这样才能成为秉公执法、一丝不苟、严格监理、热情服务的监理工程师或监理人员。

## 3.4 承包商的责权利

### 3.4.1 承包商

#### 3.4.1.1 承包商的定义

承包商（Contractor）是指拥有一定的建筑装备、流动资金、工程技术经济管理人员，取得建设资质证书、营业执照，能按业主的要求提供不同形态的建筑产品并最终获得相应工程价款的施工企业。

#### 3.4.1.2 作为承包商的条件

（1）具有法人资格；

（2）具有相应的建筑企业资质等级；

（3）具有一定数目的专业技术人员；

（4）具有一定数目的技术装备；

（5）具有一定数目的资金，特别是有一定数目的流动资金。

#### 3.4.1.3 承包商的实力

承包商的实力体现在以下内在因素中：

（1）技术方面的实力；

（2）经济方面的实力；

（3）管理方面的实力；

（4）信誉方面的实力。

承包商的实力体现在竞争能力、应变能力、赢利能力、技术开发能力、扩大再生产能力等外在表现上。

3.4.1.4 承包商的资质

（1）《建筑法》规定，建筑施工企业应按照其拥有的注册资本、专业技术人员、技术装备和已完工的建筑工程业绩等条件，划分为不同的资质等级。建筑施工企业经资质审查合格取得相应的资质等级证书后，方能在其资质等级许可的范围内从事建筑活动。

（2）专业人士的资格。

## 3.4.2 承包商的职责

承包商与业主是施工承包合同的主体双方，一般来说，合同中双方的权利和义务基本上是颠倒过来的，即业主的权利即是承包商的义务，承包商的权利也是业主的义务。承包商的职责如下：

（1）根据发包人的委托，在其设计资质允许的范围内，完成施工图设计或与工程配套的设计，经监理工程师确认后使用，发生的费用由发包人承担；对由承包商负责完成的设计图纸中的任何错误和遗漏负责。

（2）遵守合同文件规定，保质保量、按时完成工程任务，并负责保修期内的各种维修。

1）工程质量标准。工程质量应当达到协议书约定的质量标准，质量标准的评定以国家或者专业的质量检验评定标准为准。

2）施工过程中的检查和返工。在工程施工过程中，监理工程师及其委派人员对工程的检查、检验，是他们的一项日常性工作和重要职能。承包人应认真按照标准、规范和设计要求以及监理工程师依据合同发出的指令施工，为检查、检验提供便利条件，并按监理工程师及其委派人员的要求返工、修改，承担由于自身原因导致返工、修改的费用。检查检验合格后，又发现因承包人引起的质量问题，由承包人承担责任，赔偿发包人的直接损失，工期相应顺延。检查检验不应影响施工正常进行，如影响施工正常进行，检查检验不合格时，影响正常施工的费用由承包人承担。除此之外影响正常施工的追加合同价款由发包人承担，相应顺延工期。

3）隐蔽工程和中间验收。由于隐蔽工程在施工中一旦完成隐蔽，很难再对其进行质量检查（这种检查成本很大），因此必须在隐蔽前进行检查验收。对于中间验收，合同双方应在专用条款中约定需要进行中间验收的单项工程和部位的名称、验收的时间和要求以及发包人应提供的便利条件。工程具备隐蔽条件和达到专用条款约定的中间验收部位，承包人进行自检，并在隐蔽和中间验收前48小时以书面形式通知监理工程师验收。通知包括隐蔽和中间验收内容、验收时间和地点。承包人准备验收记录，验收不合格，承包人在监理工程师限定的时间内修改后重新验收。工程质量符合标准、规范和设计图纸等的要求，验收24小时后，监理工程师不在验收记录上签字的，视为监理工程师已经批准，承包人可进行隐蔽或者继续施工。

4）重新检验。监理工程师不能按时参加验收，须在开始验收前24小时向承包人提出书面延期要求，延期不能超过两天。工程师未能按以上时间提出延期要求，不参加验收，承包人可自行组织验收，发包人应承认验收记录。无论工程师是否参加验收，当其提出对已经隐蔽的工程重新检验的要求时，承包人应按要求进行剥露或者开孔，并在检验后重新覆盖或者修复。检验合格，发包人承担由此发生的全部追加合同价款，赔偿承包人损失，并相应顺延工期。检验不合格，承包人承担发生的全部费用，但工期也予顺延。

5）试车。对于设备安装工程，应当组织试车。试车内容应与承包人承包的安装范围相一致：① 单机无负荷试车，设备安装工程具备单机无负荷试车条件，由承包人组织试车；② 联动无负荷试车，设备安装工程具备无负荷联动试车条件，由发包人组织试车，并在试车前48小时书面通知承包人；③ 投料试车，应当在工程竣工验收后由发包人全部负责。

（3）提交各种要求的担保，包括履约担保、开工预付款担保、材料预付款担保、工程保修担保等。

（4）提交工程进度计划：向工程师提供年、季、月工程进度计划及相应进度统计报表；承包人应当按协议书约定的开工日期开始施工。承包人不能按时开工时，应在不迟于协议书约定的开工日期前7天，以书面形式向工程师提出延期开工的理由和要求。工程师在接到延期开工申请后的48小时内以书面形式答复承包人。工程师在接到延期开工申请后的48小时内不答复，视为同意承包人的要求，工期相应顺延。

（5）提交现金流量估算。

（6）负责工地的安全和材料的看管：按工程需要提供和维修非夜间施工使用的照明、围栏设施，并负责安全保卫。

（7）按专用条款约定的数量和要求，向发包人提供在施工现场办公和生活的房屋及设施，发生费用由发包人承担；对由承包商负责完成的设计图纸中的任何错误和遗漏负责。

（8）按专用条款的约定做好施工现场地下管线和邻近建筑物、构筑物（包括文物保护建筑）、古树名木的保护工作。

（9）为其他承包商提供机会和方便。

（10）保证施工场地清洁，符合环境卫生管理的有关规定；遵守有关部门对施工场地交通、施工噪声以及环境保护和安全生产等的管理规定，按管理规定办理有关手续，并以书面形式通知发包人。

（11）保证施工人员的安全和健康。

（12）执行工程师的指令。

（13）已竣工工程未交付发包人之前，承包人按专用条款约定负责已完工程的成品保护工作，保护期间发生损坏，承包人自费予以修复。

（14）向业主偿付应付款项（包括归还预付款）。

（15）为业主保守机密。

（16）按时缴纳税金。

（17）按时投保各种强制险。

（18）按时参加各种检查和验收。

（19）承包人应做的其他工作，双方在专用条款内约定。

FIDIC合同条款除4.1款规定了“承包商的一般义务”，明确规定了承包商的义务外，再没有专门的条款明确规定，相应的规定也是散落于合同条款中的。将散落于合同条款中的一些承包商义务归纳汇总后见表3-4。

**表3-4 承包商的义务**

| 序号 | 权利类型 | 对应FIDIC条款 | 说明 |
|---|---|---|---|
| 1 | 知识产权和工业产权 | 17.5 | 保护知识产权和工业产权的义务，合同双方是同等的。说明详见业主的义务 |
| 2 | 提交履约担保 | 2.4 | 承包商在收到中标函后28天内向业主提供履约担保，并将一份副本送交工程师。履约担保的有效期一直到“缺陷通知期”满，如果在履约担保条款中约定了其期满的日期，而承包商在该期满日期前28天还无权获得“履约证书”，则承包商还要将履约担保的有效期相应延长 |
| 3 | 购买保险 | 18 | 承包商必须从开工日期算起，在投标书附录中规定的期限内，向业主提交保险已经购买并生效的证据以及“工程和承包商设备的保险”和“人身伤害和财产损害险”的保险单副本，同时通知工程师。如果承包商未能按照合同要求办理保险并使其持续有效，则业主可以自己去办理相应的保险范围内的保险，承包商应向业主支付这些保险的费用，同时合同价格要做相应调整 |
| 4 | 支付误期赔偿金 | 8.7 | 如果承包商未能遵守合同约定的竣工时间的要求，承包商应向业主支付误期赔偿费。每天支付的金额在投标书附录中规定，如果附录中还规定有误期赔偿费的最高限额，则上述计算的误期赔偿费总额不得超过最高限额 |
| | | 10.2 | 如果是部分工程的竣工时间被延误，则延误的部分工程要比投标书附录中规定的全部工程误期赔偿费相应减少。扣减的比例应按照接收证书部分的价值占整个工程或分项工程价值的比例计算 |

## 3.4.3 承包商的权力

### 3.4.3.1 基本权力

承包商具有的基本权力包括：（1）生产决策权；（2）对外经营权；（3）联营兼并权；（4）投资决策权；（5）劳动用工权；（6）人事管理权；（7）资产处置权；（8）采购权；（9）定价权；（10）销售权；（11）资金使用权；（12）分配权；（13）内部机构设置权等。

### 3.4.3.2 合同权力

合同权力包括：（1）有权得到提前竣工奖金；（2）收款权；（3）索赔权；（4）因工程变更超过合同规定的限值而享有补偿权；（5）暂停施工或延缓工程进度速度；（6）停工或终止受雇；（7）不承担业主的风险；（8）反对或拒不接受指定的分包商；（9）特定情况下的合同转让与工程分包；（10）特定情况下有权要求延长工期；（11）特定情况下有权要求补偿损失；（12）有权要求进行合同价格调整；（13）有权要求工程师书面确认口头指示；（14）有权反对业主随意更换监理工程师；（15）争议诉讼权。

## 3.4.4 承包商的利益

承包商在合同实施过程中，可以得到经济方面以及非经济方面的利益。

（1）经济方面：可以得到业主的工程支付，获取利润。

（2）非经济方面：得到锻炼、积累经验、提高水平；在今后的市场竞争中取得一席之地。

FIDIC 合同条款除 16.1 款明确规定了“承包商暂停工作的权利”外，再没有条和款以权利这样的标题出现。将散落于各条款中的承包商的一些主要权利（包括权力和利益）汇总后见表 3-5。

**表 3-5 承包商的权利**

| 序号 | 权利类型 | 对应 FIDIC 条款 | 说 明 |
| --- | --- | --- | --- |
| 1 | 反对“指定” | 5.2 | 指定分包商是指由业主或工程师选择却与承包商签订合同的分包商 |
| 2 | 暂停工作 | 16.1 | 当工程师没有按照合同约定签发付款证书，或者业主未能按照约定支付工程款，或者业主不能够履行“业主的资金安排”的义务时，承包商可以通知业主，其将在 21 天后暂停工作或者放慢工作速度。因上述原因，使承包商遭受延误或者招致增加了费用，承包商有权向工程师提出索赔要求 |
| 3 | 由承包商终止合同 | 16.2 | 1. 承包商在没有收到“业主的资金安排”的通知发出后的 42 天内，仍未收到合理的证明；<br>2. 工程师在收到承包商提交的工程款“报表”和证明文件后，未能在 56 天内签发有关的付款证书；<br>3. 按照合同规定的付款时间到期后的 42 天内，承包商仍未收到“期间付款证书”中的应付款项；<br>4. 业主未能按照合同履行其义务；<br>5. 业主没有遵守合同中关于“合同协议书”或“权益转让”的规定；<br>6. 暂停施工超过 84 天，并且停工影响到整个工程；<br>7. 业主破产或无力偿债。<br>在出现任何上述事件或情况下，承包商可通知业主，14 天后终止合同，而且在 6. 和 7. 两种情况下，发出通知后合同可以立即终止 |

### 3.4.5 项目经理

#### 3.4.5.1 项目经理的定义

项目经理是由承包人单位法人代表授权的派驻施工现场的承包人代表。

#### 3.4.5.2 项目经理的基本条件

作为项目经理，应具备以下基本条件：

（1）政治素质：道德品质；责任心；事业心。

（2）能力素质：基本能力（观察能力、记忆能力、整体能力、思维能力）；领导能力（筹划决策能力、组织协调能力、人际交往能力、灵活应变能力、改革创新能力）。

（3）知识素质：学历、资历、资格。

（4）身体素质：身体健康，精力充沛。

#### 3.4.5.3 项目经理的责权利

（1）职责：执行法律法规；加强管理；执行合同；控制项目。

（2）权力：组织项目经理部；处理各种关系；选择施工队伍；调配并管理人、财、物、机械设备等生产要素；合理进行经济分配。

（3）利益：承包利润；获得信誉。

#### 3.4.5.4 项目经理的日常工作

项目经理的日常工作主要包括如下两项：

（1）代表承包人向业主提出要求和通知；

（2）组织施工。

## 3.5 应用案例

【案例3-1】 某单位为建设职工宿舍楼，与市建设公司签订一份建设工程承包合同。合同规定：建设面积5000$m^2$，高6层，总造价1300万元，由发包方负责施工技术监督及协调解决施工中的有关事项；承包方包工包料，主体工程和内外承重墙一律采取国家标准红机砖，每层由水泥经圈梁加固；竣工交付验收日期为1999年2月27日；交付使用后，如果在6个月内发生较大质量问题，由承包方负责修复。承包方按合同规定日期竣工，验收时，发包方发现工程的2~5层所有内承重墙裂缝较多，要求承包方修复后再验收，承包方拒绝修复，认为不影响使用。6个月之后，发包方提出工程不合格，要求承包方对内承重墙拆掉重新建筑。承包方提出，裂缝属于砖的质量问题，与施工技术无关。双方协商不成，发包方于1999年6月15日以建筑工程质量不合格为由向仲裁委员会申请。

仲裁委员会查明，由于本工程实行包工包料，承包商在工程建设中只在外墙和主体结构建设中使用了合同约定的主要建材红机砖，而在内承重墙建设中使用了压强不够红机砖标准的烟灰砖，烟灰砖不能用于高层建筑和内在承重墙，承包方应承担主要责任；发包方派出的施工技术监督明知道承包方使用烟灰砖叠砌内承重墙，未加制止，也未向领导报告，任其施工，也应负有一定责任。

【案例3-2】 在我国的一个外资项目中，业主与承包商协商采取加速措施，将工程提前3个月，双方签署了加速协议，由业主支付一笔赶工费用。但加速协议过于简单，未详细分清双方责任，特别是业主的合作责任。协议中没有承包商权益保护条款（例如，承包商应业主要求加速，只要采取了加速措施，即使没有效果，也应获得最低补偿），没有赶工费支付时间的规定。承包商采取了加速措施，由于气候、业主的干扰、承包商责任等原因使总工期未能提前，结果承包商未能获得任何补偿。

【案例3-3】 某工程业主与承包商A签订了该工程的总承包合同。后经业主同意，承包商A又将该工程的设计任务和实施工程任务分别委托给设计单位B和施工单位C，并与他们分别签订了合同。合同签订后，设计单位B按时将设计文件和有关资料交付给施工单位C，施工单位C也根据施工图纸进行施工。工程竣工后，业主会同有关质量监督部门对工程进行验收，发现工程存在严重质量问题，经检查是由于设计不符合规范所致，原因是设计单位B设计前未对现场进行仔细勘察，导致设计不合理，给业主造成重大损失。事后，业主要求设计单位B和施工单位C承担相应的责任，而设计单位B以与业主没有合同关系为由拒绝承担责任，施工单位C又以自己不是设计人为由推卸责任，业主遂以设计单位B为被告向法院起诉。

## 复习思考题

3-1 名词解释：业主、承包商、监理企业、监理工程师、项目经理、建设工程监理。

3-2 简述业主的责权利。

3-3 简述工程师的责权利。

3-4 简述承包商的责权利。

3-5 论述业主、工程师、承包商的关系。

3-6 项目经理的定义是什么？

3-7 项目经理的基本条件有哪些？

3-8 承包商的定义是什么？

3-9 简述 FIDIC 合同条件中三方的基本法律关系。

3-10 简述业主在工程实施期间的职责和义务。

# 第 4 章　风险管理及合同担保

## 4.1　工程承包中的风险

### 4.1.1　风险与风险管理

4.1.1.1　风险

A　风险的定义

风险是对未来事物的不确定性。不确定性是人们对于将来的活动或事件不能确知的一种状态，反映人们对于将来缺乏信息，进而不能做出判断或采取行动的一种困境。当这些不确定的状态涉及人们的利害关系时，就称为风险。理解风险，应注意以下几点：

(1) 风险与人们的行为相联系。既包括个人行为，也包括群体或组织行为。行为受决策左右，因此风险与人们的决策有关。

(2) 客观条件的变化是风险的重要成因。尽管人们无力控制客观状态，却可以认识并掌握客观状态变化的规律，对客观状态可做出预测。

(3) 多数情况下，风险是指可能的后果与目标发生的偏离。偏离有多种情况，且重要程度不同。在复杂的现实生活中，“好”与“坏”很难截然分开，需要结合具体情况分析。

(4) 尽管风险强调损失，但实际中也会产生有利后果。有利后果是人们渴求的，属于收益，因此在风险管理中也应予以重视，正是这种有利后果激励人们承担风险，争取尽可能多的收益。

B　风险的特性

风险具有如下特性：

(1) 客观性。风险是一种不以人的主观意志力为转移的客观存在，是不可消除的。

(2) 不确定性。风险事故何时发生、在哪里发生、风险损失具体有多少，这些都是不确定的。

(3) 可测性。在一个较大的范围内，某种现象发生的频率及该现象发生后所造成的损失可以依据大数法则和概率论进行预测。

C　基本要素

风险具有如下基本要素：

(1) 风险因素。风险因素是指引起或者增加风险事故发生机会或者影响损失严重程度的原因或条件。

（2）风险事故。风险事故又称为风险事件，是指直接导致财产损失或生命健康受损的不确定性事件。

（3）损失。在风险管理中，损失是指非故意的、非预期的和非计划的经济价值的减少。

风险因素、风险事故、损失三者的关系可通过风险因果链表示，如图4-1所示。

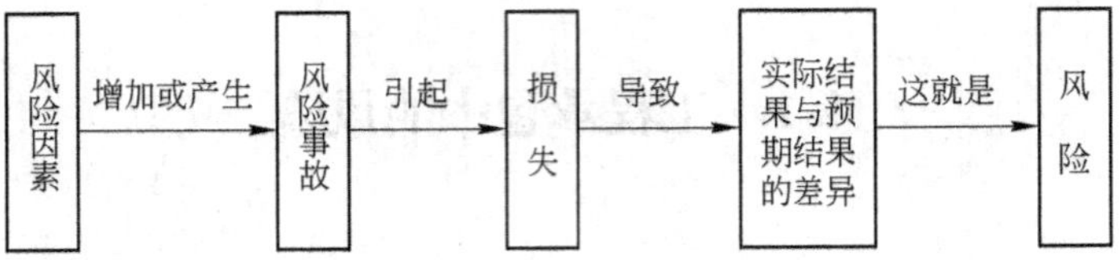


图4-1 风险因素、风险事故与损失的关系

D 风险的分类

（1）按产生的原因，分类如下：

1）自然风险。是指因自然力的不规则变化而给人类的经济生活、物质生产和生命安全等带来损失的风险。例如，地震、水灾、冻灾、旱灾等都属于自然风险。一般来说，自然风险造成的损失影响范围广、数额大。

2）社会风险。是指由于个人或团体的行为，包括过失、不当行为和故意对社会生产和人类生活造成损失的可能性。例如，盗窃、抢劫、玩忽职守和故意破坏等都属于社会风险。一般来说，社会风险造成的损失具有影响范围较小、损失程度较小的特点。

3）政治风险。又称国家风险，是指在对外投资和贸易过程中，因政治或者订约双方不能控制的原因，债权人可能遭受损失的风险。例如，因输入国发生战争、革命、内战而中止进口的损失；因输入国实施进口或者外汇管制，对输入货物加以限制或者禁止输入而造成损失的风险；因本国变更外贸法令，输出货物无法送达输入国，致使合同无法履行而造成损失的风险等，都属于政治风险。一般来说，政治风险影响范围较大、损失较大。

4）经济风险。是指在生产和销售等活动中由于市场供求、经济贸易等条件的变化，或者由于经营决策失误，造成经济损失的可能性。例如，减产、价格涨落、经营亏损等，都属于经济风险。一般来说，经济风险影响范围较小。

（2）按风险产生的环境，分类如下：

1）静态风险。是经济条件没有变化的情况下，一些自然现象和人们的过失造成损失的可能性。

2）动态风险。是经济条件变化的情况下，造成经济损失的可能性。例如，价格风险可能使企业、个人遭受损失的可能性；技术风险可能使一些企业技术由先进转变为落后造成企业损失的可能性。

静态风险和动态风险的区别如下：

1）损失不同。静态风险对于个体和社会来说，都是纯粹损失。例如，车主会因撞车而蒙受经济损失风险。即使无车祸，车主也不会因无车祸而增加收入，车主的经济状况不会因此而好转，这就是静态风险。动态风险则不同，动态风险对于一部分人可能是损失，但是，对于另一部分人却可能因此而获利。例如，消费者爱好的转移，会使旧产品失去销路，使新产品的需求增加。又如，技术进步会使一部分人受益，也会使一部分人受损。

2）影响范围不同。静态风险通常只影响少数个体，而动态风险的影响则比较广泛，往往还会产生连锁反应。

3）发生的特点不同。静态风险在一定条件下规律性强，可以预测；而动态风险则缺乏规律性，难以预测。

（3）按风险的性质，分类如下：

1）纯粹风险。是指只有损失机会而无获利可能的风险。例如，自然灾害、人的生老病死等都属于纯粹风险。

2）投机风险。是指既有损失机会，又有获利可能的风险。例如，投资可能获利，也可能亏本。

投机风险与纯粹风险有可能转化。例如，在通货膨胀时期，囤积商品有可能在物价上涨时卖出而获利，也有可能因卖不出去而遭受损失。这时投机风险就会转化为纯粹风险。又如，囤积的商品因火灾而损失时，投机风险也转化为纯粹风险。

（4）按照保险标的分类如下：

1）财产损失风险。指导致财产损毁、灭失或贬值的风险。

2）人身风险。指由于人生老病死的生理规律和自然、政治、军事、社会等原因引起的人身伤亡、劳力损失的风险。

3）责任风险。指个人或团体因疏忽过失造成他人的身体伤害或财产损失，按照合同、道义或法律上规定承担经济赔偿责任的风险。

4）信用风险。指在信用活动中因债务人不能履行义务而使债权人遭受损失的风险。

#### 4.1.1.2 风险管理

##### A 风险管理的含义

风险管理是指面临风险的主体为了减少风险的负面影响、以较低的成本取得最大的安全保障而进行风险识别、估测、评价、控制等的决策与行动过程。

##### B 风险管理的基本程序

风险管理的基本程序如下：

（1）风险识别。是指对面临的和潜在的风险加以判断、归类和对风险性质进行鉴定的过程，主要包括感知风险和分析风险两方面的内容。

（2）风险估测。是在风险识别的基础上通过对大量资料进行分析，利用概率论估计和预测风险事故发生的概率和损失程度。

（3）风险评价。是指在风险识别和风险估测的基础上，结合其他因素，对风险事故发生的概率和损失程度进行全面的考虑，评估风险事故发生的可能性及危害程度，并与公认的安全指标相比较以衡量风险程度，最后决定是否采取相应的措施。

（4）确定风险管理目标。以较低的成本获得较大的安全保障。

（5）选择风险管理方式。根据企业或个人面临的风险、承担风险的能力等因素来进行。

（6）风险管理效果评价。通过对风险管理结果与风险管理目标的比较和分析，对风险管理的科学性、适用性和有效性进行检查和评判，并对风险管理进行必要的修正。

C 风险管理的主要方式

风险管理的主要方式如下：

（1）回避风险。回避风险是指主动放弃某项可能引起风险损失的方案。

（2）预防风险。预防风险是指在风险损失未发生之前有针对性地采取具体有效的措施，消除或减少可能引起损失的各种因素。

（3）自留风险。自留风险又称保留风险，是指行为主体（企业或个人）自己承担风险损失后果的风险管理方式。

（4）转移风险。转移风险是指把可能的风险损失通过某种方式全部或部分转移给其他单位的风险管理方式。

（5）集合风险。集合风险是指将具有同类风险的若干个单位集合起来，各单位共同分担少数单位可能遭受的损失，以提高每一个单位应付风险的能力的风险管理方式。

（6）抑制风险。抑制风险是指在事故发生之前充分准备，以便在事故发生时及时抑制事故，使其不再进一步扩大，或者在事故发生后临时采取一定的应急措施抑制事故的进一步扩大。

4.1.1.3 可保风险

A 定义

可保风险是指保险人可以承保风险，即符合保险人承保条件的风险。

B 条件

（1）损失程度较高。

（2）损失发生的概率较小。

（3）损失具有确定的概率分布。

（4）存在大量具有同质风险的保险标的。

（5）损失的发生必须是意外的。

（6）损失是可以确定和测量的。

（7）损失不能同时发生。

C 分类

（1）按照保险标的分类：财产损失保险、人身保险、责任保险、信用保险、保证保险。

（2）按照保险保障的主体分类：团体保险、个人保险。

（3）按照保险实施的方式分类：自愿保险、强制保险。

（4）按照风险转嫁形式分类：原保险、再保险、重复保险、共同保险。

（5）按照承保的风险分类：单一风险保险、综合风险保险、一切险。

### 4.1.2 工程风险

4.1.2.1 工程风险的概念与要点

A 定义

工程风险是造成工程达不到预期目标的不确定性，或者影响工程目标实现的那些消极的不确定性，或在工程施工期间和缺陷责任期间发生的、可能给工程带来损失或连带引起其他损失或人员伤亡的任何事件。

B 基本要点

（1）每一项工程都在特定的时间、场地上进行，有自身的特性，受天气，材料规格、价格、管理和技术水平等因素的影响。

（2）参与工程建设的各方均有风险，但各方的风险不尽相同。工程实施是多主体涉入过程。工程参与主体包括业主、设计方、监理方、承包商及供货商等。一方面，工程各参与方之间是利益相关者。各方的活动和行为都会影响工程目标的实现。因此，工程参与方具有共同的利益取向，即成功完成工程建筑产品。只有这一利益目标实现后，才能实现各方“共赢”。另一方面，工程各参与方存在利益冲突。这是由工程参与各主体的项目管理目标存在差异所导致的。业主考虑工程长期成功，获得资源回报；而设计方、监理方、承包商及供货商等，则希望通过工程合同的履行，获得最大赢利。在信息不对称的情况下，一方可能以损害合同另一方利益为代价，实现其自身利益的最大化。从这个角度来看，工程参与主体之间又存在着利益冲突。在工程中，参与主体利益之间的对立统一关系长期存在，造成工程行为主体风险。

（3）工程实施过程长，目标随着时间的推延会不断地变化。在这漫长的过程中，不确定性很多，而且在不同的阶段出现的频率和属性都会不同。并且工程最大的不确定性往往存在于早期，随着工程的进展，不确定性会逐渐减少。因此，早期阶段做出的决策对以后阶段各目标的实现影响最大。为减少损失而在早期付出必要的代价主动采取措施要比后期迫不得已采取措施好得多。

（4）工程各组成部分之间的关系复杂，彼此互相制约、互相依赖。工程内容和所处的环境息息相关。只有认真地研究风险事件本身和环境以及两者的关系、相互影响和相互作用，才能正确识别所面临的风险。例如，工程质量控制和安全控制都十分重要，两者的出发点不同、目标也不一致。但若无安全控制，质量就变得毫无意义，离开质量也就谈不上安全，而工程质量、安全等因素在不同的环境下，要求的严格程度有较大差异。

（5）工程投资巨大，一旦风险因素产生不良的后果，造成的损失往往十分巨大。因此，工程前期评估尤为重要。

#### 4.1.2.2 工程风险的分类

A 按风险因素分类

（1）政治风险。分别同政局和政策的稳定有关的风险。

（2）法律风险。指东道国法律的变动给工程带来的风险。法律风险源于：当出现纠纷时，是否有完善的法律体系提供仲裁，解决纠纷；东道国是否有独立的司法制度和严格的法律执行体系执行法院的仲裁结果；根据东道国的法律规定，工程项目发起方能否建立有效的项目组织结构以保障工程交付使用后的经营。法律健全与否对于工程各参与方的行为关系极大。东道国法律的变动会改变对各参与方的约束，进而改变各参与方的地位，带来的风险是不言而喻的。

（3）金融风险。指由于发起人无法控制的金融市场变化而对工程产生的不利影响。金融风险主要有：外汇风险、利率波动风险、供应价格变动风险、通货膨胀风险、外汇的不可获得和不可转移风险等。

(4) 技术风险。指技术的先进性、适用性和经济性所带来的风险。如技术工艺在工程投入使用后是否依然保持先进、会不会被新技术所代替、厂址选择和配套设备是否合适，技术人员的专业水平与职业道德能否达到要求等。技术风险中主要考虑技术能力、技术平台和技术生命期三种重要的风险。

1) 技术能力风险。指工程实施过程中，没有具备相应能力的专家来选择和指导技术工作，导致工程没有完成或完成情况未达到预定目标。

2) 技术平台风险。指工程中使用了不合适或者不完备的新技术。任何新技术都有一定的生命期。

当技术处于其生命期末端时，对它进行投资会造成大量的问题，这就是技术生命期风险。考虑技术本身所处生命期的阶段是非常重要的，其关键在于使问题或机会与适当的技术相配合。

(5) 生产条件风险。包括原材料、能源的供应是否可靠，交通、通信以及其他生产设施的条件是否便利与完善等。

(6) 环保风险。近年来，经济与社会活动对自然环境的破坏已经越来越引起公众的重视，许多国家制定了严格的环境保护法律，限制工业及其他活动污染、破坏环境，并强制肇事者污染清理，罚以巨款。工程及其他生产活动必须满足环保法的各项要求。一般而言工程费用因此而增加，尤其是利用自然资源较多或生产过程污染较为严重的那些工程，更是如此。

(7) 信用风险。是指工程参与各方因故无法履行或拒绝履行合同责任与义务的可能性。在法制不够健全的发展中国家，信用风险很大。目前，主要是根据工程各参与方的资质、工程招投标程序与国家有关规定的符合程度，完成类似工程情况的信用风险确定。

(8) 自然风险。指工程所在地区客观存在的恶劣自然条件与现场条件可能给工程的顺利实施构成的威胁。

恶劣气候与天气是指偶尔发生的异常变化，如冬、雨季过长，洪水，酷暑，暴雨等。例如，严寒地区冬季无法施工；酷暑地区夏季施工作业时间短；洪水等自然灾害会直接影响到工程的安全。这些灾害轻则破坏已竣工工程，重则完全摧毁工程，而且会增加业主或投资者的风险。为了防灾减灾，在设计和施工时也要考虑相应措施，从而增加成本。

最大的现场制约因素是恶劣的地质条件。如果将工程置于地震活动区、道路穿越危桥等，都会成为工程的安全隐患；土壤、地质、水文条件未知或已有资料不准确，轻则中途修改设计和施工方案，重则毁坏工程、伤害人员。一旦发生这类事故，虽然可以向保险公司索赔，但业主或承包商也要受到损害。

自然风险的组成因素如图 4-2 所示。

B FIDIC 合同条件中的分类

FIDIC 合同条件对于土木工程施工阶段的风险种类进行了划分，明确了雇主风险，在合同条款中明确了风险责任及保险。现依据 FIDIC 合同条件，并根据工程实际情况将施工阶段工程风险划分为以下三大类：

(1) 特殊风险。这里所指特殊风险是指非雇主和承包商能够人为控制和避免的风险因

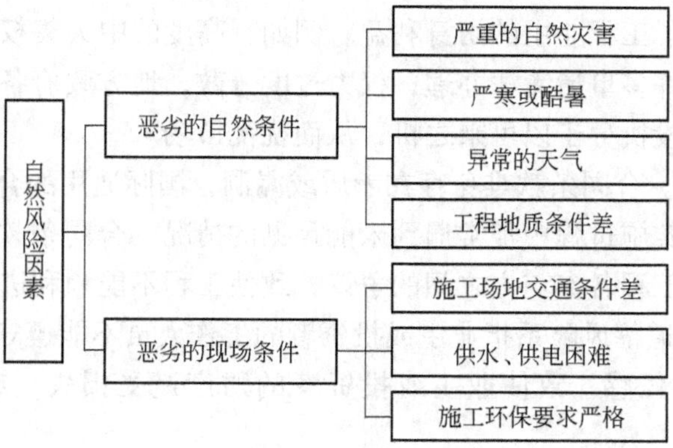


图4-2 自然风险因素分析图

素，包括了政治、军事、经济等各方面，依据FIDIC合同文件中的划分准则，具体包括：战争、敌对行为（不论宣战与否）、入侵、外敌行动；叛乱、革命、暴动、军事政变、篡夺政权、内战；由于任何核燃料或核燃料燃烧后的核废物、放射性毒气爆炸，或任何爆炸性核装置或核成分的其他危险性能所引起的离子辐射或放射性污染；以音速或超音速飞行的飞机或其他飞行装置产生的压力波；暴乱、骚乱或混乱，但对于完全局限在承包商或其分包商雇用人员中间且是由于从事本工程而引起的此类事件除外；属于政治范畴的国有化、没收外资、拒付债务；属于经济范畴的通货膨胀、换汇控制、汇率浮动。

（2）业主风险。由于业主使用或占用合同规定提供给他的以外的任何永久工程的区段或部分而造成的损失或损坏；因工程设计不当而造成的损失或损坏，而这类设计又不是由承包商提供或由承包商负责的；一个有经验的承包商通常无法合理预测和防范的任何自然力的作用。

（3）一般风险（乙方风险）。是指通过承包商加强管理就可以避免发生的风险。承包商提供的材料、工程的缺陷等造成的工程损失；因工程设计不当而造成的损失或损坏，而这类设计是由承包商提供或由承包商负责的；一个有经验的承包商能够合理预测和防范的任何自然力的作用；一般性分包中，由于分包商的任何原因所造成的工程损失或损坏。完全局限在承包商或其分包商雇用人员中间且是由于从事本工程而引起的暴乱、骚乱或混乱事件。

C 按人为风险分类

人为风险系指因人的主观因素而给工程带来的种种风险。这些风险虽然表现形式和影响范围各不相同，但都离不开人的思想和行为。归纳起来，人为风险主要源于以下诸方面：

（1）政府或主管部门的管制。政府或行业主管部门常常因考虑全局利益而采取一些带有全局性的决策，如调整国民经济计划，强行下令某些已开工的工程下马，或对一些企业实行关停并转，或强行征地，或颁发新的政策法规等。许多工程业主或投资者不得不因此而改变其投资计划或经营决策。由此，不可避免要遭受重大损失，而这些损失常常无法取得补偿。

（2）体制法规不健全。不少国家和地区的经济体制落后，法规不尽合理，严重地阻碍了经济的发展，损害了工程业主的切身利益。例如，高度的中央集权使得企业一切听命于中央，没有自主权，许多事情无法办理；权力过度分散，地方政府各自为政，保护主义严重；法制不健全会给投机分子以可乘之机，从而扰乱市场。

（3）合同不严谨。合同条款难免存在矛盾或漏洞，国际通用的合同条款尽管得到广泛认可，但由于工程在实施过程中常常遇到未能预见的情况。合同条款的含混不清、模棱两可或漏洞，常常引起工程各参与方之间的争议，致使工程不能顺利进展。

（4）道德风险。道德风险系指业主或投资者的工作人员不能遵守应有的道德规范，缺乏应有的事业心和责任感，致使业主或投资者的财产遭受损失，或工程质量缺乏监督保证。

（5）承包商不履约或不合作。工程承包合同虽然规定了承包商的种种义务和责任，但承包商经常不能充分履约。另一方面，由于当前市场竞争激烈，承包商既要争取中标，又要确保最起码的利润，因此采取了种种投标策略，将其意图分散于工程的各个环节。承包商常通过报低价中标，一旦中标，签订合同之后，再想办法寻找机会索赔，致使工程实际价格远远超出投标时的报价；如果承包商中标签约之后不能找到索赔机会，或索赔不成，就会由于中标价太低而不能按合同要求顺利完成工程，从而增加业主的风险。

（6）设计错误。设计是工程满足使用要求的前提。设计一旦出错，轻则返工，重则毁损工程。虽然可以追究设计人员的责任，要求其承担法律和民事责任，但毕竟会使业主遭受损失。

（7）监理人员失职。监理工程师是业主聘用的代表，应当保护业主的利益，确保工程的质量和进度。如果监理工程师失职或缺乏应有的职业道德，则业主将大受其害。如隐蔽性工程缺陷难以及时发现，一旦竣工验收完成，工程正式移交业主后，承包商和监理工程师各奔东西，潜伏的危险将由业主来承受。

（8）材料供应商或指定分包商不履约。多数发展中国家和地区出于保护民族工业的动机，要求在当地采购工程材料，而当地供应商在产品质量和交货期方面都难以满足工程要求，材料供应误期就产生连锁反应。材料供应商或承包商的事后补偿难以补偿工程的整体损失。

指定分包商常常有背景，或者与业主有千丝万缕的联系，或者有政治后台。这些分包商即使在技术或施工能力方面不能使业主满意，但因各种原因，业主不得不雇用之。多数情况下，总包商要求他们直接向业主承担责任，因此，指定分包商造成的损失应由业主承担，这种情况无疑加大了业主的风险。

（9）主管部门障碍行为。有些主管部门常常有意或无意地设置障碍，使企业或工程业主的种种努力付诸东流。例如，业主根据业务需要定地址，而当地政府却将周围土地卖给严重影响该业主经营的另一家房地产经营商，破坏了该工程未来的外部环境。

（10）动乱。动乱通常有两种情况：一种来自于社会，如全国、地区或行业性罢工或骚乱甚至暴乱。这类事件一旦发生，正常的社会秩序遭到破坏，直接或间接地影响到工程的进展，甚至使之瘫痪。另一种动乱来自于业主的直接合作者，如承包商罚款并不能弥补工程拖延、不能按时竣工、投产延误所造成的损失。

#### 4.1.2.3 工程风险的特征

工程风险的特征如下：

（1）客观性和普遍性。工程风险是客观存在，不以人的意志为转移的。人们只能在一定范围内改变风险的形成和发展条件，而不能彻底消灭风险。工程风险无处不有，无时不在。任何工程都要面临风险的威胁，即使风险消失了，新的风险也会随时出现。因此，必须重视工程风险，分析风险，采取积极措施应对风险。

（2）多样性。一项工程会有多种风险，如政治风险、经济风险、法律风险、自然风险、合同风险、合作者风险等。这些风险之间有复杂的内在联系。

（3）长期性。风险存在于工程生命期始终。可行性研究会有方案的失误，调查不充分，市场分析错误；设计阶段各专业的不协调，地质情况可能不确定，图纸和规范错误；施工期间物价上涨，实施方案不完备，资金缺乏，气候条件变化；运行中市场变化，产品不受欢迎，运行达不到设计能力等。

（4）全局性。风险影响的常常不是工程的局部、某一时段或某一方面，而经常是全局和整体。例如反常的天气造成工程停滞不前，影响后期的计划，影响后期所有参与者的工作。它不仅延长工期，还会增加费用，损害工程的质量。即使局部的风险也会随着工程发展，影响逐渐扩大。

（5）规律性。工程环境的变化、工程的实施有一定的规律，风险的发生和影响也有一定的规律，可以在一定程度上进行预测。

（6）偶然性和必然性。单个工程风险事件的发生具有偶然性，属于一种随机现象。大量的风险事件接连发生就显现出规律性。因此，人们可以利用概率论和数理统计的方法度量工程风险损失发生的概率和损失大小。也就是说，风险是可测的。

（7）可变性。工程风险的可变性表现在两个方面：一方面，随着科学技术的发展和原来视为威胁的一些风险，在人们掌握其存在和发生规律，就能预测和控制这些风险，不再视其为风险了。也就是说，风险已经减少了或消除了。另一方面，虽然原来的风险已经消失，但又会有新的风险产生。

（8）相对性。一方面，对于工程主体，如业主或承包商等而言，工程风险具有相对性。例如，工程合同中的某些缺陷，对于业主是风险，但对于承包商可能是索赔的机会。另一方面，风险的大小是相对的，即对于大承包商，算不上大的风险，但对于小承包商，就可能使其破产。

（9）阶段性。工程风险的阶段性是指工程不同阶段有不同的风险，需要区别对待。在制定风险应对计划时应有针对性，不同阶段应采取不同的应对策略和监控措施。工程不同阶段的风险因素见表4-1。

**表4-1 工程不同阶段的风险因素**

| 阶 段 | 分部阶段 | 典型风险因素 |
|---|---|---|
| 前 期 | 设想、可行性、必要条件说明、技术说明 | 政治风险、环境风险、规章制度风险 |
| 进行中 | 初步设计、详细设计、采购、施工、交付 | 合同、采购、设计、施工方法、规章制度、安全、妨害公共安宁、环境 |
| 完成后 | 经营、维护、退出使用和废弃 | 产品市场、经营、污染 |

#### 4.1.2.4 工程风险产生的原因

A 政策与经济风险

a 政策风险

我国正在进行经济体制改革，政府政策可能随时变化。政策的这种不确定性对企业的经营有很大的影响。建筑业是国民经济第三大产业，其发展与国民经济投资结构和规模密切相关，国民经济产业结构的调整对建筑业的需求，会对工程产生各种各样的影响。

b 经济风险

经济风险主要有通货膨胀、外汇浮动、保护主义、税收政策、物价上涨和价格调整等，这些风险影响建筑产品中的单位成本，从而影响工程总成本。

B 异常天气和不可抗力

工程施工最易受到自然环境的影响，特别是异常恶劣的天气，如超出正常年份的雨季、寒冷的冬季等，都会严重地影响正常施工，降低生产效率，甚至使之停顿。不可抗力，如大风暴、洪水、地震、泥石流等自然灾害虽然出现的概率较小，但是一旦出现，危害严重。因此对于这类风险，FIDIC 合同条件以及我国编制的施工承包合同条件中都明确规定了双方责任和权利。

C 来自工程参与方的风险

a 来自业主的风险

承包商与业主是合作者，但都有各自的利益。业主的某些行为会影响承包商的利益，最终造成工程风险。源于业主的风险主要有如下几项：

(1) 资信风险。资信即履约能力和可信任程度。业主的资信情况，说明了业主对合同的履行能力、履行态度和信誉质量。在我国目前的工程建设中，业主拖欠工程款现象很普遍。业主由于筹资渠道某些环节受阻或业主经营不善，不能及时筹集到足额资金，不但不支付工程款，还刻意刁难承包商，想方设法找承包商的失误，据以罚款或扣款。又如，有些业主信誉差，不诚实，为了收受贿赂或某些不正当目的有意拖欠工程款。他们的行为不但影响承包商资金周转，造成种种损失，更重要的是打乱了工程计划，影响材料和设备订货、施工机具租赁、现场作业人员工资发放，进而影响工期和工程质量。

(2) 垫资风险。目前，我国承包商承接工程后还经常需要为业主垫付部分资金。若承包商垫资过多，当业主拖欠工程款时，就会严重地影响承包商的经营乃至生存。垫资使承包商资金周转困难，不能及时发放职工工资，造成人心浮动、人才流失。例如，某承包商在签订合同后垫资开工，业主的主管部门批准的资金不能按计划拨付。承包商的专业工程队因此而不能按时进场，关键技术人员也因此辞职，导致工程停工。再如，中建二局某公司为郑州市中原区某工程垫资施工到十层，结果因业主资金筹集受阻而破产。

(3) 业主违反市场规律。目前，我国建筑市场大部分为“买方市场”，有些业主就利用这一形势对承包商提出过分要求。例如，业主要求不符合实际的低标价、短工期，搞“三边”工程、“献礼”工程等。这样一来，承包商由于残酷的竞争，不得不接受业主的这种非分要求，导致工程质量和工期难以保证。

(4) 业主缺乏协调能力。工程牵涉面广，各方面关系复杂。工程要顺利进行就必须做好各个方面的协调工作，其中很多工作都必须由业主来完成或配合，如很多市场手续的办理、征地拆迁等。很多工程在实施过程中，由于业主协调不力，使工程受到影响。例如，某公司204国道的合同工期仅1年多，在施工中，由于业主与当地政府、居民缺乏沟通与协调，群众不支持挡道78次，工期延误60多天，延误期间，窝工严重，严重地妨碍了合同的履行。

b 来自勘察设计的风险

工程的设计以现场工程地质及水文勘察资料为依据。这些资料提供的信息与现实情况必然存在差异。如果现场条件与以此为依据的施工图纸出入太大，就会给施工造成困难。如大量的岩崩与坍塌会引起超挖、超填，进而增加工程量，拖延工期。

c 来自监理的风险

某些监理人员不称职，责任心不强，擅离职守，不能及时签署支付证书或发出指令，造成某些工序无法及时开始；有些监理人员水平不高，不懂规范或施工工艺，发出错误指令；还有些监理人员对一些索赔问题迟迟提不出建议或作不了决定；更有些监理人员贪赃枉法、吃拿卡要，让承包商疲于奔命，干扰了承包商的正常工作，所有这些都会造成工程无法按预期计划完成。

d 来自承包商的风险

（1）职业责任的风险。施工人员承担着重大的责任风险，主要体现在：施工质量责任，施工人员不严格按设计图纸、有关标准和规范组织施工，随意性强，导致工程质量低劣或安全事故。

（2）承包商和个人行为的风险。承包商和个人行为风险主要包括：为了中标行贿或采取其他非法手段；承包商在竞争中，盲目压价；转卖资质；非法转包、分包；无证挂靠；施工人员兼职其他工程；不执行国家及行业的规范和强制性标准；推销关系单位产品等。所有这些都不能使工程质量达到标准而成为风险。

（3）管理风险。管理风险是指因管理不善等原因造成工程财务、信誉损失。管理不善必然延误工期，使工程质量受损，工程严重亏损的风险也就因此而产生。主要包括：

1）管理班子配备不合理。领导能力弱，责任心不强或私心重，贪污受贿，不善社交。

2）合同管理不善。包括未能严格履行合同，对工期、质量、安全等各项指标的落实措施不严格；现场工序安排不合理；与业主、监理等参与方协调不力，工作上出现恶性循环等。

3）施工准备工作不充分。没有制定科学先进的施工方案，材料供应、机械设备未及时到位，直接影响工程进展。

4）内部管理制度不完善。因工程实施过程中管理制度不完善或执行不严，造成施工队伍计量超合同、材料超供应等。

（4）人身风险。工程施工地点分散，流动性大，环境多变，施工事故多发，易发生人员伤亡，从而妨碍工程施工的顺利开展，导致承包商损失。具体来讲，人身风险主要包括在施工期间，施工场所、场内外临时设施内，由于不安全因素或意外因素造成的伤亡，因疾病造成的突然死亡以及法律、法规规定的工伤事故等。

e 来自分包商的风险

随着工程规模的扩大和复杂化，在国际工程中，业主为便于管理常采用总承包模式。业主与承包商签订的施工总承包合同明确了双方的责任与义务。在法律规定许可的范围内，经业主或监理工程师认可，总承包商可以将除主体工程以外的其他工程按分部工程或专业进行分解，分包给一家或多家分包商。双方签订的施工分包合同既是经济合同，又是总承包合同的从合同。分包工程仍属于总承包工程的一部分，总包商对分包工程的施工承担义务。总承包商在挑选分包商时处于主导地位，但也存在风险：分包商工序的不合理搭接和配合，个别分包商违约或破产从而使局部工程影响到整个工程；与分包商协调组织工作不顺而影响全局的风险；分包商较多，容易引起协调困难，相互干扰严重，导致连锁反应等。

4.1.2.5 施工阶段风险分析

在工程施工过程中，自然界的风暴、地震、滑坡以及施工技术、施工方案不当等都会造成风险损失。从工程要素上，可将施工阶段风险划分为技术风险、现场条件风险、机械设备风险、材料风险、人员风险五类，具体如图 4-3 ~ 图 4-7 所示。

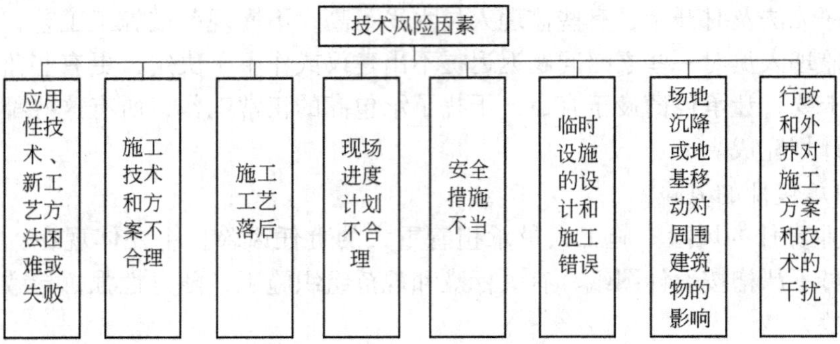


图 4-3 施工阶段技术风险

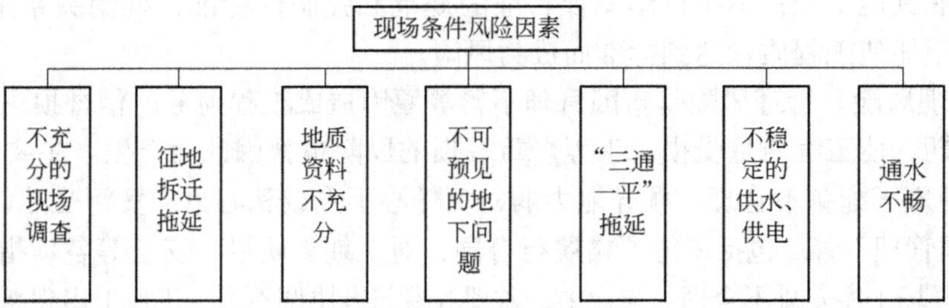


图 4-4 施工阶段现场条件风险

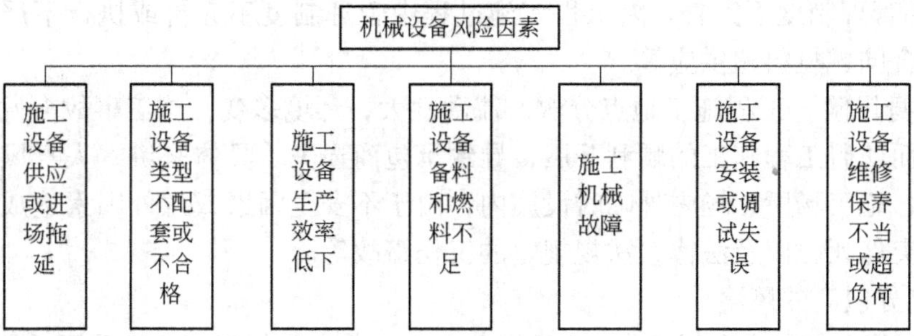


图 4-5 施工阶段机械设备风险

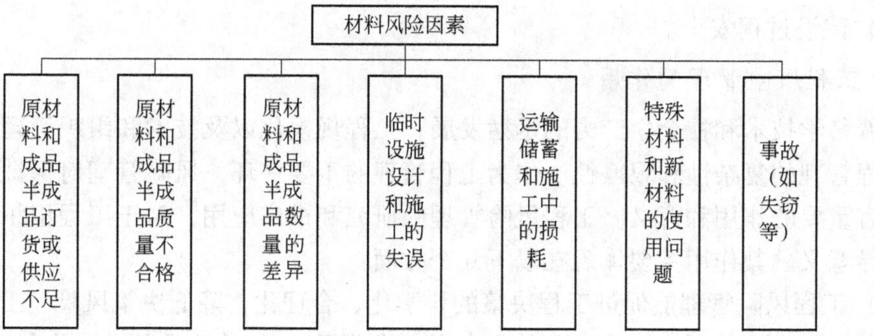


图 4-6　施工阶段材料风险

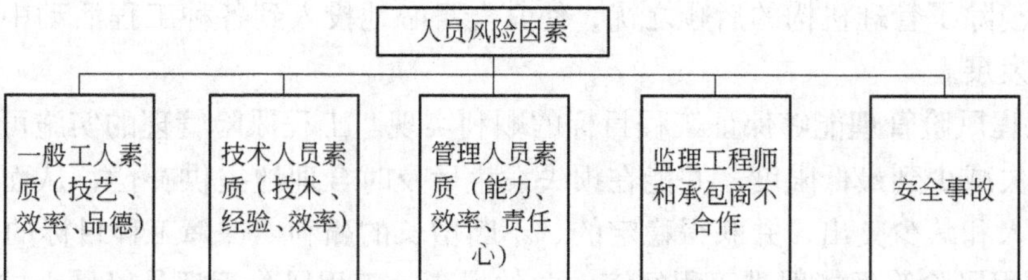


图 4-7　施工阶段人员风险

### 4.1.3　工程风险管理

#### 4.1.3.1　工程风险管理的概念、目标、作用

A　定义

工程风险管理是一种系统过程活动，是工程管理过程的有机组成部分，涉及诸多因素，应用到许多系统工程的管理技术与方法。根据美国项目管理学会的报告，风险管理的定义有以下三个层次：

（1）风险管理是系统识别和评估风险因素的形式化过程；

（2）风险管理是识别和控制能够引起不希望变化的潜在领域和事件的形式、系统的方法；

（3）风险管理是在项目期间识别、分析风险因素，采取必要对策的决策科学与艺术的结合。

综上所述，工程风险管理是指管理组织对工程可能遇到的风险进行分析、应对、监控、预警的过程，是以科学的管理方法实现工程最大安全保障的实践活动的总称。

B　风险管理目标

风险管理的目标如下：

（1）实际投资不超过计划投资；

（2）实际工期不超过计划工期；

（3）实际质量满足预期的质量要求；

（4）建设过程安全。

C 工程风险管理的作用

随着科学技术和社会生产力的迅猛发展，工程规模化以及技术和组织管理的复杂化导致了工程管理的复杂性和艰巨性。作为工程管理的重要一环，风险管理对保证工程实施的成功具有重要的作用和意义。工程风险管理的研究和推广应用，对于工程组织具有重要的现实指导意义。其作用主要体现在以下几个方面：

（1）工程风险管理能促进工程决策的科学化、合理化，降低决策风险。工程风险管理利用科学的、系统的方法，管理和处置各种工程风险，有利于减少或消除各种经济风险、技术风险、决策失误风险等，这对工程科学决策、正常经营具有重大意义。

（2）工程风险管理能提供安全的运作环境。工程风险管理为处置工程风险提供了各种措施，从而消除了管理机构的后顾之忧，使其全身心地投入到各种工程活动中去，保证了工程的稳定发展。

（3）工程风险管理能够保证工程目标的顺利实现。工程风险管理的实施可以使工程面临的风险损失减少到最低限度，并能在损失发生后及时合理地提供补偿，从而能促使管理机构增加收入和减少支出，并获得稳定的、不断增长的赢利，保障工程目标的实现。

（4）工程风险管理能促进工程经济效益的提高。工程风险管理是以最小成本达到最大安全保障的管理方法，它将有关处置风险管理的各种费用合理地分摊到工程产品、过程之中，减少了费用支出；同时，工程风险管理的各种监督措施也要求各职能部门提高管理效率，减少风险损失。

（5）工程风险管理有利于中国特色社会主义市场经济的健康发展。环境的剧变、竞争的加剧、资源的稀缺，使我国的社会经济建设充满了风险。特别是随着我国加入 WTO，我国经济与世界经济的接轨，经济建设需要更为科学而全面的风险管理。工程风险管理对于消除和控制社会经济建设中的不确定性，规范社会经济行为，保障我国社会主义市场经济的健康发展具有积极意义和重要作用。

（6）工程风险管理有利于资源分配达到最佳组合，有利于提高全社会的资金使用效益，从而促进国民经济产业结构的优化。工程风险管理不是消极地承担风险，而是积极地预防和控制风险。它可以在很大程度上减少风险损失，并为风险损失提供补偿，促使更多的社会资源和资金合理地向所需产业部门流动。因此，它有利于消除或减少风险存在所带来的社会资源和资金的浪费，从而促进社会资源和资金的良性运转和国民经济产业结构的优化。

（7）工程风险管理有利于社会的稳定发展。工程风险管理的实施有助于消除风险给社会带来的损失，以及由此产生的各种不良后果，有利于社会生产的顺利进行，促进经济稳定发展和经济效益的提高，而且各组织通过工程风险管理对社会的正常运转和不断发展起到了重要的稳定作用。

（8）工程风险管理有利于创造出一个保障经济发展和人民生活安定的社会经济环境。工程风险管理为工程提供最大安全保障，从而消除了人们对工程风险的忧虑，使人们生活在一个安定的社会经济环境中，有助于经济的发展和人民生活水平的提高。

#### 4.1.3.2 工程风险管理过程

工程风险管理过程一般由若干主要阶段组成，包括风险分析（风险识别、估计与评价）、风险预警、风险应对和风险管理后评价四个阶段，其间相互作用，而且与工程其他管理区域相互影响。这四个阶段周而复始，构成了一个风险管理周期循环的过程。

工程风险管理程序见图4-8。

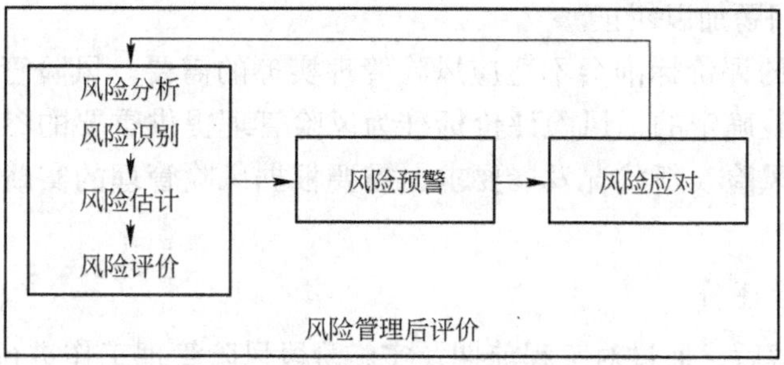


图4-8 工程风险管理程序图

A 风险分析

风险分析是工程风险管理的第一个环节，包括风险识别、风险估计和风险评价。

(1) 风险识别有助于工程风险管理组织及时发现风险，减少风险事故的发生。

(2) 风险估计是指在风险识别的基础上通过对大量的、过去损失资料的定量和定性分析，估测出工程风险发生的概率和造成损失的幅度。风险估计以损失频率和损失程度为主要预测指标，并据此确定工程风险的高低或者可能造成损失的大小。风险估计是一项极其复杂的工作，风险的高低不能单靠损失频率的高低或者损失幅度的大小来衡量，必须把两方面的因素结合起来考虑。

(3) 风险评价是指在风险估计的基础上，对引发工程风险的因素进行综合评价，以选定合适的风险管理技术。风险评价的目的是为选择恰当的处理工程风险的方法提供依据。

B 风险预警

工程风险预警是指通过对工程风险的分析，借助预警系统，对工程风险预先警示，提前做出报警识别。工程风险预警包括工程风险分析标准、预警信号与识别、中间控制过程、调节传导机制。

必须针对工程内外部环境，结合风险预警目标与管理机构的整体素质与水平，选用适用的风险分析标准，以保证管理者对工程风险的结构分类、程度测评、结果分析和转化可能做出准确判断，及时做出风险控制和管理的指令。

C 风险应对

编制合理的风险应对计划，根据预警信号，在风险规避、转移、缓解、接受等策略中，选择切实可行的应对策略，以预防、减少、遏制或消除工程风险。对不同级别风险采取不同的措施建议，防范与处置风险。

在贯彻和执行工程风险管理决策之后，必须对贯彻和执行情况进行检查和评价。

进行风险管理效果评价的原因主要是：

（1）风险管理过程是动态的。风险是不断变化的，新的风险产生，原有的风险可能消失或降低，由此，原来制定的风险处理方案就会发生偏差而不适用。定期进行风险管理效果评价可以及时发现新的风险，调整风险管理的方向。

（2）风险管理决策的正误，需要通过检查和评价来确定。评价风险管理效果可以及时发现风险管理中的问题加以纠正。

（3）风险管理的评价标准会不适应风险管理实务的需要。风险管理评价标准是根据以往风险管理的经验确定的，风险评价标准为风险管理提供重要的参考，但是，这些标准也可能不适合新风险、新状况发展要求，需要根据风险管理的实践不断完善风险评价标准。

D　风险管理后评价

在工程建成运营后，通过对工程前期及实施阶段风险管理工作进行综合考察，衡量和分析工程实际风险情况与预计风险情况的差距，确定工程风险分析、预警是否正确，采取的应对措施是否有效避免或缓解了风险损失。

从工程风险管理完成过程中汲取经验教训，为改进工程风险管理工作创造条件，为提高工程抗风险能力提出切实可行的对策措施。

## 4.2　工程风险辨析

### 4.2.1　风险识别

#### 4.2.1.1　风险识别的概念、特点与原则

A　定义

风险识别是指风险管理人员在收集资料和调查研究之后，运用各种方法对工程尚未发生且客观存在的各种风险进行全面判断、系统归类及科学鉴定风险性质的过程。

B　风险识别的特点

风险识别是工程风险管理的基础，它有以下几个特点：

（1）个别性。不同类型建设工程的风险不同，而同一建设工程如果建造地点不同，其风险也不同；即使是建造地点确定的建设工程，如果由不同的承包人承建，其风险也不同。

（2）主观性。风险识别都是由人来完成的，由于个人的专业知识水平（包括风险管理方面的知识）、实践经验等方面的差异，同一风险由不同的人识别的结果也会有较大的差异。

（3）复杂性。建设工程所涉及的风险因素和风险事件很多，而且关系复杂、相互影响，这给风险识别带来很强的复杂性。

（4）不确定性。这一特点可以说是主观性和复杂性的结果。

C 风险识别的原则

在风险识别过程中应遵循以下原则：

（1）由粗及细，由细及粗。由粗及细是指对风险因素进行全面分析，并通过多种途径对工程风险进行分解，逐渐细化，获得对工程风险的广泛认识，从而得到工程初始风险清单。而由细及粗是指从工程初始风险清单的众多风险中，根据同类建设工程的经验以及对拟建建设工程具体情况的分析和风险调查，确定那些对建设工程目标实现有较大影响的工程风险作为主要风险，即作为风险评价以及风险对策决策的主要对象。

（2）严格界定风险内涵并考虑风险因素之间的相关性。对各种风险的内涵要严格加以界定，不要出现重复和交叉现象。另外，还要尽可能考虑各种风险因素之间的相关性，如主次关系、因果关系、互斥关系、正相关关系、负相关关系等。

（3）先怀疑，后排除。对于所遇到的问题都要考虑其是否存在不确定性，不要轻易否定或排除某些风险，要通过认真的分析进行确认或排除。

（4）排除与确认并重。对于肯定可以排除和肯定可以确认的风险应尽早予以排除和确认，对于一时既不能排除又不能确认的风险再作进一步的分析，予以排除或确认。最后，对于肯定不能排除但又不能肯定予以确认的风险按确认考虑。

（5）必要时，可做试验论证。

4.2.1.2 风险识别步骤

风险识别是一项复杂的工作，是一个系统、持续的过程。它包括对所有可能的风险事件来源和结果进行客观的调查、严格的分类，并对各种可能导致风险的因素进行去伪存真。主要步骤如下：

（1）确认不确定性的客观存在。客观性和不确定性是风险的两个基本性质，因此，风险识别的第一步工作就是确认风险因素的不确定性和它们的客观存在。如果不具备这两个性质的话，就不能称之为风险。

（2）建立潜在风险一览表。工程风险管理人员根据以往经验，参考诸如保险公司等专业机构公布的相关信息，结合具体工程，找出工程可能面临的各种风险，并利用表格的方式进行描述。通常的做法是编制风险因素的初步清单，清单中明确列出哪些是客观存在的风险，哪些是潜在的风险。

（3）搜集风险信息。风险一览表确立后，应具体描述各项风险。可通过下列方式获得风险的相关信息：

1）通过向当事人、有关专家提出一系列的有代表性和指导性的问题，了解相关的风险因素和相关的信息。

2）详细分析工程各项活动的外部环境与内在的联系。

3）列出经过分析和有参考价值的各种数据。

（4）风险识别的结果。风险识别的结果主要表现为工程风险表、风险识别流程图、风险等级划分、风险预测图、风险预警信号、风险目录摘要等。

1）工程风险表。工程风险表又称工程风险清单，可将已识别出的工程风险列入表内，该表的详细程度可表述至工作分解结构（Work Breakdown Structure，WBS）的最底层。对工程风险的描述应包括：识别工程风险发生概率大小的估计；工程风险发生的可能时间、范围；工程风险事件带来的损失；工程风险可能影响的范围。

工程风险表还可以按照工程风险的紧迫程度、费用风险、进度风险和质量风险等类别单独做出风险排序和评价。

2）风险识别流程图。将工程按照实施步骤或顺序，以若干个模块的形式组成一个流程图，能够较为清晰地表示出风险识别的成果。

3）划分风险等级。找出风险因素后，为了在采取控制措施时能分清轻重缓急，故需要给风险因素初步划定等级。通常按事故发生后果的严重程度进行划分：

一级：后果小，可以忽略；可不采取措施。

二级：后果较小，暂时还不会造成人员伤亡和系统损坏；应考虑采取控制措施。

三级：后果严重，会造成人员伤亡和系统损坏；需立即采取控制措施。

四级：灾难性后果；必须立即予以排除。

4）绘制风险预测图。根据风险表中列明的各种主要风险来源，推测与其相关的各种可能性，包括赢利和损失、人身伤害、自然灾害、时间和成本、节约或超支等方面。然后，将每一类风险发生的概率与潜在的危害绘制二维结构图，称为风险预测图，如图4-9所示。通过风险预测图能够直观地看到某一潜在风险的相对重要性以及风险程度的不同。风险曲线离坐标原点越远，表明风险越大。

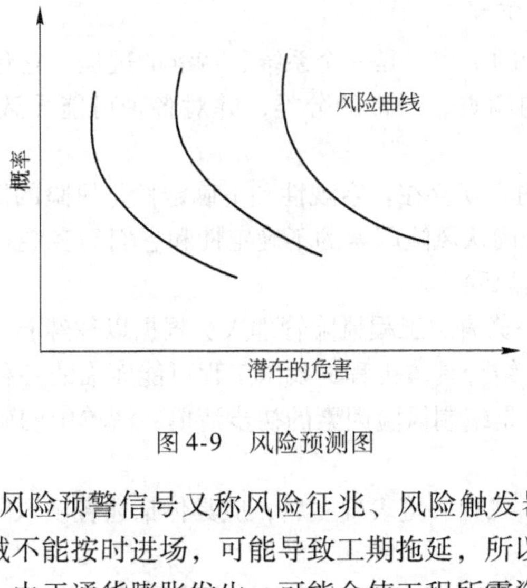


图4-9 风险预测图

5）风险预警信号。风险预警信号又称风险征兆、风险触发器，表示风险即将发生。例如，在施工中施工机械不能按时进场，可能导致工期拖延，所以施工机械不能按时进场是工程工期风险的征兆；由于通货膨胀发生，可能会使工程所需资源价格上涨，从而出现突破工程预算的费用风险，价格上涨就是费用风险的征兆。

6）建立风险目录摘要。通过建立风险目录摘要，将工程可能面临的风险进行汇总，统一全体管理人员对工程风险的认识，有助于形成全员风险管理的意识。

#### 4.2.1.3 风险识别的过程与方法

##### A 风险识别的过程

风险识别的一般过程如图4-10所示。

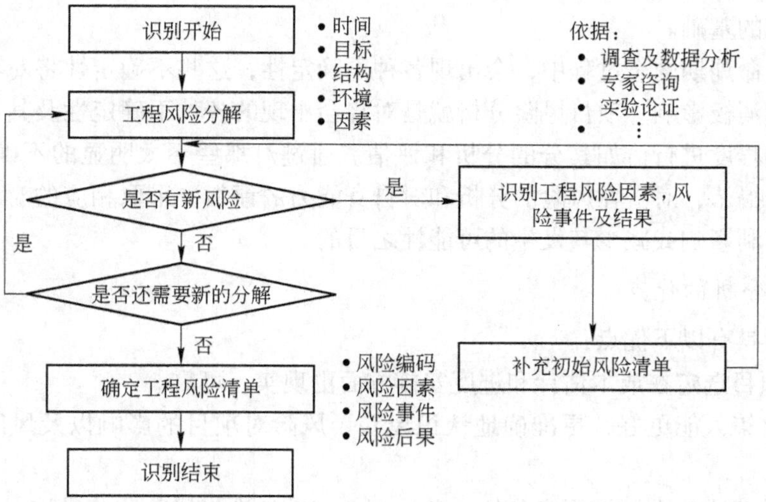


图 4-10 工程风险识别过程

B 风险识别的方法

风险识别的方法如下：

（1）专家调查法。这种方法又有两种方式：一种是召集有关专家开会（头脑风暴法），让专家各抒己见，充分发表意见，起到集思广益的作用；另一种是采用问卷式调查（德尔菲法），各专家不知道其他专家的意见。采用专家调查法时，所提出的问题应具有指导性和代表性，并具有一定的深度，还应尽可能具体些。

（2）财务报表法。财务报表有助于确定一个特定企业或特定的建设工程可能遭受哪些损失以及在何种情况下遭受这些损失。通过分析资产负债表、现金流量表、营业报表及有关补充资料，可以识别企业当前的所有资产、责任及人身损失风险。将这些报表与财务预测、预算结合起来，可以发现企业或建设工程未来的风险。

（3）流程图法。将一项特定的生产或经营活动按步骤或阶段顺序以若干个模块形式组成一个流程图系列，在每个模块中都标出各种潜在的风险因素或风险事件，从而给决策者一个清晰的总体印象。由于流程图的篇幅限制，采用这种方法所得到的风险识别结果较粗。

（4）初始清单法。建立任何企业或工程都可能发生的所有损失一览表。以此为基础，风险管理人员再结合本企业或某项工程所面临的潜在损失对一览表中的损失予以具体化，从而建立特定工程的风险一览表。

（5）经验数据法。经验数据法也称为统计资料法，即根据已建各类建设工程与风险有关的统计资料来识别拟建建设工程的风险。

### 4.2.2 风险分析与评估

#### 4.2.2.1 风险分析与评估的概念、优点

A 定义

风险分析是指应用各种风险分析技术，用定性、定量或两者相结合的方式处理不确定

性的过程，其目的是评价风险的可能影响。风险分析和评估是风险辨识和管理之间联系的纽带，是决策的基础。

在项目生命周期的全过程中，会出现各种不确定性，这些不确定性将对项目目标的实现产生积极或消极影响。项目风险分析就是对将会出现的各种不确定性及其可能造成的各种影响和影响程度进行恰如其分的分析和评估。通过对那些不太明显的不确定性的关注，对风险影响的揭示，对潜在风险的分析和对自身能力的评估，采取相应的对策，从而达到降低风险的不利影响或减少其发生的可能性之目的。

B 风险分析的优点

风险分析具有以下优点：

（1）使项目选定在成本估计和进度安排方面更现实、可靠。

（2）使决策人能更好、更准确地认识风险、风险对项目的影响以及风险之间的相互作用。

（3）有助于决策人制订更完备的应急计划，有效地选择风险防范措施。

（4）有助于决策人选定最合适的委托或承揽方式。

（5）能提高决策者的决策水平，加强他们的风险意识，开阔视野，提高风险管理水平。

4.2.2.2 风险分析与评估的步骤

风险分析包括以下三个必不可少的主要步骤：

（1）采集数据。首先必须采集与所要分析的风险相关的各种数据。这些数据可以从投资者或者承包商过去类似项目经验的历史记录中获得。所采集的数据必须是客观的、可统计的。某些情况下，直接的历史数据资料还不够充分，尚需主观评价，特别是那些对投资者来讲在技术、商务和环境方面都比较新的项目，需要通过专家调查方法获得具有经验性和专业知识的主观评价。

（2）完成不确定性模型。以已经得到的有关风险的信息为基础，对风险发生的可能性和可能的结果给以明确的定量化。通常用概率来表示风险发生的可能性，可能的结果体现在项目现金流表上，用货币表示。

（3）对风险影响进行评价。在不同风险事件的不确定性已经模型化后，紧接着就要评价这些风险的全面影响，通过评价把不确定性与可能结果结合起来。

4.2.2.3 风险分析与评估的方法

常见的风险分析方法有八种，即调查和专家打分法、层次分析法、模糊数学法、统计和概率法、敏感性分析法、蒙特卡罗模拟、CIM模型、影响图。其中前两种方法侧重于定性分析，中间三种侧重于定量分析，后三种则侧重综合分析。

### 4.2.3 风险责任划分

4.2.3.1 建立风险分担机制的原则

建立风险分担机制的原则如下：

（1）强化分担机制的整体性。这里所指的机制是指风险分担的复杂工作系统，应该具备系统的整体性特征。将系统中每一个要素（如风险因素、工程建设各参与方等）都放到整体中去研究，各要素间的联系和作用都到整体中协调考虑，在整体功能的基础上展开各要素及其相互之间的活动，这样才能形成系统整体的有机行为。

（2）加强分担机制的内部相关性。组成系统的要素是相互联系、相互作用的，相关性说明这些联系之间的特定关系以及这些关系之间的演变规律。各风险因素之间、各建设参与方之间都具有密切的关系，相互影响、相互制约、相互作用、牵一发而动全身。加强分担机制的内部相关性，提高整个机制的有序性，尽量避免“内耗”，这样才能提高整个风险管理的效果。

（3）提高分担机制的应变性。任何一个系统都存在于一定的物质环境之中，它必然要与外界环境产生物质的、能量的和信息的交换，外界环境的变化必然会引起系统内部各要素之间的变化。所以风险分担机制必须适应外部环境的变化，使其能够适应不同国家或地区、不同自然条件下的工程建设风险管理的需要。

（4）增加风险预警系统和应急处理系统。在建设工程的实施过程中，要不断地收集和分析各种信息和动态，捕捉风险的前期信号，以便更好地准备和采取有效的风险对策，对抗可能发生的风险，即要有风险预警系统，加强风险预警工作。同时要在建设工程风险发生时，及时采取措施以控制风险的影响，这是降低损失、防范风险的最为有效的方法。

#### 4.2.3.2 工程主体的风险管理目标

工程参与主体均存在不同程度的风险，如表4-2所示。各主体都需风险管理。要真正搞好工程风险管理，必须确立具体的目标，制定具体的指导原则，规定风险管理的责任范围。

**表4-2 工程主体风险承担目标划分**

| 风险类型 | 风险因素 | 风险主要承担主体 |
|---|---|---|
| 政治风险 | 政府政策、民众意见、意识形态的变化、宗教、法规、战争、恐怖活动、暴乱 | 业主、承包商、供应商、设计方、监理 |
| 环境风险 | 环境污染、许可权、民众意见、国内/社团的政策、环境法规或社会习惯 | 业主、承包商、监理 |
| 计划风险 | 许可要求、政策和习惯、土地使用、社会经济影响、民众意见 | 业主 |
| 市场风险 | 需求、竞争、经营陈旧化、顾客满意程度 | 业主、承包商、设计方、监理 |
| 经济风险 | 财政政策、税制、物价上涨、利率、汇率 | 业主、承包商 |
| 融资风险 | 破产、利润、保险、风险分担 | 业主、承包商、供应商 |
| 自然风险 | 不可预见的地质条件、气候、地震、火灾或爆炸、考古发现 | 业主、承包商 |
| 项目风险 | 采购策略、规范标准、组织能力、施工经验、计划和质量控制、施工程序、劳力和资源、交流和文化 | 业主、承包商 |
| 技术风险 | 设计充分、操作效率、安全性 | 业主、承包商 |
| 人为风险 | 错误、无能力、疏忽、疲劳、交流能力、文化、缺乏安全、故意破坏、盗窃、欺骗、腐败 | 业主、承包商、设计方、监理 |
| 安全风险 | 规章、危险物资、冲突、倒塌、洪水、火灾或爆炸 | 业主、承包商 |

#### 4.2.3.3 工程风险的分配

风险分配方式对参与方的行为、投资规模以及工程的经济效益都有着至关重要的影响。随着工程建设领域的逐步发展和完善，建筑市场更加规范化、法制化和国际化。在各国工程实施过程中，都广泛地采用了标准合同条件，其中不仅明确划分了合同双方各自承担的责任、权利和义务，还配有一套科学的风险分配机制。不同的国家可以根据国际工程的不同性质，选用不同系列的标准合同条件，见表4-3。

**表4-3 经济发达国家和地区的工程项目标准合同条件**

| 国家和地区 | 工程项目标准合同条件 |
|---|---|
| 英 国 | ICE5、ICE6、JCT、JCT80、NEC等，也常采用FIDIC系列合同条件 |
| 美 国 | FIDIC系列合同条件、AIA系列合同条件、EJCDC系列合同条件 |
| 德 国 | 德国建筑承发包条例（VOB）规定，一切由公款投资或有公款投资成分的项目，必须严格按照承发包条例的条款执行，而私人建房、建厂可以不按其条款执行，由私人的兴趣决定。该条例的VOBB、VOBC两部分规定了建筑合同条件的有关内容 |
| 日 本 | 日本中央建设业审议会于1950年2月制定了《日本建筑工程标准承包合同条件》 |
| 新加坡 | 新加坡建筑工业发展委员会（CIDB）对政府的公共工程制订了统一的公共工程标准施工合同条件（COC）和指定分包商标准合同条件（NSC） |
| 中国香港 | 公共工程主要采用两个标准合同文本，即《香港政府土木工程标准合同》和《香港政府建筑工程标准合同》。私人工程采用英国皇家特许测量师学会（香港分会）的标准合同 |

目前FIDIC标准合同条件，代表了国际建筑市场最新的工程管理模式，满足了国际建筑市场中业主的各种需求。大多数的国际工程直接采用FIDIC合同条件对其工程进行管理，避免了自编合同条件缺陷引起的各种风险，较为公平、合理地对工程风险进行分配。目的是保证各方主体利益，避免纠纷，保证工程的成功实施，见表4-4。

**表4-4 FIDIC合同条件风险责任分配表**

| 风险类型 | 业 主 | 工程师 | 承包商 |
|---|---|---|---|
| 1. 工程的重要损失或破坏 | | | |
| （1）战争等；暴乱、骚乱或混乱 | 遭受损失① | 无责任 | 无责任 |
| （2）核装置和压力波、危险爆炸 | 遭受损失② | 无责任 | 无责任 |
| （3）不可预见的自然力 | 遭受损失 | 无责任 | 无责任 |
| （4）运输中的损失和损坏 | 若预先付款则潜在损失 | 无责任 | 遭受损失③ |
| （5）不合格的工艺和材料 | 潜在损失 | 无责任 | 有责任④ |
| （6）工程师的粗心设计 | 潜在损失 | 有责任 | 无责任 |
| （7）工程师的非疏忽缺陷设计 | 遭受损失 | 无责任 | 无责任 |
| （8）已被业主使用或占用 | 遭受损失 | 无责任 | 无责任 |
| （9）其他原因 | 潜在损失 | 无责任 | 遭受损失 |
| 2. 对工程设备的损失或损坏 | | | |
| （1）战争等；暴乱、骚乱或混乱 | 造成损失① | 无责任 | 遭受损失 |
| （2）核装置和压力波、危险爆炸 | 造成损失② | 无责任 | 遭受损失 |
| （3）运输中的损失和损坏 | 无责任 | 无责任 | 遭受损失③ |
| （4）其他原因 | 无责任 | 无责任 | 遭受损失⑤ |
| 3. 第三方的损失 | | | |
| （1）执行合同中无法避免的后果 | 有责任 | 无责任 | 无责任 |
| （2）业主的疏忽 | 有责任 | 无责任 | 无责任 |
| （3）承包商的疏忽 | 无责任 | 无责任 | 有责任 |
| （4）工程师的职业疏忽 | 无责任 | 有责任 | 无责任 |
| （5）工程师的其他疏忽 | 无责任 | 有责任 | 无责任 |

续表 4-4

| 风险类型 | 业主 | 工程师 | 承包商 |
|---|---|---|---|
| 4. 承包商/分包商方的人身伤害 | | | |
| （1）承包商的疏忽 | 无责任 | 无责任 | 有责任 |
| （2）业主的疏忽 | 有责任 | 无责任 | 无责任 |
| （3）工程师的职业疏忽 | 无责任 | 有责任 | 无责任 |
| （4）工程师的其他疏忽 | 无责任 | 有责任 | 无责任 |

①可能有政府补偿；
②可能对核装置操作者或领有许可证者有追索权；
③可能对运输有追索权；
④可能对不合格材料供货商有追索权；
⑤可能对造成损失或损坏的失职方有追索权。

#### 4.2.3.4　工程风险损失的分担

风险是时刻存在的，这些风险必须在项目参加者之间进行合理的分配，只有每个参加者都有一定的风险责任，他才有对项目管理和控制的积极性和创造性，只有合理地分配风险，才能调动各方面的积极性，才能有项目的高效益。

A　工程内容范围的界定

风险责任是由风险损失的承担来具体体现的。风险事件一旦发生，势必或多或少地给工程带来损失。工程的损失是多方面的，所以要首先清楚工程内容范围。工程建设阶段，在现场的有已经做完的项目，有正在做的项目，有临时工程，有在场材料和设备，有施工机械设备，有工程人员等，还会有经过施工现场的非工程人员等。工程内容可用下式表达：

工程 = 永久工程 + 临时工程 + 在场的材料、设备

风险事件发生，会造成“工程内”的损失，也会造成“工程外”的损失。“工程内”是指上式所指内容，“工程外”是指除上式内容以外的其他在场的所有内容。

B　风险损失合理分配的原则

合理分配风险损失要依照以下几个原则进行：

（1）从工程整体效益的角度出发，最大限度地发挥各方面的积极性。因为项目参加者如果都不承担任何风险，那么他也就没有任何责任，当然也就没有控制的积极性，就不可能搞好工作。如采用成本加酬金合同，承包商则没有任何风险责任，承包商也会千方百计地提高成本以争取工程利润，最终将损害工程的整体效益；如果承包商承担全部的风险也是不可行的，为防备风险，承包商必须提高要价，加大预算，而业主也因不承担风险将随便决策，盲目干预，最终同样会损害整体效益。因此只有让各方承担相应的风险责任，通过风险的分配以加强责任心和积极性，达到更好的计划与控制。

（2）公平合理，责、权、利平衡。一是风险的责任和权力应是平衡的。有承担风险的责任，也要给承担者以控制和处理的权力，但如果已有某些权力，则同样也要承担相应的风险责任；二是风险与机会尽可能对等，对于风险的承担者应该同时享受风险控制获得的收益和机会收益，也只有这样才能使参与者勇于去承担风险；三是承担的可能性和合理性，承担者应该拥有预测、计划、控制的条件和可能性，有迅速采取控制风险措施的时间、信息等条件，只有这样，参与者才能理性地承担风险。

（3）符合工程项目的惯例，符合通常的处理方法。如国际惯例 FIDIC 合同条款就明确地规定了承包商和业主之间的风险分配，比较公平合理。

根据这些原则，根据 FIDIC 合同条款和国际上工程承包界的经验，就上述风险种类进行风险损失责任划分，如表 4-5 所示。

表 4-5 工程风险损失责任

| 损失内容 / 责任划分 / 风险种类 | 工程内损失 | 工程外损失 |
| --- | --- | --- |
| 特殊风险 | 业主负责 | 业主负责 |
| 业主风险 | 业主负责 | 承包商负责 |
| 一般风险 | 承包商负责 | 承包商负责 |

## 4.3 工程风险预警及应对

### 4.3.1 工程风险预警

4.3.1.1 工程风险预警的概念、特点与作用

A 定义

所谓预警，就是预先警示、提前报警的意思。预警是指根据系统外部环境及内部条件的变化，对系统未来的不利事件或风险进行预测和报警。预警管理需要且必须通过利用预警系统实现。工程风险预警首先要建立预警指标体系，设定工程预警阈值，当预警监控指标突破阈值时，系统将发出预警信息，并根据预警信息的类型、性质和警报的程度提示相应的预控措施，为工程风险管理者提供必要信息，做出及时正确的决策。

对于工程风险预警的理解，需要注意以下两点：

（1）工程风险预警是工程管理工作内容之一，具有相对性。不同于宏观经济分析中风险预警指标所具有的系统性和综合性，工程风险预警指标必须关注于个别工程的具体情况。

（2）预警的基础是经验，经验的形式包括数据、信息、图表、声像等。如在风险量化时，最常见的做法是运用以概率为基础的统计方法对风险进行预测。预警在客观上要求风险分析的方法能够充分考虑历史信息，从历史信息中透过规律性预测未来的情形。

B 预警的特点

预警具有以下特点：

（1）超前性。工程风险预警管理与传统的风险管理有所区别。风险预警管理虽然重视发挥在风险发生情况下的应急处理和补救功能，但其重点是预先做出警示和超前防范。其特点是超前性，改变了过去那种“救火式”的事后管理为事前的预防管理。

（2）警示性。在工程实施过程中，如果某些风险因素或其某个方面达到风险预警的警戒状态时，风险预警管理系统通过预测，可以按照预警准则及时地输出相应的信息或发出警告，以引起风险管理者或工程参与方的警觉，因而具有警示性。

(3) 即时性。工程风险预警管理系统与项目管理系统等其他各种管理系统一样，是一个长期和连续运行的系统。通过对工程实施过程中的各项活动进行动态跟踪监控，即时显示工程所处的风险状态。同时，工程风险预警管理系统的结构与功能应根据实际预警实践积累的经验和实际情况的变化进行不断更新，以修正系统存在的缺陷，完善系统的功能，确保工程风险预警的敏感性和准确性。

(4) 系统性。由于工程实施容易受到内外部环境的影响，因此工程实施本身就是一个复杂的系统，与其相对的工程风险预警管理系统也是一个复杂的系统。系统需要处理涉及工程实施各阶段诸多方面的信息，处理过程中需要采用综合、系统的方法，输出明确的、系统的、易被管理者识别和接收的综合信息。

C 预警的作用

工程风险预警是对工程实施过程中各环节的风险进行推断、预测，根据风险程度预先发出警报和相关信息，其作用如下：

(1) 警示。实行工程风险预警，可以使工程管理者及时认识潜在风险，了解风险发生的条件与规律，便于在风险管理中着眼未来、着眼于对风险的预防预控。借助风险预警系统的警示作用，通过信息的有效输出，在风险发生之前进行风险管理，工程风险管理从被动管理转向主动管理。

(2) 控制。工程风险进行预警的目的是实现工程风险的有效控制和防范。传统的工程风险管理主要侧重于对风险的事后控制，即等到风险发生时采取有效措施进行补救。采取风险预警的方式，形成以事前控制为主，并与事中控制和事后控制相结合的风险控制机制。在风险事件发生之前，对风险的成因进行控制，并采取措施使风险事件不至于真正发生、发生的可能性最小或发生后导致的损失最小，这就是风险预警控制作用的真正体现。

(3) 自律。自律是指工程实施过程所具有的自我控制、调节和规范的机制和功能。风险预警通过建立风险预警机制和风险应对措施机制，并融入到工程管理机制中，使工程实施具有适应外部环境和内部条件变化的能力，使工程实施中各生产要素得到有效配置和合理使用，进而有机协调地发展。

#### 4.3.1.2 预警管理

A 定义

预警管理是通过对内外部环境的预测、估计、推断以及对工程实施过程的调控，通过风险预警系统进行风险预警和预控的管理实践活动。

B 预警管理的主要内容

a 风险预警目标

风险预警目标与工程风险管理的最终目标是一致的。在建立工程风险预警系统时，首先必须明确风险预警的最终目标。通过管理，有效地防范工程风险，尽量降低风险发生的可能性并减少风险发生后对工程造成的损害程度，保证工程风险管理成本最小化。这里所讲的风险管理成本主要包括风险管理各个阶段的投入和风险发生后导致的直接与间接损失之和。

b 风险预警指标

风险预警必须针对工程内外部环境，结合风险预警目标与工程管理者的整体素质与水平，选用适当的风险预警指标，以保证管理者对工程风险的结构分类、程度测评、结果分析和转化可能做出准确判断，及时做出风险控制和管理的指令，从而将工程风险尽早隔绝在起始之初。

c 预警信号与识别

风险预警管理必须对工程风险建立有效的预知能力，以对各种潜在风险的发展规律和演化状态做出判断，同时对风险的临近和呈现做出警戒，一旦发现异常就及时对风险做出准确测评结论，并保证根据风险控制与转化方向发出必要的指令。

必须根据对历史或同类风险发生和演化经验，对风险建立定量的安全值，根据风险发生的不同过程、阶段和临近状况发出风险预警信号。这样管理者可以根据风险预警指标值来判断其处于什么样的状态，如果当一些风险因素量化数值超过一定的安全值时，就要及时发出风险控制指令，以便管理者根据不同风险和控制目标来实施有效风险管理，达到吸纳和转化风险的目的。

d 中间控制过程

建立风险的中间控制过程也是工程风险预警管理的一个组成部分，这也充分体现了对风险管理的阶段性。同时，管理者可以通过设立一些风险的中间控制过程发出不同的风险控制指令，来提高风险转化的效率和修正对风险的控制效果。

风险的中间控制过程和行为应该满足相关性、可测量性、可交换性、有效性等要求。有效性将直接关系到风险管理的成败。

特别需要说明的是，所采用的工程风险中间控制过程应该以风险分析为指导，根据对风险预警指标值与风险定量的安全值对比，做出完整的风险预警和控制指令。这个过程可以由工程管理组织和体制形式来实施和完成，也可以建立相应的计算机控制系统，由计算机来对工程实施风险的各种因素、信号和参数进行实时定量采集、测评和判断，保证风险中间过程的准确和有效。

e 调节传导机制

风险预警管理的调节传导机制是工程风险控制的基本保证。调节传导机制具有以下两个基本功能：

（1）及时将采集到的各种风险信号传递到工程风险预警管理中心，再将预警管理中心所做出的风险管理和控制指令及时有效地传递到风险管理部门，满足控制风险的管理工具的实施和应用效果。

（2）及时将对风险预警及管理后实际效果评价和信息反馈给工程风险预警管理中心，以便寻找风险预警机制中的可能缺陷与不足，做出对风险预警及管理行为和工具的修正或调整，再将这些指令准确传递到风险管理部门。

一个有效的调节传导机制，能提高工程的运行能力和结构，保证风险管理措施的有效性，确保工程的顺利实施。工程实施的整体目标可以从进度、质量、造价、安全等多个方面考察与体现，风险预警系统设计的目标应围绕工程整体目标，按照预警管理实施过程的顺序，可将工程风险预警管理的过程划分为三个阶段，即：

首先，对工程所处的内外部环境的变动及其发展规律、趋势进行监测与评价，对数量众多的指标变动进行分析，去粗存精，提炼出科学健全的预警指标体系，并对其变化进行监测；

其次，对工程内部管理波动及其失误进行监测，借以明确系统当前所处的状态；

最后，根据系统目前状态，预测其未来趋势，并做出恰当反应。

风险预警管理并非在第三阶段采取应对措施而告结束，风险应对的实施预示下一轮预警状态识别的开始。

4.3.1.3 风险预警指标与警报准则

工程风险管理是一项复杂的系统工程。工程实施的影响因素很多，如材料价格、经营成本、建设速度、经济寿命、融资风险方式、税率、利率、汇率、收费标准、收费年限等。进行工程风险预警管理的第一步就是根据需要收集相关的信息，识别风险，设计一套科学完善的预警指标体系，对工程实施活动的现状进行分析、评价。它是整个预警系统开展识别、诊断、预控等活动的前提条件。

A 确定风险预警指标的原则

在构建预警指标体系时，应本着系统和科学的态度选择预警指标，为预警系统的构建打下坚实基础。对于具体的工程，所建立的风险预警指标体系应准确、全面、有效地反映工程生命周期中可能出现的各种显现的和潜在的风险因素。为了保证构建的指标体系的有效性，除遵循指标的独立性、时效性、规范性和系统性等原则外，还需要遵循以下原则：

（1）相关性原则。相关性原则指与工程风险水平的监测相关。这就要求列入指标体系中的每一项指标都能从某一个角度正确地反映工程风险管理的内容及其状态，使指标与指标之间成为相互联系的有机整体。在设计指标体系时，可以采用纵向和横向的分类方法。预警指标横向分类反映工程实施各个阶段、各个环节的风险及其结构，并能预示工程风险的发展趋势。预警指标纵向分类反映不同阶段工程风险预警的要求，满足对预警指标早期、中期和后期的监测要求。

（2）全面性原则。工程风险预警指标体系应能全面、系统并相互联系地监测工程的风险水平，即所采用的预警指标应具有高度的概括性。一方面应考虑到影响工程风险产生的各个主要方面，做到监测指标不重复、不遗漏，从主要侧面对工程风险做出全面评价；另一方面，还应考虑指标间的系统性和相互联系性，使监测指标体系全面、真实地反映工程风险程度。

（3）灵敏性原则。所选取的风险预警指标能够敏感地反映工程风险中的某一方面，即当工程风险出现变动时，能够在预警指标值上迅速反映出来。因此，在设计预警指标时，应充分考虑到预警指标与工程风险的敏感程度，尽量选取敏感程度大的指标。

（4）重要性原则。重要性原则有两层含义：一是全面性和重要性要相结合。因为全面的指标有助于管理者从不同角度了解工程风险情况，但过于全面的指标体系会使工程风险的监测模糊不清。二是当收集取得某项指标的成本费用很大时，如果该项指标很重要，即它在指标体系中是不可缺的，仍应进行该项指标的收集评价工作，否则应舍去。

（5）可操作性原则。可操作性是指预警指标体系中各指标的易懂性和可获取性。预警是一种预报，这就要求所设计的工程风险预警指标体系应能明确反映工程风险，同时做到预报信号明确、判断简明，不能过于复杂。在设计指标体系时，首先指标数据应易于收集，准确性、可靠性容易保证；其次是指标数量不宜过多，尽量避免功能重复；再次是对个别指标的计算应略作调整，避免过于复杂的计算；最后是便于综合评价。

（6）成本效益原则。在工程风险预警指标体系的设置过程中，应充分考虑成本效益。有些评价指标即使有实用价值，但如果为获取该项指标数据所花费的成本大于其所能提供的收益，一般会用其他取得成本较低的指标替代。

B 风险预警指标体系

工程特点决定了预警指标的特殊性。工程风险因素的复杂性、关联性和多面性决定了风险预警指标体系必然是一个多维的指标矩阵；工程的一次性、独特性和复杂性无疑加大了共享风险管理经验与信息的难度。现实世界中也很难找到能够精确衡量某一具体工程风险状态的尺度。因为风险本身是一个相对概念，对不同的主体、不同的环境条件意义可能有较大的差异。但风险预警又从本质上要求实现基于某种普遍性的预知和预报，所以预警指标被视为已知确定信息与未来可能状态的纽带，通过它能反映出工程风险的某种发展趋势。

指标体系的建立一般要经过初选指标、指标分析、指标检验与最终确定几个阶段。

a 预警指标初选

为了保证所构建的工程风险预警指标具有一定的现实意义，同时又能在预警实践中具有可操作性，风险预警指标构建一般应结合具体工程项目的实际情况具体分析。

（1）环境风险因素。特指工程所处的宏观环境，主要包含国际、国内政治、经济环境以及各部门和行业等的总体形势。

（2）市场风险因素。工程竣工验收投入运营后，必然存在市场风险。如公路工程的市场风险主要是由车流量预测的不确定性、现有其他平行道路和其他运输方式的竞争等原因引起，具体表现为：

1）技术风险因素。技术是工程实施的一个重要风险因素，主要用以下指标衡量：

① 工程业主、承包商、监理、设计方和其他相关参与者的技术力量。这一综合指标体现在：一是科研人员实力及技术积累；二是技术设备、工艺以及实验条件等。显然，没有雄厚的物质技术支撑，工程将面临较大的技术风险。

② 技术的熟练程度。工程建设目标能否顺利实现以及实现程度的好坏，受参与方人员技术熟练程度影响。技术不成熟，不仅会加大工程工作量与难度，还可能因技术导致的质量等问题面临市场风险。

③ 技术难度。工程实施技术难度大，工程的技术风险、生产风险也就大；工程运营技术难度大，竞争者的进入壁垒就强，市场风险就小。

④ 技术前景。技术前景的不确定性可能给工程带来新风险。

2）资金风险因素。资金是工程顺利实施的血液。一旦建设资金出现问题，整个工程的实施都将面临风险。与资金相关性最强的三个综合指标如下。

① 业主或法人的资金实力。业主或法人的资金实力是反映风险承受能力的重要方面。

② 筹资能力。工程业主或法人不但需要要有雄厚的资金实力，而且还要有很强的筹资融资本领，以应付各种可能的突发事件或其他应急资金需求。

③ 资金运营状况。工程的资金运营状况可以反映该工程的运作情况以及风险隐患。反映资金运营状况的定量指标通常有速动比率、流动比率、债权比率、资本回报率、利润边际率、资产周转率等。

3）管理风险因素。因管理不善而影响工程顺利实施，甚至导致工程失败的不确定性就是管理风险。带来管理风险的因素主要包括：

① 管理者的综合素质。综合素质包括工作经历、知识水平、组织管理能力、职业道德以及有无创新意识及风险意识等。

② 组织机构效能。组织机构的设置、运作对整个工程产生的效果和作用。

b 预警指标分析

工程建设风险预警指标可以从工程建设费用风险、工程建设周期风险、工程建设质量风险、工程建设融资风险、工程建设效益风险五方面构建。

(1) 工程建设费用风险：资源价格及其供给量的波动将对工程投资费用产生重要影响。

(2) 工程建设周期风险：工程建设周期包括投资论证决策阶段，规划设计阶段、施工阶段和竣工验收交付使用阶段。各阶段工作持续时间的延长或缩短，将直接影响工程投资费用和效益。

(3) 工程建设质量风险：由于施工方案不当、施工组织设计不合理等原因引发较严重的质量缺陷或质量事故，造成工程质量风险。

(4) 工程建设融资风险：建设资金筹集方式、金额、利率、支付进度和还款期限等的变动，对过程投资费用和效益产生影响，导致融资风险。

(5) 工程建设效益风险：工程投入生产运营后，其产品或提供的服务所获得的效益受到消费者的需求量及销售价格波动的影响，形成效益风险。

#### 4.3.1.4 风险预警系统

A 预警的目的

预警的目的是指根据系统外部环境及内部条件的变化，对系统未来的不利事件或风险进行预测和报警。预警目标的实现必须借助预警系统的建立和运行。建立该系统的核心是能事先监测出工程实施过程中潜在的危机，向管理者及时发出警报，提醒其采取有效的防范与调整措施，降低工程风险管理费用。

B 预警的功能

工程风险预警系统的建立与运行，贯穿了风险管理的全过程，涵盖了工程风险管理各环节，具有以下功能：

(1) 监测功能。监测就是跟踪工程实施以及风险管理的全过程，将工程实施的实际情况同预定的目标、计划、标准进行对比，对工程实施状况和工程风险全面预测，找出偏差，当危害工程实施的关键风险因素出现之时，可以提出警告，让工程管理者早日寻求对策，以减少风险造成的损失。

(2) 诊断功能。诊断是预警系统的重要功能之一。根据对跟踪、监测结果的对比分析，运用现代管理技术，对工程风险管理状况做出判断。

(3) 矫正功能。通过监测、诊断，判断工程实施过程中存在的风险因素，找出风险存在或发生的原因后，应采取措施，对症下药，纠正工程实施过程中出现的偏差或过失，使其恢复到正常运转的轨道。一旦发现风险征兆，工程管理者要及时按照风险应对措施与方案阻止损失的出现或扩大。

(4) 免疫功能。通过预警分析，能系统而详细地记录工程各类风险因素发生的缘由、处理经过、解除风险的各项措施以及处理反馈与改进的建议，作为未来类似情况的前车之鉴。这样，工程管理者将纠正偏差与过失的一些经验、教训转化成管理活动的规范，以免重犯同样或类似的错误，不断提高工程管理能力。

(5) 警报提示功能。根据不同的风险状态、风险程度、风险特征，向工程管理者发出警报。

C 风险预警系统的运行

在风险管理的实施阶段，风险管理者除采取适当措施应对预警系统输出的预警信号外，还需实时监测风险的变化和发展，包括已知和未知风险的变化、实施风险应对后导致的风险以及实施风险应对后还剩余的风险。风险应对的实施将直接导致预警指标的变化，实时的指标值对预警系统来说至关重要，因为它是下一阶段风险管理工作的输入和基础，使预警系统在时间上呈现出一种迭代性，保证对风险的有效应对。

在最初的工程风险识别阶段，应尽可能多地搜集风险信息。随着工程实施，风险信息得到不断的补充。在工程整个生命周期中，风险知识库的支持与使用将贯穿始终。在工程不同时刻，将观测到不同的风险信息，这些信息以工程事件、统计数据、环境变化预测、工程变更等形式存在。当某一时刻所具有的风险信息不足以做出风险预警报告时，应将其在风险知识库中存储下来，以观变化。预警信息同样应该存储下来，作为风险预警应对的初始信息，还可作为管理后评价的比较基准。工程风险预警系统的运行过程如图4-11所示。

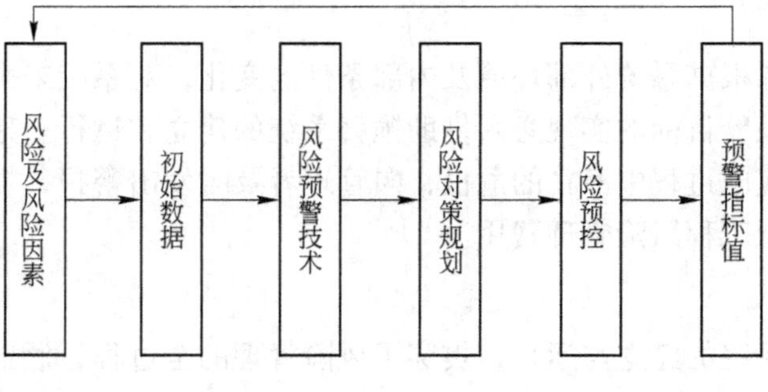


图4-11 工程风险预警系统的运行过程

### 4.3.2 风险的防范应对

风险的防范手段多种多样，但归纳起来不外乎以下两种最基本的手段：一是采用风险控制措施来降低企业的预期损失或使这种损失更具有可测性，从而改变风险。这种手段包括风险回避、损失控制、风险分隔及风险转移等。二是采用财务措施处理已经发生的损失，包括购买保险、风险自留和自我保险等。

#### 4.3.2.1 风险控制措施

A 风险回避

风险回避主要是中断风险源，使其不致发生或遏制其发展。这种手段主要包括：

(1) 拒绝承担风险。采取这种手段有时可能不得不做出一些必要的牺牲，但较之承担风险，这些牺牲比风险真正发生时可能造成的损失要小得多，甚至微不足道。例如，投资因选址不慎而在河谷建造的工厂，而保险公司又不愿为其承担保险责任。当投资人意识到在河谷建厂将必不可避免要受到洪水威胁，且又别无防范措施时，他只好放弃该建厂项目。虽然他在建厂准备阶段耗费了不少投资，但与其厂房建成后被洪水冲毁，不如及早改弦易辙，另谋理想的厂址。这种破财消灾的办法在国际事务中也是常见的。

(2) 放弃业主承担的风险以避免更大的损失。实践中这种情况经常发生。事实证明这是紧急自救的最佳办法。作为工程承包商，在投标决策阶段难免会因为某些失误而铸成大错。如果不及时采取措施，就有可能一败涂地。例如，某承包商在投标承包一项某国皇宫建造项目时，误将纯金扶手译成镀金扶手，按镀金扶手报价，仅此一项就相差 100 多万美元，而承包商又不能以自己所犯的错误为由要求废约，否则要承担违约责任。风险已经注定，只有寻找机会让业主自动提出放弃该项目。于是他们通过各种途径，求助于第三者游说，使该国国王自己主动下令放弃该项工程。这样承包商不仅避免了业已注定的风险，而且利用业主主动放弃项目进行索赔，从而获得一笔可观的额外收入。

(3) 转包工程也是回避风险的有效手段之一。许多情况下，业主并不禁止转包。如果承包商经过分析认定工程已注定难逃亏损厄运，他只有采取转嫁风险的办法。有些项目对于某些承包商可能风险较大，但对于另一些承包商则并不一定有风险。因为不同的承包商具有不同的优势。例如中国一家承包商以低价标获取非洲某国的一项大型公路项目。该承包商在当地没有基地，所有物资及人员都必须由国内调拨。这种情况下，如果坚持独家实施该项目，势必亏损相当严重。该承包商经过分析比较，决定将工程的大部分转包给另一家在当地已有施工设备和人员的公司，只留下很小的一部分任务自己完成，从而转移了风险，而这一风险对于承接转包任务的承包商则不再是风险了，因为他具有足够的条件承接这项任务。

回避风险虽然是一种风险防范措施，但应该承认这是一种消极的防范手段。因为回避风险固然能避免损失，但同时也失去了获利的机会。处处回避，事事回避，其结果只能是停止发展。如果企业家想生存图发展，又想回避其预测的某种风险，最好的办法是采用除回避以外的其他手段。

B 损失控制

风险防范的第二种手段是控制损失。损失控制包括两方面的工作：一是减少损失发生的机会即损失预防；二是降低损失的严重性即遏制损失加剧，设法使损失最小化。

(1) 预防损失。预防损失系指采取各种预防措施以杜绝损失发生的可能。例如房屋建造者通过改变建筑用料以防止用料不当而倒塌；供应商通过扩大供应渠道以避免货物滞销；承包商通过提高质量控制标准以防止因质量不合格而返工或罚款；生产管理人员通过加强安全教育和强化安全措施，减少事故发生的机会等。在商业交易中，交易的各方都把损失预防作为重要事项。业主要求承包商出具各种保函就是为了防止承包商不履约或履约不力；而承包商要求在合同条款中赋予其索赔权利也是为了防止业主违约或发生种种不测事件。

（2）减少损失。减少损失系指在风险损失已经不可避免地发生的情况下，通过种种措施以遏制损失继续恶化或局限其扩展范围使其不再蔓延或扩展，也就是说使损失局部化。例如承包商在业主付款误期超过合同规定期限情况下，采取停工或撤出队伍并提出索赔要求甚至提起诉讼；业主在确信某承包商无力继续实施其委托的工程时立即撤换承包商；施工事故发生后采取紧急救护；安装火灾警报系统；投资商控制内部核算；制定种种资金运筹方案等都是为了达到减少损失的目的。

（3）损失控制。控制损失通常可采用以下办法：预防危险源的产生；减少构成危险的数量因素；防止已经存在的危险的扩散；降低危险扩散的速度，限制危险空间；在时间和空间上将危险与保护对象隔离；借助物质障碍将危险与保护对象隔离；改变危险的有关基本特征；增强被保护对象对危险的抵抗力，如增强建筑物的防火和防震性能；迅速处理环境危险已经造成的损害；稳定、修复、更新遭受损害的物体。

控制损失应主动，以预防为主，防控结合。应认真研究测定风险的根源。就某一行为或项目而言，应在计划、执行及施救各个阶段进行风险控制分析。控制损失的第一步是识别和分析已经发生或已经引起或将要引起的危险。分析应从以下两方面着手：

（1）损失分析。损失分析通常可采取建立信息人员网络和编制损失报表的方式进行。分析损失报表时不能只考虑已造成损失的数据，应将侥幸事件或几乎失误或险些造成损失的事件和现象都列入报表并认真研究和分析。

（2）危险分析。危险分析包括对已经造成事故或损失的危险和很可能造成损失或险些造成损失的危险的分析。除对与事故直接相关的各方面因素进行必要的调查外，还应调查那些在早期损失中曾给企业造成损失的其他危险重复发生的可能性。此外，还应调查其他同类企业或类似项目实施过程中曾经有过的危险或损失。

C 风险分离

风险分离系指将各风险单位分离间隔，以避免发生连锁反应或互相牵连。这种处理可以将风险局限在一定的范围内，从而达到减少损失的目的。

风险分离常用于承包工程中的设备采购。为了尽量减少因汇率波动而招致的汇率风险，承包商可在若干不同的国家采购设备，付款采用多种货币。比如在德国采购支付欧元，在日本采购支付日元，在美国采购支付美元等。这样即使发生大幅度波动，也不会全都导致损失风险。以日元、欧元支付的采购可能因其升值而导致损失，但以美元支付的采购则可以因其贬值而获得节省开支的机会。在施工过程中，承包商对材料进行分隔存放也是风险分离手段。因为分隔存放无疑分离了风险单位。各个风险单位不会具有同样的风险源，而且各自的风险源也不会互相影响。这样就可以避免材料集中于一处时可能遭受同样的损失。

D 风险分散

风险分散与风险分离不一样，后者是对风险单位进行分隔、限制以避免互相波及，从而发生连锁反应；而风险分散则是通过增加风险单位以减轻总体风险的压力，达到共同分摊集体风险的目的。例如企业内部扩张，增设实体以分散风险或企业兼并从而加大风险承受能力。对于工程承包商，风险分散应成为其经营的主要策略之一。例如多揽项目、广种薄收即可避免单一项目上的过大风险。承包工程付款采用多种货币组合也是基于风险分散的原理。

E 风险转移

风险转移是风险控制的另一种手段。经营实践中有些风险无法通过上述手段进行有效控制，经营者只好采取转移手段以保护自己。风险转移并非损失转嫁。这种手段也不能被认为是损人利己有损商业道德，因为有许多风险对一些人的确可能造成损失，但转移后并不一定同样给他人造成损失。其原因是各人的优劣势不一样，因而对风险的承受能力也不一样。

风险转移的手段常用于工程承包中的分包和转包、技术转让或财产出租。合同、技术或财产的所有人通过分包或转包工程、转让技术或合同、出租设备或房屋等手段将应由其自身全部承担的风险部分或全部转移至他人，从而减轻自身的风险压力。

4.3.2.2 运用财务对策控制风险

A 风险的财务转移

所谓风险的财务转移，系指风险转移人寻求用外来资金补偿确实会发生或业已发生的风险。风险的财务转移包括保险的风险财务转移（即通过保险进行转移）和非保险的风险财务转移（即通过合同条款达到转移之目的）。

保险的风险财务转移的实施手段是购买保险。通过保险，投保人将自己本应承担的归咎责任（因他人过失而承担的责任）和赔偿责任（因本人过失或不可抗力所造成损失的赔偿责任）转嫁给保险公司，从而使自己免受风险损失。非保险的风险财务转移的实施手段则是除保险以外的其他经济行为。例如，根据工程承包合同，业主可将其对公众在建筑物附近受到伤害的部分或全部责任转移至建筑承包商，这种转移属于非保险的风险财务转移。而建筑承包商则可以通过投保第三者责任险又将这一风险转移至保险公司，这种风险转移属于保险的风险财务转移。

非保险的风险财务转移的另一种形式就是通过担保银行或保险公司开具保证书或保函。根据保证书或保函，保证人保证委托人对债权人履行某种明确的义务。保证人必须履行担保义务。否则债权人可以依据保证书或保函向保证人索要罚金，然后保证人可以向委托人追偿其损失。通常情况下，保证人或担保人签发保证书或保函时，要求委托人提交一笔现金或债券或不动产作抵押，以备自己转嫁损失赔偿。通过这种形式，债权人可将债务人违约的风险转移给保证人。

非保险的风险财务转移还有一种形式——风险中性化。这是一个平衡损失和收益机会的过程。例如承包商担心原材料价格变化而进行套期交易，出口商担心外汇汇率波动而进行期货买卖等。不过采取风险中性化手段没有机会从投机风险中获益。因此，这种手段只是一种防身术，只能保证自己不受风险损失而已。

B 风险自留

风险自留即是将风险留给自己承担，不予转移。这种手段有时是无意识的，即当初并不曾预测到，不曾有意识地采取种种有效措施，以致最后只好由自己承受；但有时也可以是主动的，即经营者有意识、有计划地将若干风险主动留给自己。这种情况下，风险承受人通常已做好了处理风险的准备。

主动的或有计划的风险自留是否合理明智，取决于风险自留决策的有关环境。不过应指出，风险是否自留，是一项困难的抉择。

风险自留在一些情况下是唯一可能的对策。有时企业不能预防损失，回避又不可能，且没有转移的可能性，企业别无选择，只能自留风险。

决定风险自留必须符合以下条件之一：

（1）自留费用低于保险公司所收取的费用；

（2）企业的期望损失低于保险人的估计；

（3）企业有较多的风险单位（意味着单位风险小，且企业有能力准确地预测其损失）；

（4）企业的最大潜在损失或最大期望损失较小；

（5）短期内企业有承受最大潜在损失或最大期望损失的经济能力；

（6）风险管理目标可以承受年度损失的重大差异；

（7）费用和损失支付分布于很长的时间里，因而导致很大的机会成本；

（8）投资机会很好；

（9）内部服务或非保险人服务优良。

如果实际情况与以上条件相反，无疑应放弃自留风险的决策。

C　自我保险

自我保险系指企业内部建立保险机制或保险机构，通过这种保险机制或由这种保险机构承担企业的各种可能风险。尽管这种办法属于购买保险范畴，但这种保险机制或机构终归隶属于企业内部，即使购买保险的开支有时可能大于自留风险所需开支，但因保险机构与企业的利益一致，各家内部可能有盈有亏，而从总体上依然能取得平衡，好处未落入外人之手。因此，自我保险决策在许多时候也具有相当重要的意义。

## 4.4　工程保险与担保

### 4.4.1　工程保险

FIDIC 条款第 18 条规定了保险：18.1 有关保险的总体要求；18.2 工程和承包商的设备的保险；18.3 人员伤亡和财产损害的保险；18.4 承包商的人员的保险。

4.4.1.1　工程保险的概念、标的与特点

A　定义

工程保险是以建筑和安装工程项目为主要保险标的的保险。即承保工程期间一切意外的物质损失和对第三者应负的人身伤害与财产损失，工程保险均按一切险承保。它包括建筑工程一切险和安装工程一切险。

B　保险标的

工程保险的具体保险标的如下：

(1) 工程项目的主体（各种建筑物或被安装的机器设备）；

(2) 工程用的机械设备；

(3) 第三者责任；

(4) 附带项目，如工地上原有的建筑、其他财产、临时工程设施及场地清理费用等。

C 工程保险的特点

工程保险具有如下特点：

(1) 承保风险的复杂性。一项工程，从投标、签订合同、施工到竣工，所面临的风险是多方面的，不仅工程本身可能受到损失，而且与工程相关的标的也可能遭受损失。同时，由于建设工程的技术含量较高，特别是重大市政工程、电力水利工程等专业性强的工程，可能会涉及多种专业学科或尖端科学技术，这样就使得建设工程的承保风险更具复杂性。

(2) 投保人的多方性。工程一般涉及多个利益方，如工程所有人、工程承包人、技术顾问以及发放工程贷款的银行等，他们对建设工程保险的标的都具有相对独立的利益，并对该工程承担不同程度的风险，因而都可以作为工程保险的投保人，也都可以根据保险合同从工程保险单项下获得保险保障。

(3) 承保期限的不确定性。工程保险的期限不是按年计算，而是根据预定工期天数确定，即自施工之日起到竣工验收交付工程业主时止，有的工程保险的期限还包括工程交付后保证期的时间。承保期限的长短一般由投保人根据需要确定。

(4) 承保责任的综合性。建设工程保险除了承保各种财产直接损失外，还承保第三者责任风险，即对该工程在承保期内，因工程实施所发生意外事故造成工地上及附近地区第三者的人身伤亡和财产损失，由保险人负责赔偿。

(5) 承保金额的巨大性。工程往往投资巨大，而先进工艺的采用、精密的设计更会增加工程的投入，因此，建设工程保险一般金额巨大，往往是上亿元、几十亿元甚至上百亿元。

#### 4.4.1.2 工程保险的功能机制与作用

A 工程保险的功能机制

工程保险的功能机制其实和一般的财产保险一样，都是保险组织通过向投保人收取保险费，建立基金。当被保险人遭受损失时，用保险基金进行补偿。就是聚集同类风险，用大家的钱来补偿一部分人的损失，实际上是将一部分人面临的风险分摊给大家，这样从整体上提高了对风险的承受能力。因为，当一个人单独应付风险时，一次较大的灾难就可能将其摧毁，这时如果有人协助，他就容易渡过难关。

B 工程保险的作用

建筑行业是一个风险丛生的行业，充分利用保险的风险分担和补偿机制对促进我国建筑市场的健康发展具有重要的作用，具体表现在：

(1) 减少工程风险的不确定性。对于业主或承包商而言，他们可以通过投保，将自己无力防范或无法回避的风险转移给保险人，从而消除不确定风险的影响。对于保险公司来说，由于其接揽了大量的保险业务，对于个别风险的不确定性从大范围角度看，能表现出一定的确定性来，根据大数定律可以对期望损失做出比较准确的判断。同时，保险公司作为一种专门的风险处理机构，掌握了许多建筑工程可能遭遇的各种灾害的损失记录、数据统计，他们非常重视对灾害的原因分析，并研究防灾对策，因而其风险管理的水平远高于一般的业主或承包商，他们为投保人提供各种风险管理服务，通过采取各种防范和应急措施，可大大降低不确定性的影响。

（2）增强投保人承担风险的能力。建筑工程保险作为保险的基本职能之一便是经济赔偿职能。业主或承包商只要支付一定的保险费，即可以在遭受大量损失时，得到经济赔偿，从而减轻了风险发生后的经济损失，增强业主或承包商抵御风险的能力。

（3）保障工程的财务稳定性。目前，一般的工程都需要一定的银行贷款才能完成。在贷款时，商业银行以赢利为目的，并且为避免将来发生呆账，必然加强对该工程的风险审查，以此作为是否给予贷款的依据之一。如果建设方为该工程投了建设工程保险，那么建设工程的资金来源就有了一定程度的保证，风险程度降低，获得贷款的可能性也大大增强。此外，投保还可以减弱企业的年利润和现金流量的波动，保持工程财务上的稳定性。

（4）增强企业竞争能力。通过保险，可以使承包商免除后顾之忧，增强信心。承包商可以承担各种利润丰厚、但碍于风险过高过去不敢承接的工程。可见，投保工程保险也是激活建筑企业活力的一剂良方。

（5）提高工程参与各方的风险防范和管理能力。投了建筑工程保险后，保险公司会向投保人提供有关安全、防灾的教育和培训，传授有关的风险防范经验，并提供现场检查等管理服务，从而使工程参与各方的风险防范和管理能力都得到一定程度的提高。

#### 4.4.1.3　主要险种内容

##### A　建筑工程一切险

建筑工程一切险属于工程保险的一种。承保建筑工程项目在建造过程中，因自然灾害或意外事故而引起一切损失（不包括保险条款中规定的除外责任），包括：洪水、暴风雨等自然灾害；火灾、爆炸、飞行物体坠落等意外事故；清理受灾现场的费用。

##### B　安装工程一切险

安装工程一切险是以安装工程中的各种机器、机械、设备为保险标的的保险，是财产保险中工程保险的一种，承保被保险工程项目在安装过程中由于自然灾害、意外事故（不包括保险条款中规定的除外责任）以及机械事故等造成的物质损失和费用，并负责对第三者损害的赔偿责任。它的责任范围包括：洪水、暴风雨等自然灾害；火灾、爆炸、飞行物体坠落等意外事故；清理受灾现场的费用。

FIDIC条款18.2规定：保险方应为工程、永久设备、材料以及承包商的文件投保，该保险的最低限额应不少于全部复原成本，包括补偿拆除和移走废弃物以及专业服务费和利润。

##### C　第三者责任险

凡因上述原因造成的依法应由被保险人负责的工地上及邻近地区的工程项目物质损失、第三者人身伤亡、疾病或财产损失以及诉讼费等。

FIDIC条款18.3规定：保险方应为履行合同引起的，并在履约证书颁发之前发生的任何物资财产（18.2 款规定的被投保的物品除外）的损失或损害，或任何人员（18.4 款规定的被投保的人员除外）的伤亡引起的每一方的责任办理保险。

D 人员险

承包商应为由于承包商或任何其他承包商的人员雇用的任何人员购买保险。

FIDIC 条款 18.4 规定：承包商应为由于承包商或任何其他承包商的人员雇用的任何人员的伤害、疾病、病疫或死亡所导致的一切索赔、损害、损失和开支（包括法律费用和开支）的责任投保，并使之保持有效。雇主和工程师也应能够依此保险单得到保障，但此类保险不承保由雇主或雇主的人员的任何行为或疏忽造成的损失和索赔。该保险在整个工程的实施期间都要保持完全有效。对于分包商的雇员，此类保险可由分包商来办理，但承包商应负责使分包商遵循本条的要求。

E 机械设备险

在工程实施过程中，承包商应为自己的施工机械设备购买保险。

FIDIC 条款 18.2 规定：保险方应为承包商的设备投保，该保险的最低限额应不少于全部重置价值（包括运至现场）。对于每项承包商的设备，该保险应保证其运往现场的过程中以及设备停留在现场或附近期间，均处于被保险之中，直至不再将其作为承包商的设备使用为止。

保险期限自投保工程在工地动工或用于被保险工程的材料、设备运抵工地之时起，至工程所有人对部分或全部工程签发完工验收证书或验收合格，或者工程所有人实际占有或使用或接收该部分或全部工程时止，以先发生者为准。在任何情况下，其保险期限的起始或终止不得超出本保险单明细表中列明的保险生效日或终止日。如合同中有试车、考核期、保证期，则以保险单中规定的期限为限。

应注意的是，在购买建筑工程一切险、安装工程一切险时，不但要对保险责任进行充分的了解，更重要的是对于保险期限的各种具体期限规定要搞清楚，以免在向保险公司索赔时才发现不在保险期限内。

#### 4.4.1.4 办理保险的注意事项

办理保险的注意事项如下：

（1）明确责任、投保险种：工程一切险、人员险、第三方责任险、施工机械设备险等。

（2）选择合适保险公司：能力和信誉。

（3）严格履行保险手续：填调查表、审保险条款、变化及时通知变更等。

（4）被保险人的义务：防止损失的义务、立即告知的义务。

#### 4.4.1.5 工程保险合同

工程保险合同是典型的格式合同。保险合同所载之条款或由保险业务主管部门事先制定或由保险人事先拟定，投保人只能决定是否接受这些条款，却不能要求对这些条款进行修改；投保人只有依保险人事先拟定的不同险别的条款进行选择的自由，而没有拟定或磋商保险合同条款的自由。保险合同属于格式合同，是由保险业务的性质所决定的。

A 工程保险合同的概念

工程保险合同是指在商业保险中，工程保险关系双方当事人为实现对被保险人的财产、有关利益及第三者责任进行经济保障，明确双方权利、义务关系所签订的一种具有法律效力的协议，它属于保险合同的一种。工程保险合同是工程保险当事人在平等的基础上充分协商，本着真实、自愿和诚实信用原则订立的。它是保险当事人双方（建筑安装工程保险的当事人为多方）的法律行为，当各方意思表示一致时，工程保险合同成立；在满足一定条件时，工程保险合同具有法律效力。保险中的经济补偿关系在订立工程保险合同过程中得以充分体现。

B 工程保险合同的特性

工程保险合同除了具有一般经济合同的性质以外，还有自己的特性。

（1）工程保险合同的补偿性、受益性。工程保险合同的补偿性体现在物质损失中，当工程保险的被保险人（以下简称工程被保险人）或第三者的财产发生责任范围内的灾害事故时，工程保险的保险人（以下简称工程保险人）应按照合同规定的内容进行赔偿。但这种赔偿只是补偿性的，即工程保险人对工程被保险人所承担的赔偿义务仅限于损失部分的补偿。这种补偿的限度应掌握在以恰好能使工程被保险人在经济上恢复到保险事故发生前的状态。赔偿不能过多，否则可能导致道德危险的发生，同时也违背保险的本意；赔偿不能过少，否则不能充分补偿被保险人所受到的损失。工程保险合同的受益性体现在第三者责任险的保险事故中。人身事故的损失，没有客观的价格尺度来衡量，只能在保险合同中所订明的责任范围内的事故发生后，工程保险人向受损人给付约定的保险金（扣除免赔额），以使受损人受益。

（2）工程保险合同的侥幸性。工程保险合同的侥幸性是指合同订立时，合同各方当事人对危险事故的发生不能事先预见。危险事故的偶然性决定了工程保险合同的侥幸性。工程保险合同的侥幸性还表现在合同双方的资金支出和收入的不平衡上。对工程被保险人来说，当保险事故发生时，它所得到的赔偿金可能远远超过其支付的保险费；如果不发生事故，投保人只交保险费而没有收入。而对工程保险人来说，保险事故发生与否的情况与工程投保人恰恰相反。当事故发生后，工程保险人所付的保险金可能大大超过其所收的保险费；如果没有事故发生，保险人只收取保险费而无赔付金支出。

（3）工程保险合同的诚信性。工程保险合同是基于工程保险合同当事人的诚实信用原则而成立的，也即工程保险合同的成立是以真实、遵守最大善意为有效条件。工程保险合同特别强调诚信原则，是因为工程保险合同的标的都在工程被保险人的掌控之下，工程保险人不能时时处处对所有的保险标的实行监管。在这种情况下，为使工程保险合同得以有效履行，就特别需要工程保险合同的当事人，特别是工程投保人（工程被保险人）遵守最大善意原则。否则工程保险人可依法主张工程保险合同无效，而不承担赔偿责任。

C 工程保险合同的要素

工程保险合同的要素由合同的主体、客体和合同的内容三部分组成。

a 工程保险合同的主体

工程保险合同的主体是指与保险合同发生直接、间接关系的人（含法人与自然人），包括当事人、关系人和辅助人。

保险合同的当事人是指直接参与建立保险法律关系、确定合同权利与义务的行为人，即参与订立保险合同的主体，包括投保人或被保险人和保险人。投保人，又称要保人，是向保险人申请订立保险合同，并负责缴付保险费义务的保险合同的一方当事人。保险人经营保险业务，是保险合同的一方当事人。

保险合同的关系人是指与保险合同有经济利益关系，而不一定参与保险合同订立的人。保险关系人包括被保险人、受益人、保单所有人。被保险人是指其财产或者人身受保险合同保障，享有保险金请求权的人。受益人又叫保险金受领人，即保险合同中约定的、在保险事故发生后享有保险赔偿与保险金请求权的人。保单所有人又称为保单持有人，是拥有保单各种权力的人。

保险合同的辅助人是指协助保险合同的当事人签署保险合同或履行保险合同，并办理有关保险事项的人，包括保险代理人、保险经纪人和保险公估人。由于保险合同的辅助人所担任的角色具有中介性质，因此，又被称为保险的中介人。

b 工程保险合同的客体

工程保险合同的客体是保险合同的重要组成要素。按民法规定，客体是指权利和义务所指向的对象。保险合同的客体不是保险标的本身，而是投保人或被保险人对保险标的的保险利益。这主要是因为保险合同保障的不是保险标的本身的安全，而是保险标的受损后投保人或被保险人、受益人的经济利益。

c 工程保险合同的内容

工程保险合同的内容是指工程保险合同的条款。这些条款既是工程保险中各项因素的反映，也是保险人、投保人、被保险人履行合同的依据和条件。现就各项工程保险（建筑工程保险和安装工程保险）条款分述如下：

（1）工程保险的保险标的。工程保险中的保险标的是工程保险合同中列明的投保对象及第三者责任。这里的保险标的，具体来说有以下两种：

1）“财产”，即以一定物质形态存在的有形物质财富。它是财产标的的现有利益，并且能以一定的价值尺度进行衡量，如建筑物、施工机械、机器设备等。

2）与财产有关的利益，包括预期利益和责任利益。预期利益是由现有利益派生出来的财务利益；责任利益是由各种经济管理责任、合同责任、侵权责任所产生的利益，如被保险人对他人人身及财产造成损害，依法应负担的民事赔偿责任。

（2）工程保险的各方当事人名称及保险地点。工程保险合同中明确保险各方当事人的名称及保险地点，对于保险各方当事人更好地履行义务、享受合同规定的权利具有十分重要的意义。因为合同订立后，保险费的缴纳和损失赔偿均与当事人各方有关；被保险人财产的坐落地点，与明确其占有性质、保险费率与保险责任密切相关。

（3）保险责任与责任免除。保险责任是工程保险合同中约定的保险人应负责任或保险人承担的风险项目。它明确规定了保险人在危险发生时，对被保险人承担经济赔偿责任的范围。只有发生了保险责任范围内的保险事故，保险人才给予赔偿。所以保险责任是保险人履行经济赔偿的依据。除外责任是保险人不予承担的风险项目。不保风险造成的损失和费用，保险人是不予赔偿的。

（4）保险价值和保险金额。保险价值是指保险标的在某一特定时期内的实际经济价值。在财产保险中，标的的保险价值是保险人确定保险金额的价值基础。因此在投保工程保险时投保人有义务将投保实物的实际价值如实向保险人陈述。对未按实际价值投保的，虽然合同的法律效力不受影响，但被保险人受保障的程度将受限制。保险金额是保险事故发生时，保险人承担赔偿责任的最高限额，也是保险人计算保费的依据。在工程保险中，保险金额的确定是以保险标的的保险价值为依据的。“保险金额不得超过保险价值，超过保险价值的，超过部分无效。保险金额低于保险价值的，除合同另有规定外，保险人按照保险金额与保险价值的比例承担赔偿责任。”这称为比例责任制。

D 保险合同的订立、履行与变更

a 保险合同的订立

保险合同的订立是投保人与保险人之间基于意思表示一致而进行的法律行为。同订立其他合同一样，需要经过一定的程序。

(1) 保险合同的订立程序。保险合同的订立程序包括要约与承诺。

1) 保险合同的要约，又称为要保，是一方当事人向另一方当事人提出订立合同建议的法律行为，是订立保险合同的一个重要程序。提出要约的人称为要约人。

2) 保险合同的承诺又叫承保，通常由保险人或其代理人做出。当投保人递交填好的投保单后，经保险人或其代理人审查，认为符合要求的，一般予以接受，即承保。

(2) 保险合同的成立与生效。保险合同的成立是指投保人就保险合同条款达成协议，即经过要约人的要约和被要约人的承诺，即告成立。保险合同的成立不一定标志着保险合同的生效。保险合同成立时并不发生法律效力。保险合同的生效是指保险合同对当事人双方发生约束力，即合同条款产生法律效力。在一般情况下，投保人缴付保险费后，已订立的保险合同即开始生效。

b 保险合同的履行与变更

保险合同的履行是指双方当事人依法全面完成合同约定义务的行为。

(1) 当事人权利义务的履行。第一，投保人或被保险人权利义务的履行。投保人或被保险人在合同的履行过程中，应当履行如实告知义务、支付保险费义务、出险通知义务、提供单证义务等。对于财产保险的投保人还须履行维护保险标的的安全、危险增加通知、防损与减损、协助追偿等义务。第二，保险人权利义务的履行。保险人在合同履行过程中的义务主要有承担保险责任、向投保人说明条款、及时签发保险单证和为投保人等其他保险合同的主体保密等。在这些义务中，承担保险赔偿责任是最重要的义务。

(2) 保险合同的变更。已订立的保险合同在履行过程中，由于某些情况的变化而需要对其进行补充或修改。保险合同的变更就是指在保险合同的有效期间当事人依法对合同的内容所作的修改和补充。凡保险合同内容的变更和修改，均须经保险人审批和同意，并处理批单或进行批注。

(3) 保险合同主体的变更。保险合同主体的变更大都是保险标的的权利发生转移而引起的，因而合同主体的变更实际是合同的转让。保险合同的转让不改变合同的权利和义务及客体。

(4) 保险合同客体的变更。保险合同客体的变更主要是指保险标的的种类、数量的变化而导致保险标的的价值变化，引起保险利益变化，从而需要变更客体以获得足够的保险保障。保险合同客体的变更，须经保险人同意加批后才能生效。

(5) 保险合同内容的变更。保险主体不变时，保险合同内容的变更，主要是指主体权利和义务的变更及合同条款变更，如被保险人的地址，保险标的的数量、品种、价值、存放地点的变化；保险期限、保险金额的变更；保险责任范围的变化等。

(6) 保险合同的中止。保险合同的中止是指在保险合同存续期间内，由于某种原因的发生而使保险合同的效力暂时停止。被中止的保险合同是可撤销的保险合同，即该合同可以继续履行，也可能被解除。

(7) 保险合同的终止。保险合同的终止是指在保险期限内，由于某种法定或约定事由的出现，致使保险合同当事人双方的权利义务归于消灭。保险合同终止的原因可分为两类：自然终止与提前终止。自然终止是指无须当事人行使终止权的意思表示，保险合同的效力自然终止。提前终止是由于当事人的意思表示而使合同效力终止，即合同的解除。

c 保险合同条款的解释原则

保险合同是一种格式合同或附和合同，投保人、被保险人在保险活动中处于相对被动地位。有鉴于此，双方一旦发生对合同条款的争议，就产生了对保险合同条款如何解释的问题。

保险合同的解释一般应遵循以下四项原则：

(1) 文义解释原则。即按合同条款通常的文字含意并结合上下文进行解释。

(2) 意图解释原则。就是必须尊重双方当事人的真实意图进行解释的原则。

(3) 批注优于正文，后批优于先批的原则。

(4) 有利于被保险人和受益人的原则。“对于保险合同的条款，保险人与投保人、被保险人或者受益人有争议时，人民法院或者仲裁机关应当做出有利于被保险人和受益人的解释。”对保险合同条款作有利于非起草人的解释，是一条国际保险惯例。该原则既强调了保护被保险人的合法权益，又是国际保险立法的原则。当然，不是一出现争议就做出有利于被保险人和受益人的解释，若条款内容清楚则应依据有效的条款做出公正合理的解释。

d 保险合同的争议及处理

同其他经济合同一样，保险合同双方当事人也可能因为对保险合同条款理解的不一致而产生争议。争议一般会有以下几个方面：

(1) 有关保险标的的争议。在保险合同中虽然列明了保险标的的种类、范围等内容，但不可能一一列明投保人所投保的所有标的的具体名称。发生保险事故时，涉及受损财产是否属于保险标的的范围，双方就可能发生争议。

(2) 有关索赔理赔时效的争议。保险合同中通常会包括当被保险财产出险后，在若干时限内必须通知保险公司并提出索赔申请，或在一定时限内根据保险公司要求提供有关证明单据的条款，以便保险公司及时查勘理赔，或确定保险责任归属或及时赔付结案。超过一定时限均可导致索赔失效或被视作自动放弃权益。如果双方对此理解不一，就会发生争议。

(3) 有关投保人履行义务方面的争议。在有些保险合同中，规定了投保人必须履行一定义务，否则因此造成的损失保险人可以免除责任。如在企业财产保险中，投保企业必须遵守国家有关安全生产的法律法规，落实有关安全部门对其不安全因素的整改意见，否则由此造成的损失保险公司不负赔偿责任。

(4) 不同的理解、不同的计算方法的争议。对清算程序、损失估算方法、赔偿数额计算方法，虽然保险条款作了规定，但不同的理解、不同的计算方法都会使双方发生分歧，引起争议。

(5) 人身保险方面的争议。在人身保险方面，也会因年龄、伤害性质、死亡原因、受益权的有无等情况，双方对保险条款理解不一而发生争议。

还有种种情况都可能引起争议。

保险合同双方发生争议，有三种处理方式：一是友好协商，力争取得一致意见，这是合同纠纷最常见的处理方法。另外两种就是请仲裁机构仲裁和向法院起诉。争议处理方式一般都在保险合同条款中定明。

## 4.4.2 工程担保

### 4.4.2.1 概述

A 担保的定义

担保是指合同的双方当事人为了使合同能够得到全面按约履行，根据法律、行政法规的规定，经双方协商一致而采取的一种具有法律效力的保证措施。

B 工程担保的意义

(1) 提高业主的信息甄别力。在工程招标投标活动中，业主处于信息劣势，投标者处于信息优势。业主作为招标人需要设计机制来甄别投标人真假混杂的各种信息，区别投标人综合实力的优劣，找到真正有实力优势的投标人。通常实力优势的投标人希望在一种机制下，所有投标人必须向招标人发送真实信息，以便让招标业主辨别优劣。招标人和实力优势投标人的选择取向汇聚在相同的一点，它是工程担保机制产生的市场需求。在市场机制的作用下，通过担保公司对投标人的严格资质预审，提高业主的信息甄别力。

(2) 惩戒机制使承包商减少了道德风险及其逆选择行为激励。工程保险是将（天灾）风险行为者与（天灾）风险后果承担者完全分离，而工程担保则是将（人为）风险行为者与（人为）风险后果承受者彻底统一。它依据谁产生风险谁承担责任后果的原则，使担保公司在其中扮演了转向阀的作用，将风险后果转回给了风险行为者本人。因此，对被担保者来说，实施工程担保即意味着承担风险的开始。由于承包商在购买工程担保时被要求对被担保金额进行反担保，因此担保公司的作用是名义上的风险承受者，而承包商则是工程风险的实际承受者。承包商清楚地知道一旦发生合同违约，其人为风险的最终后果完全由自己承担，轻则受到经济损失和信誉贬低，增加了下次投标的成本；重则失去获得工程担保的能力，从而因不能参加工程投标而自然退出建筑市场。由于承包商对工程人为风险责任后果有一个正确的理性预期，认识到规避工程违约风险的最好办法是严格履约，减少违约事件的发生，因此工程担保对业主实现了真正的人为风险转移。工程担保机制相当于人为风险的负反馈装置，正是这种风险反馈作用使风险的产生得到了遏制。

(3) 促使承包商的信息披露更加公开和真实。工程担保机制借助于由政府制定的市场规则，不同于完全依靠市场主体自行解决信息不对称的方法，它具有政府规则的强制性功能，如美国米勒法规定承包商在参加投标前和签订合同前必须购买投标保函、履约保函和付款保函。为获得有关保函，承包商必须向担保公司披露某些重要信息，否则专业担保公司不开具工程担保保函，从而失去参与投标的资格。工程担保公司对要求担保的承包商有很多的要求，如资产负债表，当前往来银行提供的银行信用，承接工程履约情况，公司持续发展计划，业务发展计划，高层管理人员持股、纳税及个人最新经济状况，现有保险证书等资料，承包商为获得担保公司的担保必须及时、真实地披露信息，这样可大大降低承包商发生逆选择和道德风险的可能性。获得保函必须依靠承包商的信誉和综合实力，承包商能够获得保函保额的高低，也传递了其信誉和实力的优劣，业主从中掌握投标人较多的综合信息，减少业主信息搜索工作量，从而降低了业主的信息成本。

C 工程担保的形式

工程担保有如下几种形式：

(1) 保证。保证是指保证人和债权人约定，当债务人不履行债务时，保证人按照约定履行债务或者承担责任的行为。分为一般保证和连带责任保证。

(2) 抵押。抵押是指债务人或者第三人将固定资产作为债权的担保。债务人不履行债务时，债权人有权依照本法规定以该财产折价或者以拍卖、变卖该财产的价款优先受偿的行为。

(3) 质押。质押是指债务人或者第三人将其动产移交债权人占有，将该动产作为债权的担保。债务人不履行债务时，债权人有权依照本法规定以该动产折价或者以拍卖、变卖该动产的价款优先受偿的行为。

(4) 留置。留置是指债权人按照合同约定占有债务人的动产，债务人不按照合同约定的期限履行债务的，债权人有权依照本法规定留置该财产，以该财产折价或者以拍卖、变卖该财产的价款优先受偿的行为。

(5) 定金。当事人可以约定一方向对方给付定金作为债权的担保。债务人履行债务后，定金应当抵作价款或者收回。给付定金的一方不履行约定的债务的，无权要求返还定金；收受定金的一方不履行约定的债务的，应当双倍返还定金。

4.4.2.2 保函

A 定义

保函指第三者应当事人一方的要求，以其自身信用，为担保交易项下的某种责任或义务的履行而做出的一种具有一定金额、一定期限、承担其中支付责任或经济赔偿责任的书面付款保证承诺。

B 保函当事人

保函当事人包括申请人（或委托人）、受益人、担保人。

(1) 申请人或委托人：向银行或其他金融机构提出申请、要求出具保函的一方。

(2) 受益人：接受保函，在申请人违约时有权按保函规定条款向担保人提出索赔的一方。

(3) 担保人：据申请要求开立保函的一方。

C 保函要素

保函要素包括当事人、担保责任、索赔条件、担保期限、保函金额、担保费率等。

D 保函的基本内容

保函的基本内容如下：

(1) 明确一个确定的金额。其作用为：银行承担义务、计收担保费。

（2）担保责任。

（3）索赔条件。

（4）保函的有效期和撤销条件。

（5）其他：第一，写明“首次要求即付”、“无条件支付”……；第二，开立，一般要求发包国银行，可以是双方同意的国际金融组织；第三，申请人必须有一定数目的存款在担保人处；第四，优惠条件。

4.4.2.3 国际工程承包中经常涉及的保函

A 投标保函

投标保函是在以招标方式成交的工程建造和物资采购等项目中，银行应招标方的要求出具的、保证投标人在招标有效期内不撤标、不改标、中标后在规定时间内签订合同或提交履约保函的书面文件。

（1）担保内容：主要是两个方面，一是在投标有效期内不撤回标书；二是中标后签承包合同。

（2）申请人：投标人（承包商）。

（3）受益人：业主。

（4）担保人：一般是银行。

（5）担保金额：一般为投标价的5%。

B 履约保函

履约保函是指应劳务方和承包方（申请人）的请求，向工程的业主方（受益人）做出的一种履约保证承诺。如果劳务方和承包方日后未能按时、按质、按量完成其所承建的工程，则银行将向业主方支付一笔约占合约金额5%～10%的款项。

（1）担保内容：按时、按质、按量完成其所承建的工程。

（2）申请人：承包商。

（3）受益人：业主。

（4）担保人：一般是银行。

（5）担保金额：一般为合同价的10%。

C 开工预付款保函

承包商要求业主支付开工预付款时，必须提交开工预付款保函。

（1）担保内容：主要有两方面，一是承包商拿到开工预付款后按时开工；二是保证在以后的工程进度款中扣回。

（2）申请人：承包商。

（3）受益人：业主。

（4）担保人：一般是银行。

（5）担保金额：一般为开工预付款全额。

D 材料预付款保函

承包商在工程实施过程中，可以向业主申请支付材料预付款，但条件是必须提交材料预付款保函。

（1）担保内容：主要有两方面，一是承包商拿到材料预付款必须购买合格材料；二是保证在以后的工程进度款中扣回。

（2）申请人：承包商。

（3）受益人：业主。

（4）担保人：一般是银行。

（5）担保金额：一般为材料预付款全额。

E 工程支付保函

工程支付保函和履约保函是对等的，是为了保证业主按合同规定按时按量地向承包商支付所做出的担保。

（1）担保内容：业主按时按量向承包商支付。

（2）申请人：业主。

（3）受益人：承包商。

（4）担保人：一般是银行。

（5）担保金额：一般为合同价的10%。

F 免税工程物资使用保函

对于减免税收的工程，必须向国家税收部门提交免税工程物资使用保函，以保证免税工程物资应用到免税工程中去。

（1）担保内容：主要有两方面，一是保证免税物资必须用到免税工程中去；二是保证当免税物资没有用到免税工程中去时，应按税收政策补交减免的税款。

（2）申请人：承包商。

（3）受益人：工程所在国（或地区）政府（税收部门）。

（4）担保人：一般是银行。

（5）担保金额：一般为减免的税收全额。

G 临时进出口保函

承包商通过银行向工程所在国海关税收部门开具的担保承包商在工程竣工后，将临时进口物资运出工程所在国或照常纳税后永久留下使用的经济担保书。这种保函的金额一般为应交税款的全部金额，适用于免税工程或施工机具、可临时免税进口工程。

（1）担保内容：主要是两个方面，一是工程完工运出；二是若不运出，则补交关税。

（2）申请人：承包商。

（3）受益人：工程所在国政府（海关）。

（4）担保人：一般是银行。

（5）担保金额：一般为应交税款的全部金额。

H 工程维修保函

工程维修保函是指应施工方申请，银行向业主保证，工程竣工后如施工方不履行合同约定的维修义务，或工程出现质量问题后，施工单位不能依约维修时，银行将按业主索赔予以赔偿。现在一般以保留金的形式取代。

（1）担保内容：在缺陷责任期内维修缺陷。

（2）申请人：承包商。

（3）受益人：业主。

（4）担保人：一般是银行。

（5）担保金额：一般为合同价格的5%～10%。

4.4.2.4 银行办理保函的程序

A 银行的担保

银行履约担保是一种在特定条件下可支付的银行承诺文件，也是对承包商遵守合同义务用经济形式表现的担保。

B 银行的担保内容

银行的担保内容必须是完整、严谨、公正和明确的。一般应包括以下内容。

（1）担保人。即银行，应写明银行的全名、法定地址等。

（2）被担保人。指委托人即承包商，应写明承包商的全名和法定地址，并与合同文件中的名称完全一致，还应写明保函是应承包商的请求而开具的，以示为该承包商承担责任。

（3）受益人。指工程业主。在承包商发生违约行为后，有权凭银行保函向银行索偿其担保金额，作为对业主所受损害的赔偿。

（4）担保原因。反映被担保人与受益人有何种合同契约关系，例如某年某月某日双方签订了何种合同及号码，被担保人有履约责任。

（5）担保金额。因银行保函系货币履约保证书性质，应写明担保赔偿的货币名称和最高限额。

（6）有效期限。包括担保的起始日期和失效日期，不能抽象地规定为“工程竣工日”、“直至履约完毕”等。一般履约担保的有效期要一直到工程缺陷责任期终结后30天为止。如果工程确实出现竣工期延长，被担保人应当与业主协商，并书面通知银行，将履约保函的有效期适当延长。

（7）担保责任。这是保函中至关紧要的问题，应当写明担保人是在被担保人违约条件下才有保函规定限额内的偿付责任。有许多工程的合同文件中附有业主要求的保函格式，如承包商接受了这种合同条件，而且在议标时并未讨论或提出异议，那么，只能按其格式开出保函。

（8）索偿兑现条件。即受益人凭何种证明文件向银行索偿即可兑现，这也是至关紧要的一个问题。有一种是“无条件索偿即付”保函，这是在索偿兑现前即已完全剥夺了担保人申辩权利的保函；另一种是受益人应提供被担保人违约证据才可索偿兑现的“有条件索赔”保函。

（9）保函开具方式。书面保函应有银行的负责人签署；电传形式一般只适用有密押电传关系的银行之间，最后仍由当地的被业主接受的银行开出书面形式保函。

### 4.4.3 工程保险与工程担保的区别和联系

4.4.3.1 区别

工程担保人，可以是银行、保险公司或专业的工程担保公司。这与《保险法》规定的工程保险人只能为保险公司有着根本的不同。除此之外，两者的区别还表现在以下几个方面：

（1）风险对象不同。工程担保面对的是“人祸”，即人为的违约责任；工程保险面对的多是“天灾”，即意外事件、自然灾害等。

（2）风险方式不同。工程保险合同是在投保人和保险人之间签订的，风险转移给了保险人。工程担保当事人有三方：委托人、权利人和担保人。权利人是享受合同保障的人，是受益方。当委托人违约使权利人遭受经济损失时，权利人有权从工程担保人处获得补偿。这就与工程保险区别开来。保险是谁投保谁受益，而保证担保的担保人并不受益，受益的是第三方。最重要的在于，委托人并未将风险最终转移给工程担保人，而是以代理加反担保的方式将风险抵押给工程担保人。也就是说，风险最终承担者仍是委托人自己。

（3）风险责任不同。依据《中华人民共和国担保法》（以下简称《担保法》）的规定，委托人对保证人其向权利人支付的任何赔偿，有返还给保证人的义务；而依据《保险法》的规定，保险人赔付后是不能向投保人追偿的。

（4）风险选择不同。同样作为投保人，工程保险的选择性相对较小，只要投保人愿意，一般都可以被保险，工程担保则不同，它必须通过资信审查评估等手段选择有资格的委托人。因此，在发达国家，能够轻松地拿到保函，是有信誉、有实力的象征。也正因为这样，通过保证担保可以建立一种严格的建设市场准入制度。

#### 4.4.3.2 联系

必须指出的是，尽管工程担保和工程保险有根本区别，但在工程实践中，确是常常在一起为工程建设发挥着保驾护航的重要作用。工程担保和保险是国际市场常用的制度，我国工程担保和工程保险制度还处于探索时期。1998 年建设部建立这个制度作为体制改革的重要内容，同年 7 月，我国首家专业化工程保证担保公司——长安保证担保公司挂牌成立。目前，该公司已与中国人民保险公司、国家开发银行、中国民生银行、华夏银行等多家单位展开合作，并已为国家大剧院、广州白云国际机场、中关村科技园区的开发建设以及港口、国家粮库等一批重点工程提供投标、履约、预付款和发包人支付等保证担保产品。

## 4.5 应用案例

【案例 4-1】 某工程项目已投保工程一切险 200 万元（甲、乙双方商定不必要以工程总价投保，只以“估计的第一次最大损失值”投保），投保施工机械设备险 100 万元，还投保了人身伤亡险和第三方责任险。在施工过程中，遭受到了不可抗力的自然灾害，致使已完工程损失 200 万元，在场材料损失 50 万元，施工机械设备损失 120 万元。保险合同规定的免赔率为 5%。

试分析：（1）风险责任；（2）赔偿责任。

解析：（1）风险种类为“业主风险”。造成工程内的损失有：工程损失 200 万元，在场材料损失 50 万元；造成工程外损失有：施工机械设备损失 120 万元。工程内的损失由业主负责，工程外的损失由承包商负责。

（2）保险公司赔偿：$200 \times 95\% + 100 \times 95\% = 285$ 万元

业主负责：$200 + 50 - 200 \times 95\% = 60$ 万元

承包商负责：$120 - 100 \times 95\% = 25$ 万元

【案例4-2】 岑梧高速公路工程利用合同转移市场经营风险。

广西岑溪至梧州高速公路全长68km，是由中国铁路工程总公司和广西梧州桂海企业联合投资，以BOT模式建设的一条高速公路。由于工程整个运作过程涉及众多参与者，运作过程较为复杂。为保证工程的顺利实施，工程运作前期，由项目公司（投资方成立，乙方）与政府主管部门（交通厅，甲方）签订“项目建设、经营、移交合同书”，就明确双方有关的风险和责任，对于保障投资方利益，保证工程成功运作具有十分重要的意义。合同中不仅对不可抗力、政府越权干预、公共政策及法律变化、利率变化、通货膨胀等风险进行了严格限定，责任明晰外，对市场风险还做了特别的规定。合同规定：“项目经营期间，当交通量未到‘工可批复’预测的交通量时，甲方不再新建使本项目效益下降的与本项目走向一致的高速公路项目。若甲方确需修建时，应与乙方协商并对由此产生的交通量下降或增长率降低而给乙方造成的损失给予补偿。”通过该条款的规定，乙方成功地运用了合同条件对特许经营期内市场经营的风险进行转移，从而保证了乙方的利益。

【案例4-3】 某地区因连遭暴风雨袭击而发生严重的洪水灾害，致使一条正在施工的公路发生如下损失：

（1）部分路基被洪水冲毁，估计损失为500万元；

（2）一座临时水泥仓库被暴雨淋湿，估计损失为30万元；

（3）部分临时设施被毁，估计损失为70万元；

（4）工棚倒塌，致使现场的部分施工机械受损，估计损失为30万元；

（5）施工过程中因原排水系统被破坏，洪水无法正常宣泄，致使公路沿线的农田被淹，估计损失为100万元；

（6）临时房屋倒塌造成承包人人员伤亡，估计损失为20万元；

（7）工程被迫停工15天，停工窝工和机械闲置，估计损失为50万元。

试分析风险责任及赔偿责任。

解析：根据合同条款，上述各项损失应按表4-6处理。即雇主应承担被毁工程、水泥材料及临时设施的修复损失、停工窝工和停机损失共计650万元；而施工机械受损、承包人人员伤亡、农田受淹150万元应由承包人承担。

由于办理了建筑工程一切险，因此雇主遭受的损失部分可由保险公司赔偿。经调查，该项工程造价需6000万元，而投保金额为5000万元，按保险公司规定，当保险金额低于工程完成时的总价值时，其赔偿只能按保金与总价值的比例支付，即保险公司的赔偿费为：

$$(500 + 30 + 70) \times 5000 \div 6000 = 500 \text{ 万元}$$

雇主办理保险应交纳的保险费为：

$$5000 \times 4‰ = 20 \text{ 万元}$$

所以，雇主所受损失的600万元中的500万元可由保险公司承担。雇主用20万元保险费避免了500万元的损失。

由于办理了第三者责任保险，因此周围农田受淹损失中的100万元中的50万元（只保了50万元）可由保险公司赔偿。需交纳的保险费为：

$$50 \times 3‰ = 0.15 \text{ 万元}$$

表4-6中括号内的数据为保险公司承担费用。

**表4-6 损失赔偿处理一览表**

| 序号 | 受损项目 | 合同依据 | 承担人 | 损失/万元 |
|---|---|---|---|---|
| 1 | 部分路基 | 20.4 | 业主和保险公司 | 500（$500 \times \frac{5}{6}$） |
| 2 | 水泥仓库 | 20.4 | 业主和保险公司 | 30（$30 \times \frac{5}{6}$） |
| 3 | 临时设施 | 20.4 | 业主和保险公司 | 70（$70 \times \frac{5}{6}$） |
| 4 | 施工机械 | 22.1 | 承包人 | 30 |
| 5 | 农田被淹损失 | 24.1 | 承包人和保险公司 | 100（50） |
| 6 | 承包人人员伤亡 | 22.1 | 承包人 | 20 |
| 7 | 停工窝工和机械闲置 | 40.1 | 业主和保险公司 | 50 |

## 复习思考题

4-1 名词解释：工程风险、风险预测、风险识别、风险分析、风险责任分担。

4-2 工程风险可分为哪些类型，责任是如何划分的？

4-3 可保风险的条件有哪些？

4-4 简述风险控制的基本手段。

4-5 什么是保函？国际工程承包中经常涉及的保函有哪些？

4-6 工程保险与工程担保的本质区别在什么地方？

4-7 施工承包商如何降低或避免自身风险？

4-8 风险的特点是什么？

4-9 风险管理的含义是什么？

4-10 工程风险管理的概念、目标、作用是什么？

4-11 工程担保的意义是什么？

# 第5章 工程承包合同的履行

## 5.1 合同的履行与不履行

合同的履行是合同管理中最具实质性的一步，所有的合同当事人都要重视合同的履行，根据合同履行的原则、规则，行使自己的权利和义务。FIDIC 条款第 15 条为“雇主提出终止”，第 16 条为“承包商提出暂停和终止”，第 20 条为“索赔、争端与仲裁”。

### 5.1.1 合同履行的概念和意义

合同的履行，是指发包人和承包人按照合同的约定或法律的规定，全面、正确地履行自己所承担的义务，使得债权人的合同债权得以完成实现。合同依法成立后，各方当事人按照合同约定的内容，如标的、数量、质量、价款或报酬、履行期限、履行地点、履行方式等，全面履行各自的义务，实现各自的权利，使各方的目的得以实现的行为过程。

合同的订立是前提，合同的履行是关键。合同的履行是以有效合同为前提和依据，是该合同具有法律约束的首要表现。合同的履行是合同法的核心，直接关系到合同各方当事人的权利能否实现，关系到社会正常的经济流转秩序能否得到保障，关系到市场经济能否健康发展。

### 5.1.2 合同履行的原则

合同履行的原则主要包括全面适当履行原则和诚实信用原则。

5.1.2.1 全面适当履行原则

全面履行是指合同订立后，当事人应当按照合同约定，全面履行自己的义务，包括履行义务的主体、标的、数量、质量、价款或报酬以及履行的期限、地点、方式等。

适当履行是指当事人应按照合同规定的标的及其数量、质量，由适当的主体在适当的时间、适当的地点，以适当的履行方式履行合同义务，以保证当事人的合法权益。

5.1.2.2 诚实信用原则

诚实信用是指当事人讲诚实、守信用，遵守商业道德，以善意的心理履行合同。当事人不仅要保证自己全面履行合同约定的义务，并应顾及对方的经济利益，为对方履行创造条件，发现问题及时协商解决。以较小的履约成本，取得最佳的合同效益。还应根据合同的性质、目的和交易习惯履行通知、协助、保密等义务。

### 5.1.3 合同履行的规则

5.1.3.1 一般规则

合同生效后，当事人就质量、价款或报酬、履行地点等内容没有约定或者约定不明确的，可以协议补充；不能达成补充协议的，按照合同有关条款或者交易习惯确定。

依照上述规定仍不能确定的，适用下列规定：

（1）质量要求不明确的，按照国家标准、行业标准履行；没有国家标准、行业标准的，按照通常标准或者符合合同目的的规定标准履行。

（2）价格或者报酬不明确的，按照订立合同时履行地的市场价格履行。依法应当执行政府定价或者政府指导价的，在合同约定的交付期限内政府价格调整时，按照交付时的价格计价。逾期交付标的物的，遇价格上涨时，按照原价格执行；价格下降时，按照新价格执行。逾期提取标的物或者逾期付款的，遇价格上涨时，按照新价格执行；价格下降时，按照原价格执行。

（3）履行地点不明确，给付货币的，在接受货币一方所在地履行；交付不动产的，在不动产所在地履行；其他标的，在履行义务一方所在地履行。

（4）履行期限不明确的，债务人可以随时履行，债权人也可以随时要求债务人履行，但应当给对方必要的准备时间。

（5）履行方式不明确的，按照有利于实现合同目的的方式履行。

（6）履行费用的负担不明确的，由履行义务一方负担。

5.1.3.2 特殊规则

A 代为履行

代为履行是指由合同以外的第三人代替合同当事人履行合同。与合同转让不同，代为履行并未改变合同的权利义务主体，只是改变了履行主体。

（1）当事人约定由债务人向第三人履行债务的，债务人未向第三人履行债务或者履行债务不符合约定，应当向债权人承担违约责任。

（2）当事人约定由第三人向债务人履行债务，第三人不履行债务或者履行债务不符合约定，债务人应当向债权人承担违约责任。

B 提前履行

合同通常应按照约定的期限履行，提前或迟延履行属违约行为。因此，债权人可以拒绝债务人提前履行债务，但提前履行不损害债权人利益的除外，此时，因债务人提前履行债务给债权人增加的费用，由债务人承担。

C 部分履行

合同通常应全部履行，债权人可以拒绝债务人部分履行债务，但部分履行不损害债权人利益的除外，此时，因债务人部分履行债务给债权人增加的费用，由债务人承担。

### 5.1.4 合同履行中的几项权力

5.1.4.1 三大抗辩权

在合同履行中，当事人可享有同时履行抗辩权、异时履行抗辩权、不安抗辩权。这些抗辩权利的设置，使当事人在法定情况下可以对抗对方的请求权，使当事人的拒绝履行不构成违约，可以更好地维护当事人的利益。

（1）同时履行抗辩权。当事人双方在双务合同中履行合同义务没有先后顺序，应同时履行，当对方未履行合同义务时，一方当事人可以拒绝履行合同义务的权利。

(2) 异时履行抗辩权。当事人双方在双务合同中履行合同义务有先后顺序，当先履行的一方未履行合同义务时，后履行一方可以拒绝履行合同义务的权利。

(3) 不安抗辩权。当事人双方在双务合同中，当先履行义务的一方当事人掌握了后履行义务一方当事人丧失或可能丧失履行合同义务能力的确切证据时，暂时停止履行合同义务的权利。

#### 5.1.4.2 两大保全权

合同的保全，是指债权人依据法律，在债务人不正当处分其权利和财产，危及其债权的实现时，可以对债务人或者第三人的行为行使代位权或者撤销权，以保障债权的实现。

A 代位权

当事人一方为了使其权利免受损害，代为行使当事人另一方权利的权利。

因债务人怠于行使其到期债权，对债权人造成损害的，债权人可以向人民法院请求以自己的名义代为行使债务人的债权，但该债权专属于债务人自身的除外。代位权的行使范围以债权人的债权为限。债权人行使代位权的必要费用，由债务人负担。

B 撤销权

当事人一方对当事人另一方实施的损害其权利的行为，请求人民法院予以撤销的权利。

因债务人放弃其到期债权或者无偿转让财产，对债权人造成损害的，债权人可以请求人民法院撤销债务人的行为。债务人以明显不合理的低价转让财产，对债权人造成损害，并且受让人知道该情形的，债权人也可以请求人民法院撤销债务人的行为。撤销权的行使范围以债权人的债权为限。债权人行使撤销权的必要费用由债务人负担。撤销权自债权人知道或者应当知道撤销事由之日起1年内行使。自债务人的行为发生之日起5年内没有行使撤销权的，该撤销权消灭。

### 5.1.5 合同的不履行

合同的履行，就是合同规定义务的执行。任何合同规定义务的执行，都是合同的履行行为；相应地，凡是不执行合同规定义务的行为，都是合同的不履行。

合同的不履行分为下面三种情况：

(1) 全面不履行，即业主和承包商双方各自应承担的义务全部没有完成的行为；

(2) 部分不履行，即业主和承包商双方各自应承担的义务部分没有完成的行为；

(3) 到期不履行，即业主和承包商双方各自应承担的义务到履行期限没有完成的行为。

合同存在的客观环境不同，有可能合同的部分义务无法执行，这是合同的不履行；合同当事人的主观认识并非一致，实际中有的当事人不执行合同规定的义务，这也是合同的不履行。

无论是合同的全面不履行，或是部分不履行，还是到期不履行，均与合同履行的要求相悖，当事人均应承担相应的责任。

# 5.2 违约责任

合同是合同当事人双方对于既定事务的行为准则，双方都应遵守。如果合同一方完全没有履行和履行合同义务不符合约定，造成违约，势必给对方造成负面影响。合同当事人违约后，应当依照合同约定或法律规定承担法律制裁。

## 5.2.1 违约责任的概念

违约责任，是指合同当事人不履行合同义务或者履行合同义务不符合约定时，依法产生的法律责任。违约责任制度是保障债权实现及债务履行的重要措施，它与合同效力、合同义务有密切联系。违约责任是以有效合同为基础的，同时又是以存在合同义务为前提的，违约责任是当事人违反有效合同中所约定的合同义务的法律后果。

## 5.2.2 违约责任的种类

### 5.2.2.1 继续履行合同

继续履行也称强制实际履行，是指违约方根据对方当事人的请求继续履行合同规定的义务的违约责任形式。其特征为：

（1）继续履行是一种独立的违约责任形式，不同于一般意义上的合同履行。具体表现在：继续履行以违约为前提；继续履行体现了法的强制；继续履行不依附于其他责任形式。

（2）继续履行的内容表现为按合同约定的标的履行义务，这一点与一般履行并无不同。

（3）继续履行以对方当事人（守约方）请求为条件，法院不得径行判决。

继续履行的适用，因债务性质的不同而不同。

（1）金钱债务：无条件适用继续履行。金钱债务只存在迟延履行，不存在履行不能。因此，应无条件适用继续履行的责任形式。

（2）非金钱债务：有条件适用继续履行。对非金钱债务，原则上可以请求继续履行，但下列情形除外：

1）法律上或者事实上不能履行（履行不能）；

2）债务的标的不适用强制履行或者强制履行费用过高；

3）债权人在合理期限内未请求履行（如季节性物品的供应）。

### 5.2.2.2 采取补救措施

采取补救措施作为一种独立的违约责任形式，是指矫正合同不适当履行（质量不合格）、使履行缺陷得以消除的具体措施。这种责任形式，与继续履行（解决不履行问题）和赔偿损失具有互补性。

关于采取补救措施的具体方式，我国相关法律做了如下规定：

（1）《合同法》第一百一十一条规定为：修理、更换、重作、退货、减少价款或者报酬等；

（2）《消费者权益保护法》第四十四条规定为：修理、重作、更换、退货、补足商品数量、退还货款和服务费用、赔偿损失；

(3)《产品质量法》第四十条规定为：修理、更换、退货。

在采取补救措施的适用上，应注意以下几点：

(1) 采取补救措施的适用以合同对质量不合格的违约责任没有约定或者约定不明确，而依《合同法》第六十一条仍不能确定违约责任为前提。换言之，对于不适当履行的违约责任形式，当事人有约定者应依其约定；没有约定或约定不明者，首先应按照《合同法》第六十一条规定确定违约责任；没有约定或约定不明又不能按照《合同法》第六十一条规定确定违约责任的，才适用这些补救措施。

(2) 应以标的物的性质和损失大小为依据，确定与之相适应的补救方式。

(3) 受害方对补救措施享有选择权，但选定的方式应当合理。

#### 5.2.2.3 赔偿损失

赔偿损失，在合同法上也称违约损害赔偿，是指违约方以支付金钱的方式弥补受害方因违约行为所减少的财产或者所丧失的利益的责任形式。赔偿损失具有如下特点：

(1) 赔偿损失是最重要的违约责任形式。赔偿损失具有根本救济功能，任何其他责任形式都可以转化为损害赔偿。

(2) 赔偿损失是以支付金钱的方式弥补损失。金钱为一般等价物，任何损失一般都可以转化为金钱，因此，赔偿损失主要指金钱赔偿。但在特殊情况下，也可以以其他物代替金钱作为赔偿。

(3) 赔偿损失是由违约方赔偿守约方因违约所遭受的损失。首先，赔偿损失是对违约行为所造成的损失的赔偿，与违约行为无关的损失不在赔偿之列。其次，赔偿损失是对守约方所遭受损失的一种补偿，而不是对违约行为的惩罚。

(4) 赔偿损失责任具有一定的任意性。违约赔偿的范围和数额，可由当事人约定。当事人既可以约定违约金的数额，也可以约定损害赔偿的计算方法。

赔偿损失的确定方式有两种：法定损害赔偿和约定损害赔偿。

(1) 法定损害赔偿。法定损害赔偿是指由法律规定的，由违约方对守约方因其违约行为而对守约方遭受的损失承担的赔偿责任。根据合同法的规定，法定损害赔偿应遵循以下原则：

1) 完全赔偿原则。违约方对于守约方因违约所遭受的全部损失承担的赔偿责任。具体包括：直接损失与间接损失；积极损失与消极损失（可得利益损失）。合同法第113条规定，损失“包括合同履行后可以获得的利益”，可见其赔偿范围包括现有财产损失和可得利益损失。前者主要表现为标的物灭失、为准备履行合同而支出的费用、停工损失、为减少违约损失而支出的费用、诉讼费用等；后者是指在合同适当履行后可以实现和取得的财产利益。

2) 合理预见规则。违约损害赔偿的范围以违约方在订立合同时预见到或者应当预见到的损失为限。合理预见规则是限制法定违约损害赔偿范围的一项重要规则，其理论基础是意思自治原则和公平原则。对此应把握以下几点：①合理预见规则是限制包括现实财产损失和可得利益损失的损失赔偿总额的规则，不仅用以限制可得利益损失的赔偿；②合理预见规则不适用于约定损害赔偿；③是否预见到或者应当预见到可能的损失，应当根据订立合同时的事实或者情况加以判断。

3）减轻损失规则。一方违约后，另一方应当及时采取合理措施防止损失的扩大，否则，不得就扩大的损失要求赔偿。其特点是：一方违约导致了损失的发生；对方未采取适当措施防止损失的扩大；造成了损失的扩大。

（2）约定损害赔偿。约定损害赔偿是指当事人在订立合同时，预先约定一方违约时应当向对方支付一定数额的赔偿金或约定损害赔偿额的计算方法。它具有预定性（缔约时确定）、从属性（以主合同的有效成立为前提）、附条件性（以损失的发生为条件）。

5.2.2.4 违约金

违约金是指当事人一方违反合同时应当向对方支付的一定数量的金钱或财物。

依不同标准，违约金可分为如下两类：

（1）法定违约金和约定违约金；

（2）惩罚性违约金和补偿性（赔偿性）违约金。

《合同法》施行之前，我国的违约金制度兼容以上各种形态，《合同法》则做了全新的规定。

根据现行《合同法》的规定，违约金具有以下法律特征：

（1）是在合同中预先约定的（合同条款之一）；

（2）是一方违约时向对方支付的一定数额的金钱（定额损害赔偿金）；

（3）是对承担赔偿责任的一种约定（不同于一般合同义务）。

关于违约金的性质，一般认为，现行《合同法》所确立的违约金制度是不具有惩罚性的违约金制度，而属于赔偿性违约金制度。即使约定的违约金数额高于实际损失，也不能改变这种基本属性。关于当事人是否可以约定单纯的惩罚性违约金，《合同法》未作明确规定。通常认为此种约定并非无效，但其性质仍属违约的损害赔偿。

违约金是对损害赔偿额的预先约定，既可能高于实际损失，也可能低于实际损失，畸高和畸低均会导致不公平结果。为此，各国法律规定法官对违约金具有变更权，我国《合同法》第一百一十四条第二款也做了规定。其特点是：

（1）以约定违约金"低于造成的损失"或"过分高于造成的损失"为条件；

（2）经当事人请求；

（3）由法院或仲裁机构裁量；

（4）"予以增加"或"予以适当减少"。

5.2.2.5 定金

所谓定金，是指合同当事人为了确保合同的履行，根据双方约定，由一方按合同标的额的一定比例预先给付对方的金钱或其他替代物。对此担保法做了专门规定。《合同法》第一百一十五条也规定：当事人可以依照担保法约定一方向对方给付定金作为债权的担保。债务人履行债务后，定金应当抵作价款或者收回。给付定金的一方不履行约定的债务的，无权要求返还定金；收受定金的一方不履行约定的债务的，应当双倍返还定金。据此，在当事人约定了定金担保的情况下，如一方违约，定金罚则即成为一种违约责任形式。

定金应当以书面形式约定，定金的数额由当事人约定，但不得超过主合同标的额的20%。

### 5.2.3 工程承包中的违约惩罚条款

#### 5.2.3.1 国内工程承包中的违约惩罚条款

国内工程承包中的违约惩罚条款主要有以下几种：

（1）继续履行合同；

（2）采取补救措施；

（3）赔偿损失。

FIDIC 条款第 15 条为“雇主提出终止”。

15.1 款规定，如果承包商未能根据合同履行任何义务，工程师可通知承包商，要求他在一规定的合理时间内改正此类过失。

15.2 款规定，雇主有权终止合同，如果承包商：

（1）未能遵守 4.2 款关于“履约保证”的规定或 15.1 款关于“通知改正”的规定；

（2）放弃工程或证明他不愿继续按照合同履行义务；

（3）无正当理由而未能按第 8 条“开工、延误和暂停”的规定实施工程，或者在接到通知后 28 天内，未能遵守根据 7.5 款“拒收”或 7.6 款“补救工作”颁发的通知执行；

（4）未按要求经过许可便擅自将整个工程分包出去或转让合同；

（5）破产或无力偿还债务，或停业清理，或已由法院委派其破产案财产管理人或遗产管理人，或为其债权人的利益与债权人达成有关协议，或在财产管理人，财产委托人或财务管理人的监督下营业，或承包商所采取的任何行动或发生的任何事件（根据有关适用的法律）具有与前述行动或事件相似的效果；

（6）给予或提出给予（直接或间接）任何人以任何贿赂、礼品、小费、佣金或其他有价值的物品，作为引诱或报酬，致使该人员采取或不采取与该合同有关的任何行动，或致使该人员对与该合同有关的任何人员表示赞同或不赞同。

或者，如果任何承包商的人员、代理商或分包商如（6）所述的那样给予或提出给予（直接或间接）任何人以任何此类引诱或报酬。但是，给予承包商的人员的合法奖励和报酬应不会导致合同终止。

15.3 款规定了终止日期时的估价：在发出的终止通知生效后，工程师应尽快商定或决定工程、货物和承包商的文件的价值，以及就其根据合同实施的工作承包商应得到的所有款项。

15.4 款规定了终止后的支付。

15.5 款规定了雇主终止合同的权力。

FIDIC 条款第 16 条为“承包商提出暂停和终止”。

16.1 款规定了承包商有权暂停工作。

16.2 款规定了承包商提出终止的情况。

16.3 款规定了停止工作及承包商的设备的撤离。

16.4 款规定了终止时的支付。

#### 5.2.3.2 国际工程承包中的违约惩罚条款

国际工程承包中的违约惩罚条款主要有以下几种：

（1）违约金。违约金是指按照当事人的约定或者法律直接规定，一方当事人违约的，应向另一方支付的金钱。违约金的标的物是金钱，但当事人也可以约定违约金的标的物为金钱以外的其他财产。违约金具有担保债务履行的功效，又具有惩罚违约人和补偿无过错一方当事人所受损失的效果，因此有的国家将其作为合同担保的措施之一，有的国家将其作为违反合同的责任承担方式。这项惩罚是对合同双方有效的。

（2）罚款。罚款是指处罚违法者或违反合同者以一定数量的钱，是被罚款时缴纳的钱。在国际工程承包合同中，经常有罚款的条款，这项惩罚是对合同双方有效的，无论是业主方违约，还是承包方违约，都要按合同规定接受罚款惩罚。

（3）业主接管工程。业主接管工程是指在承包商严重违约的情况下，比如承包商选用不合适的人员、采用不合格的材料、克扣或者不支付雇佣人员的工资等，业主可以宣布接管工程，承担项目经理部的职责，但承包合同继续有效。这项惩罚对承包商单方有效，只是业主对承包商的惩罚。

（4）终止合同。合同的终止是指合同的债权债务关系归于消灭，合同关系客观上不复存在。合同的终止适用于一方违约的情形，也适用于非违约的情形，如合同因履行、双方协商一致、抵消、混同等终止。在国际工程承包合同中，一般是指合同一方违约，合同没办法继续履行的情况下，对违约方的一种惩罚措施。这项惩罚对合同双方有效，业主有权提出合同终止，承包商也有权提出合同终止。

（5）重新招标。在国际工程承包合同中，重新招标是对违约承包商的一项非常严厉的惩罚。这里所说的重新招标，是指承包商严重违约，比如承包商由于投标时存在欺诈行为，无能力承担工程建设，致使施工过程中出现严重工程缺陷，根本没办法继续下去，这时业主可以解除合同，重新招标选择承包商。重新招标不同于单纯的合同终止，是比合同终止更严厉的惩罚，因为承包商除承担已经发生的损失及违约责任，还必须承担重新招标的费用以及由此而带来的时间及其他损失。重新招标是业主对违约承包商的一种惩罚，对承包商单方有效。

（6）取消承包资格。在国际工程承包中，取消承包资格是对违约承包商最严厉的惩罚。这里所说的取消承包资格，是指承包商严重违约，情节非常恶劣，业主可以宣布取消承包商的承包资格，不仅仅承包商退出本工程项目，违约承包商必须彻底放弃项目所在国或地区的现在及将来的所有工程项目的承包。所以，这项惩罚是对承包商彻底宣判了“死刑”，一定要慎重选择。并且合同规定，如果业主对违约承包商拟采用这项惩罚，必须首先通知承包商，给承包商一定的时间进行辩解。

### 5.2.4 违约责任的免除

#### 5.2.4.1 不可抗力

A 不可抗力的定义

不可抗力是一项免责条款，是指买卖合同签订后，不是由于合同当事人的过失或疏忽，而是由于发生了合同当事人无法预见、无法预防、无法避免和无法控制的事件，以致不能履行或不能如期履行合同，发生意外事件的一方可以免除履行合同的责任或者推迟履行合同。

B 不可抗力的情形

不可抗力主要包括以下几种情形：

（1）自然灾害，如台风、洪水、冰雹。

（2）政府行为，如征收、征用。

（3）社会异常事件，如罢工、骚乱。

C 不可抗力的法律后果

（1）合同全部不能履行：当事人可以解除合同，并免除全部责任。

（2）合同部分不能履行：当事人可以部分履行合同，并免除其不履行部分的责任。

（3）合同不能按期履行：当事人可以延期履行合同，并免除其迟延履行的责任。

5.2.4.2 因不可抗力的违约责任的免除

因不可抗力不能履行合同的，根据不可抗力的影响，部分或全部免除责任。当事人延迟履行后发生的不可抗力，不能免除责任。当事人因不可抗力不能履行合同的，应当及时通知对方，以减轻给对方造成的损失，并应当在合理的期限内提供证明。

当事人可以在合同中约定不可抗力的范围。为了公平的目的，避免当事人滥用不可抗力的免责权，约定不可抗力的范围是必要的。在有些情况下还应当约定不可抗力的风险分担责任。

FIDIC 条款第 19 条为“不可抗力”。19.1 规定了不可抗力的情况。在本条中，“不可抗力”的含义是指如下所述的特殊事件或情况：

（1）一方无法控制的。

（2）在签订合同前该方无法合理防范的。

（3）情况发生时，该方无法合理回避或克服的。

（4）主要不是由于另一方造成的。

只要满足上述（1）~（4）所述的条件，不可抗力可包括（但不限于）下列特殊事件或情况：

（1）战争、敌对行动（不论宣战与否）、入侵、外敌行动。

（2）叛乱、恐怖活动、革命、暴动、军事政变或篡夺政权，或内战。

（3）暴乱、骚乱、混乱、罢工或停业，完全局限于承包商的人员以及承包商和分包商的其他雇员中间的事件除外。

（4）军火、炸药、离子辐射或放射性污染，由于承包商使用此类军火，炸药，辐射或放射性的情况除外。

（5）自然灾害，如地震、飓风、台风或火山爆发。

## 5.3 合同执行中的争端与纠纷

合同是双方的协议，在执行中难免出现争端与纠纷，具体来说，包括合同是否有效之争议，合同文字语言理解之争议，合同是否已按约履行之争议，合同违约责任应当由何方承担及承担多少之争议，合同是否可能单方解除之争议。合同当事人签订合同之后，理想的状态是当事人各自分别按照合同规定之内容完成应履行之义务，直至合同圆满终止。在实践中，由于各种各样的原因，既有合同当事人主观的原因，也有情势变迁方面的客观原因。导致合同在签订之后的履行过程中会出现各种各样的，或大或小的纠纷。没有任何纠纷，合同即履行完毕的情况是不多见的，尤其是在大型合同及涉外合同之中。对于合同纠纷，有些可以当事人协商加以解决，有些却协商不了，这就可能会使一方当事人诉诸仲裁或诉讼，一旦纠纷得不到解决，就会影响合同的正常履行，甚至扰乱社会经济秩序。

FIDIC 条款第 20 条规定了“索赔、争端与仲裁”。

### 5.3.1 合同争端与纠纷的概念

合同争端，也称合同纠纷，是指合同当事人之间对合同履行状况和合同违约责任承担的问题所产生的意见分歧，是合同的生效、解释、履行、变更、终止等行为引起的工程承包合同当事人的所有争议。现代工程承包合同项目风险大、环境复杂、参与方多、投资规模巨大，所签订的合同种类繁多，因此出现合同纠纷的可能性大、范围广，涵盖了一项工程承包合同从订立到终止的整个过程，尤其是大型建设工程合同及涉外建设合同。

### 5.3.2 产生合同争端与纠纷的原因

#### 5.3.2.1 主观原因

合同是双方当事人协商一致的结果。既然双方当事人在自愿、平等的基础上订立了合同，那么，按合同履行义务应当是毫无疑问的。然而，合同签订后，一方当事人可能会因为种种原因而主观上不想履行或不想完全履行合同。例如，买卖合同中，买方与卖方签了购销钢材的合同之后，合同所确定的钢材价格上涨，卖方见如果仍按合同规定的价格交给买方，就会损失一大笔钱，于是，卖方就想提价，或毁约，或以支付违约金的方式不履行合同。买方则不同意，坚持按事先规定的价格购买，双方遂起纠纷。再如，技术实施许可合同中，技术转让方已经与另一方签订了独家许可合同。但见另外一方又欲高价受让此技术，转让方则又将此技术许可给另外一方使用。独家受许可方获知后，要求转让方赔偿损失，双方之纠纷因此而起。可见，主观原因往往引起违约行为，再由违约行为导致纠纷的产生。纯粹主观上的原因是少见的，主观上原因背后往往存在着客观原因。

#### 5.3.2.2 客观原因

一项合同，从订立到履行完毕，除了即时清结的之外，往往经过一个较长的过程。在合同履行过程中，也会出现一些客观上的原因，导致合同无法按约履行，由此引起纠纷。这里所指的客观方面的成因，指由非合同当事人主观意志所导致的，不得已而为之的因合同履行过程中的变化而引起纠纷的原因。例如，在合同履行过程中发生了不可抗力，致使合同不能全部或部分履行。双方当事人对不可抗力的范围，遭受不可抗力的一方是否采取了措施防止损失扩大，不可抗力是否已导致合同不能履行等问题的看法上不一致，因此而起纠纷。再如，由于双方当事人在订立合同时未考虑周全，致使合同在履行过程中出现诸如履行地点不明确，质量规格不明确等情况，协商不能达成一致时就会引起纠纷。一项合同纠纷，有时是由单纯的主观原因或客观原因而引起的，有时则既有主观原因，又有客观原因。合同纠纷归根到底是与双方当事人订立合同的意图相违背，除非是一方当事人有意欺骗对方当事人，借纠纷而企图获利。合同在履行甚至终止时发生纠纷是在所难免的。重要的是在发生纠纷之后如何能行之有效地去解决纠纷。

### 5.3.3 解决合同争端与纠纷的方法

#### 5.3.3.1 协商

协商，即和解，是指合同当事人之间发生争议后，在没有第三人介入的情况下，合同当事人在双方自愿、互谅的基础上，就已经发生的争议进行商谈并达成协议，自行解决争议的一种方式。协商方式简单易行，有利于维护合同双方的友好合作关系，使合同能更好地得到履行。

#### 5.3.3.2 调解

调解是指合同当事人于争议发生后，在第三者的主持下，根据事实、法律和合同，经过第三者的说服与劝解，使发生争议的合同当事人双方互谅、互让，自愿达成协议，从而公平、合理地解决争议的一种方式。

与协商相同，调解也具有方法灵活、程序简便、节省时间和费用、不伤害发生争议的合同当事人双方的感情等特征，而且由于有第三者的介入，可以缓解发生争议的合同双方当事人之间的对立情绪，便于双方较为冷静、理智地考虑问题，同时，由于第三者常常能够站在较为公正的立场上，较为客观、全面地看待、分析争议的有关问题并提出解决方案，从而有利于争议的公正解决。

参与协调的第三者不同，调解的性质也不同，一般有民间调解、仲裁机构调解、法庭调解三种。

#### 5.3.3.3 仲裁

仲裁是指发生争议的合同当事人双方根据合同约定的仲裁条款或者争议发生后由其达成的书面仲裁协议，将合同争议提交给仲裁机构并由仲裁机构按照仲裁法律规范的规定居中裁决，从而解决合同争议的法律制度。当事人不愿协商、调解，或者协商、调解不成的，可以根据合同中的仲裁条款或事后达成的书面仲裁协议，提交仲裁机构仲裁。涉外合同的当事人可以根据仲裁协议向中国仲裁机构或者其他仲裁机构申请仲裁。

仲裁裁决具有法律约束力。合同当事人应当自觉执行裁决。不执行的，另一方当事人可以申请有管辖权的人民法院强制执行。裁决作出后，当事人就同一争议再申请仲裁或者向人民法院起诉的，仲裁机构或者人们法院不予受理。但当事人对仲裁协议的效力有异议的，可以请求仲裁机构作出决定或者请求人民法院作出裁定。

#### 5.3.3.4 诉讼

诉讼是指合同当事人依法将合同争议提交人民法院受理，由人民法院依司法程序通过调查、作出判决、采取强制措施等来处理争议的法律制度。

有下列情况之一的，合同当事人可以选择诉讼方式解决合同争议：

（1）合同争议的当事人不愿意协商、调解。

（2）经过协商、调解未能解决合同争议的。

（3）当事人没有订立仲裁协议或者仲裁协议无效的。

（4）仲裁裁决被人民法院依法裁定撤销或者不予执行的。

5.3.3.5 工程合同争议的解决方式

（1）国内工程合同争议的解决方式为：协商、调解、仲裁、诉讼。

（2）国际工程合同争议的解决方式为：调解、协商、仲裁。

### 5.3.4 争端裁决委员会

FIDIC 条款 20.2 ~ 20.8 规定了争端裁决委员会及仲裁的相关内容。

（1）条款 20.2 规定了争端委员会的委任。争端应由争端裁决委员会进行裁决。合同双方应在投标函附录规定的日期内，共同任命一争端裁决委员会。该争端裁决委员会应由具有恰当资格的成员组成，成员的数目可为一名或三名，具体情况按投标函附录中的规定。如果投标函附录中没有注明成员的数目，且合同双方没有其他的协议，则争端裁决委员会应包含三名成员。如果争端裁决委员会由三名成员组成，则合同每一方应提名一位成员，由对方批准。合同双方应与这两名成员协商，并应商定第三位成员（作为主席）。任何成员的委任只有在合同双方同意的情况下才能终止，雇主或承包商各自的行动将不能终止此类委任，除非双方另有协议。

（2）条款 20.4 规定了获得争端裁决委员会的决定。如果在合同双方之间产生起因于合同或实施过程或与之相关的任何争端（任何种类），包括对工程师的任何证书的签发、决定、指示、意见或估价的任何争端，任一方可以将此类争端事宜以书面形式提交争端裁决委员会，供其裁定，并将副本送交另一方和工程师。

如果合同双方中任一方对争端裁决委员会的裁决不满意，则他可在收到该决定的通知后第 28 天内或此前将其不满通知对方。如果争端裁决委员会未能在其收到此类不满通知后 84 天（或其他批准的时间）内作出决定，那么合同双方中的任一方均可在上述期限期满后 28 天之内将其不满通知对方。

在上述任一情况下，表示不满的通知应说明是根据本款发出的，且该通知应指明争端事宜及不满的理由。除非依据本款发出此类通知，否则将不能对争端进行仲裁，任何一方若未按本款发出表示不满的通知，均无权就该争端要求开始仲裁。

如果争端裁决委员会已将其对争端作出的决定通知了合同双方，而双方中的任一方在收到争端裁决委员会的决定的第 28 天或此前未将其不满事宜通知对方，则该决定应被视为最终决定并对合同双方均具有约束力。

（3）条款 20.5 规定了友好解决。按上述条款 20.4 规定已发出表示不满的通知后，合同双方在仲裁开始前应尽力以友好的方式解决争端。规定，除非合同双方另有协议，否则，仲裁将在表示不满的通知发出后第 56 天或此后开始，即使双方未曾作过友好解决的努力。

（4）条款 20.6 规定了仲裁。除非通过友好解决，否则如果争端裁决委员会有关争端的决定（如有时）未能成为最终决定并具有约束力，那么此类争端应由国际仲裁机构最终裁决。除非合同双方另有协议，否则：

1）该争端应根据国际商会的仲裁规则被最终解决；

2）该争端应由按本规则指定的三位仲裁人裁决；

3）该仲裁应以条款1.4“法律和语言”规定的日常交流语言作为仲裁语言。

（5）条款20.7规定了未能遵守争端裁决委员会的决定。如果下述情况发生：

1）合同双方中的任一方均未在条款20.4“获得争端裁决委员会的决定”规定的期限内向争端裁决委员会发出表示不满的通知；

2）该争端裁决委员会的有关决定（如有时）已成为最终决定并且具有约束力；

3）合同一方未遵守此类决定。

则合同的另一方在不损害其拥有的其他权利的情况下，可将不执行决定的行为提交仲裁。

## 5.4 合同的中止与终止

合同中止是在法定的特殊情况下，当事人暂时停止履行合同，当这种特殊情况消失以后，当事人仍然承担继续履行的义务；而合同终止是当事人之间因某种原因而引起合同的债权债务客观上不复存在的一种法律行为，两者有明显的区别。

### 5.4.1 合同的中止

#### 5.4.1.1 合同中止的定义

合同中止是指合同当事人双方在履行合同过程中，由于当事人一方不能履行合同规定的义务时，当事人另一方为了避免使合同的不履行造成的损失而暂时停止履行合同中规定的权利义务关系的一种法律行为。

#### 5.4.1.2 合同中止的条件

合同中止的条件如下：

（1）当事人一方必须有另一方不能履行或不履行合同规定的义务的确切证据；

（2）当事人一方暂停中止履行合同后，如果另一方对履行合同提供了充分的担保后应当解除中止合同行为，继续履行合同。

应当先履行合同的一方有确切证据证明对方有下列情形之一的，可以中止履行：

（1）经营状况严重恶化；

（2）转移财产、抽逃资金，以逃避债务的；

（3）丧失商业信誉；

（4）有丧失或者可能丧失履行债务能力的其他情形。

#### 5.4.1.3 合同中止的程序

FIDIC条件规定合同的中止要由监理工程师来确定并下达暂停令。

#### 5.4.1.4 合同中止的后果

合同中止的后果如下：

（1）承担赔偿责任；

（2）继续履行合同；

（3）承担违约责任。

### 5.4.2 合同的终止

#### 5.4.2.1 合同终止的定义

合同终止，即合同权利义务的终止，是指依法生效的合同因具备法定情形和当事人约定的情形，关系上不复存在，合同的债权债务均归于消灭，债权人不再享有合同的权利，债务人也不再履行合同的义务。

合同权利义务的终止，不影响合同中结算和清理条款的效力以及通知、协助、保密等义务的履行。

#### 5.4.2.2 引起合同终止的原因

引起合同终止的原因如下：

（1）合同因当事人双方全面履行而消灭；

（2）合同因情势发生变化，双方在不损害国家利益或社会公共利益的条件下达成协议，终止合同；

（3）合同因当事人一方或双方死亡而消灭；

（4）合同因提存而消灭；

（5）合同因混同而消灭；

（6）合同因法院判决或仲裁裁决而终止；

（7）合同由于抵消而终止。

解除合同也是合同终止的一种方式。

#### 5.4.2.3 合同的权利义务终止的条件

合同的权利义务终止的条件如下：

（1）债务已经按照约定履行；

（2）合同解除；

（3）债务相互抵消；

（4）债务人依法将标的物提存；

（5）债权人免除债务（债权人免除债务人部分或全部债务的，合同部分或全部终止）；

（6）债权债务同归于一人（但涉及第三人利益的除外）；

（7）法律规定或当事人约定终止的其他情形。

合同终止后，当事人应当遵循诚实信用的原则，根据交易习惯履行通知、协助、保密等义务。

#### 5.4.2.4 合同解除与合同终止的区别

所谓合同的解除，是指合同有效成立后，因一方或双方的意思表示，使基于合同发生的债权债务关系归于消灭的行为。合同的终止，是指合同的债权债务关系归于消灭，合同关系客观上不复存在。根据定义来看，两者极为相似，即都发生债权债务关系归于消灭的效力。但是两者还是有区别的，其区别主要表现在以下两个方面：

(1) 两者的效力不同。合同的解除既能向过去发生效力，使合同关系溯及既往地消灭，发生恢复原状的效力，也能向将来发生效力，即不发生溯及既往的效力。而合同的终止只是使合同关系消灭，向将来发生效力，不产生恢复原状的效力。

(2) 两者适用的范围不同。合同解除通常被视为对违约的一种补救措施，是对违约方的制裁。因此，合同的解除一般仅适用于违约场合。合同的终止虽然也适用于一方违约的情形，但主要是适用于非违约的情形，如合同因履行、双方协商一致、抵消、混同等终止。由此可见，合同终止的适用范围要比合同解除的适用范围广。

5.4.2.5 合同终止的后果

合同终止引起以下法律后果：

(1) 当事人之间的合同关系消灭；

(2) 合同双方产生新的权利义务关系；

(3) 原合同当事人一方与第三人之间产生权利义务关系。

## 5.5 应用案例

【案例5-1】 2005年2月24日，甲建筑公司与乙厂就乙厂技术改造工程签订建设工程合同。合同约定：甲公司承担乙厂技术改造工程项目56项，负责承包各项目的土建部分；承包方式按预算定额包工包料，竣工后办理工程结算。合同签订后，甲公司按合同的约定完成该工程的各土建项目，并于2006年11月14日竣工。孰料，乙厂于2006年9月被丙公司兼并，由丙公司承担乙厂的全部债权债务，承接乙厂的各项工程合同、借款合同及各种协议。甲公司在工程竣工后多次催促丙公司对工程进行验收并支付所欠工程款。丙公司对此一直置之不理，既不验收已竣工工程，也不付工程款。甲公司无奈将丙公司诉至法院。法院判决丙公司对已完工的土建项目进行验收，验收合格后向甲公司支付所欠工程款。

案例评析：此案签订建设工程承包合同的是甲公司与乙厂，但乙厂在被丙公司兼并后，丙公司承担了乙厂的全部债权债务并承接了乙厂的各项工程合同，当然应当履行原甲公司与乙厂签订的建设工程承包合同，对已完工的工程项目进行验收，验收合格无质量争议的，应当按照合同规定向甲公司支付工程款，接收该工程项目，办理交接手续。根据《合同法》第二百七十九条规定："建设工程竣工后，发包人应当根据施工图纸及说明书、国家颁发的施工验收规范和质量检验标准及时进行验收。验收合格的，发包人应当按照约定支付价款。并接收该建设工程。""建设工程竣工经验收合格后，方可交付使用；未经验收或者验收不合格的，不得交付使用。"因此，法院的判决是正确的。

### 复习思考题

5-1 工程承包合同履行的概念和原则是什么？

5-2 工程承包合同履行的一般规则和特殊规则是什么？

5-3 什么是抗辩权，什么是代位权，什么是撤销权？

5-4 违约责任的种类有哪些？

5-5 什么是不可抗力？

5-6 合同纠纷的内容是什么？

5-7 解决合同纠纷的方法有哪些？

5-8 合同中止与合同终止的区别有哪些？

5-9 合同终止与合同解除的区别有哪些？

5-10 合同的不履行分为哪三种情况？

5-11 违约责任的概念是什么？

5-12 合同争端与纠纷的概念是什么？

# 第6章 合同价格与付款

## 6.1 有关合同价格的概念

### 6.1.1 合同价格含义

6.1.1.1 合同价格

合同价格（The Contract Price）就是承包商完成实际工作后，经过工程师“测量和估价”之后签发“付款证书”，承包商所获得的金额。可以看出，所谓合同价格就是国内合同中的工程款，合同价格的计算依据是工程师的测量和估价。

无论工程所在地有什么样的惯例，只要合同中没有其他的规定，工程师是按照“工程量表”或其他适用的“资料表”的规定，测量永久工程各项内容的实际净数量。

6.1.1.2 合同价格与支付

FIDIC 条款中，第 14 条规定了“合同价格和支付”。根据条款 1.1.4.2 的规定，合同价格被定义为包括对合同进行调整在内的“条款 14.1 定义的价格”。必须将合同价格和中标合同金额相区分，而中标合同金额在条款 1.1.4.1 中被定义为“中标通知书中认可的价格”。中标合同金额是固定的，但合同价格是可以变更的，并可能由于实际数量的计量、变更和其他调整而有所增加。合同协议书规定业主向承包商“按合同规定的时间和方式支付合同价格”。

条款 14.1 规定，除非专用条件中另有规定，否则：合同价格应根据条款 12.3“估价”来商定或决定，并应根据本合同对其进行调整；

承包商应支付根据合同他应支付的所有税费、关税和费用，而合同价格不应因此类费用进行调整（条款 13.17“法规变化引起的调整”的规定除外）；

工程量清单或其他报表中可能列出的任何工程量仅为估算的工程量，不得将其视为：

（1）要求承包商实施的工程的实际或正确的工程量，或者

（2）用于第 12 条“测量和估价”的目的实际或正确的工程量。

在开工日期开始后 28 天之内，承包商应该向工程师提交对资料表中每一项总价款项的价格分解建议表。在编写支付证书时，工程师可以将该价格分解表考虑在内，但不应受其制约。

### 6.1.2 FIDIC 条款中其他有关价格的概念

6.1.2.1 中标合同金额

国内施工中所说的“合同价”，在 FIDIC 条款中称作“中标合同金额”，它指的是业主在中标函中接受的为承包商承建工程而支付给承包商的那一价格，即是指在中标函中所

认可的工程施工、竣工和修补任何缺陷所需要的费用。该金额由两部分组成：一是承包商根据招标文件提供的“工程量表”中的估计工程量向业主签署的工程报价（就是投标书中的总报价），另一部分是暂列金额。

6.1.2.2 暂列金额

暂列金额是雇主的一笔备用资金，一般包含在承包商的投标报价中，成为其整个报价的一部分。暂列金额的使用由工程师来控制。暂列金额主要涉及某些变更工作和指定分包商的工作。承包商能得到暂列金额的开支应满足两个条件：一是工程师下达指令，要求承包商实施该工作，二是实施的工作属于暂列金额的工作。

同时工程师有权要求承包商提交有关的报价单、收票、凭证、账目、收据等来证明承包商完成该项工作的实际费用。由此可见，暂列金额虽然包含在报价中，但承包商不一定能得到。

FIDIC 条款 13.5 规定了“暂定金额”。每一笔暂定金额仅按照工程师的指示全部或部分地使用，并相应地调整合同价格。支付给承包商的此类总金额仅应包括工程师指示的且与暂定金额有关的工作、供货或服务的款项。对于每一笔暂定金额，工程师可指示：

（1）由承包商实施工作（包括提供永久设备、材料或服务），并按照变更程序进行估价；

（2）由承包商从指定分包商处或其他人处购买永久设备、材料或服务，并应加入合同价格，包括承包商已支付（或将支付）的实际款额以及采用适用的报表中规定的相关百分比（如有时），以此实际款额的一个百分比来计算一笔金额包括上级管理费和利润。如果没有这一相关百分比，则可采用投标函附录中规定的百分比。

当工程师要求时，承包商应出示报价单、发票、凭证以及账单或收据，以示证明。

6.1.2.3 计日工费

FIDIC 条款 13.6 规定了“计日工”。

在施工合同履行中，可能会出现一些额外的零星工作，此时工程师可以下达变更指令，要求承包商按计日工作方式来实施此类工作，其计价应按照包括在合同中的计日工作计划表进行估计，若完成此类工作涉及订购货物，承包商应向工程师提交报价单，在申请支付时还应提交各种货物的发票、凭证以及账单或收据，同时承包商应向工程师提交一式两份的精确报表，此表中应包括此工作中使用的各项资源详细资料：

（1）承包商人员的姓名、职业和使用时间。

（2）承包商设备和临时工程的标识、型号和使用时间。

（3）所用的生产设备和材料的数量和型号。

承包商的申请表经工程师同意后，承包商可以向工程师申请签发计工日的付款凭证，计日工费用一般从暂列金额中开支。

6.1.2.4 估价

FIDIC 条款 12.3 规定了“估价”。

除非合同中另有规定，工程师应通过对每一项工作的估价，商定或决定合同价格。每项工作的估价是用商定或决定的测量数据乘以此项工作的相应价格费率或价格得到的。

对每一项工作，该项合适的费率或价格应该是合同中对此项工作规定的费率或价格，如果没有该项，则为对其类似工作所规定的费率或价格。但是在下列情况下，对这一项工作规定新的费率或价格将是合适的：

（1）如果此项工作实际测量的工程量比工程量表或其他报表中规定的工程量的变动大于10%；

（2）工程量的变更与对该项工作规定的具体费率的乘积超过了接受的合同款额的0.01%；

（3）由此工程量的变更直接造成该项工作每单位工程量费用的变动超过1%以及这项工作不是合同中规定的"固定费率项目"；

（4）此工作是根据第13款"变更与调整"的指示进行的；

（5）合同中对此项工作未规定费率或价格，且由于该项工作与合同中的任何工作没有类似的性质或不在类似的条件下进行，故没有一个规定的费率或价格适用。

每种新的费率或价格是对合同中相关费率或价格在考虑到上述所描述的适用的事件以后作出的合理调整。如果没有相关的费率或价格，则新的费率或价格应是在考虑任何相关事件以后，从实施工作的合理费用加上合理利润中得到。

在商定或决定了一合适的费率或价格之前，工程师还应为期中支付证书决定一临时费率或价格。

6.1.2.5 价值工程

FIDIC条款13.2规定了"价值工程"。价值工程的规定是为了鼓励承包商在加速施工、节约成本、提高质量等方面提出合理化建议。

承包商可以随时向工程师提交一份书面建议，如果该建议被采用，它（在承包商看来）将加速完工，降低雇主实施、维护或运行工程的费用，对雇主而言能提高竣工工程的效率或价值，或为雇主带来其他利益。

承包商应自费编制此类建议书，并将其包括在变更程序所列的条目中。

如果由工程师批准的建议包括一项对部分永久工程设计的改变，除非双方另有协议，否则：

（1）承包商应设计该部分工程。

（2）如果此改变造成该部分工程的合同的价值减少，工程师应商定或决定一笔费用，并将之加入合同价格。这笔费用应是以下金额的差额的一半（50%）：

1）由此改变造成的合同价值的减少，不包括依据条款13.7"法规变化作出的调整"和条款13.8"费用变化引起的调整"所作的调整；

2）考虑到质量、预期寿命或运行效率的降低，对雇主而言，已变更工作价值上的减少（如有时）。

但是，如果1）的金额少于2），则没有该笔费用。

## 6.2 几种款项的支付

### 6.2.1 开工预付款

6.2.1.1 开工预付款的含义

在国际工程承包中，一般在项目施工的启动阶段，承包商需要投入大笔的资金，为了帮助解决承包商启动资金的困难，FIDIC 施工合同条件中规定，雇主应向承包商支付一定数额预付款，故此时的预付款，又可称为动员预付款。

6.2.1.2 支付的额度和条件

开工预付款支付的具体情况如支付比例、分期支付的次数、支付时间、支付货币及货币比例等，由双方来确定，承包商应提交开工预付款保函。

承包商得到第一笔预付款的条件如下：

（1）向工程师提出了开工预付款申请。

（2）雇主收到了承包商提交的履约保证。

（3）雇主收到了一份金额与货币类型相同的开工预付款保函。

这样，工程师收到了支付申请后的一段时间内，可以签收预付款凭证，雇主支付预付款。

6.2.1.3 预付款的扣还

（1）起扣。自承包商获得工程进度款累计总额（不包括预付款的支付和保留金的扣减）达到合同总价（减去暂列金额）10%那个月起扣。其计算式如下：

$$\frac{\text{工程师签证累计支付款总额}-\text{预付款}-\text{已扣保留金}}{\text{接受的合同价}-\text{暂定金额}}=10\%$$

（2）每次支付时的扣减额度。本月证书中承包商应获得的合同款项（不包括预付款及保留金的扣减）中扣除25%作为预付款的偿还，直至还清全部预付款，即

$$\text{每次扣还金额}=(\text{本次支付证书中承包商应获得的款额}-\text{本次应扣的保留金})\times 25\%$$

若在整个工程的接收证书签发之前，或发生终止合同或发生不可抗力之前预付款还没有偿还完，此类事件发生后，承包商应立即偿还剩余部分。

## 6.2.2 材料预付款

FIDIC 条款 14.5 规定了“用于永久工程的永久设备和材料”。

在 FIDIC 合同条件中，为了帮助承包商解决订购大票材料和设备占用资金周转的困难，规定雇主在一定条件下应向承包商支付材料、设备预付款。

6.2.2.1 支付额度及条件

通用条件中规定一般材料设备预支额度为其费用的80%，作为承包商可得到这笔预付款的条件如下：

（1）此类材料、设备属于投标附录中所列的起运后支付预付款的材料设备。

（2）材料、设备运抵现场并经验收合格。

（3）材料、设备的质量和储存条件符合技术条款的要求。

（4）承包商按要求提交了订货单及收据价格证明文件。

满足以上条件后，承包商申请工程师签发付款文件并与进度款同期支付。

6.2.2.2 材料设备预付款的返还

通用条款规定，当预付款项的材料或设备用于永久工程，构成永久工程合同价格的一部分后，在计量工程量的承包商应得款内扣除预付的款项，扣除金额与预付金额的计算方法相同。专用条款内也可以约定其他扣除方式，如每次预付的材料款在付款后的约定月内

(最长不超过6个月)，每个月平均扣回等。

### 6.2.3 工程进度款

工程进度款是工程支付的主要形式。FIDIC条款14.3、14.4、14.6、14.7规定了其中支付的内容。

#### 6.2.3.1 承包商提付款报告

每个月的月末，承包商应按工程师规定的格式提交一式六份本月支付报表。内容包括提出本月已完成合格工程的应付款要求和对应扣款的确认，一般包括以下几个方面：

(1) 本月完成的工程量清单中工程项目及其他项目的应付金额（包括变更)。

(2) 法规变化引起的调整应增加和减扣的任何款额。

(3) 作为保留金扣减的任何款项。

(4) 预付款的支付（分期支付的预付款）和扣还应增加和减扣的任何款额。

(5) 承包商采购用于永久工程的设备和材料应预付和扣减款额。

(6) 根据合同或其他规定（包括索赔、争端裁决和仲裁）应付的任何其他应增加和扣减的款额。

(7) 对所有以前的支付证书中证明的款额的扣除或减少（对已付款支付证书的修正)。

#### 6.2.3.2 工程师签证

工程师接到报表后，对承包商完成的工程项目的质量、数量以及各项款价的计算进行核查。若有疑问时，可要求承包商共同复核工程量。在收到承包商的支付报表后28天内，按核查结果以及总价承包分解表中核实的实际完成情况签发支付证书。工程师可以不签发证书或扣减承包商报表中部分金额的情况包括以下几种：

(1) 合同内约定有工程师签证的最小金额时，本月应签发的金额小于签证的最小金额，工程师不出具本月进度款的支付证书。本月应付款接转下月，超过最小签证金额后一并支付。

(2) 承包商提供的货物或施工的工程不符合合同要求，可扣发修正或重置相应的费用，直到修整或重置工作完成后再支付。

(3) 承包商未能按合同规定进行工作或履行义务，并且工程师已经通知了承包商，则可以扣留该工作或义务的价值，直至工作或义务履行为止。

工程进度款支付证书属于临时支付证书，工程师有权对以前签发过的证书中发现的错、漏或重复进行更正或修改，承包商也有权提出更改或修正，经双方复核同意后，将增加或扣减的金额纳入本次签证中。

#### 6.2.3.3 雇主支付

承包商的报表经过工程师认可并签发工程进度款的支付证书后，雇主应在接到证书后及时给承包商付款。雇主的付款时间不应超过工程师收到承包商的月进度报告后的56天。

#### 6.2.3.4 支付款的调整

A 因法律改变的调整

在基准日期之后，因工程所在国的法律发生变动（包括施用新的法律、废除或修改现有法律）或对此类法律的司法解释或政府官方解释发生变动，从而影响了承包商履行合同义务，导致工程施工费用的增加或减少，则应对合同价格款进行调整。若立法改变导致费用增加了，则承包商可以通过索赔来要求增加费用，工期增加了，则承包商可以通过索赔来要求增加费用延长工期，若导致费用降低了，则雇主应签证说明费用降低，同样可以通过索赔来要求减少对承包商的支付。

B 因物价浮动的调整

对于施工期较长的合同，为了合理分担市场价格浮动变化对施工成本影响的风险，在合同内要约定调价的方法。通用条款内规定的调价公式如下所示：

$$P_n = a + b \times \frac{L_n}{L_0} + c \times \frac{M_n}{M_0} + d \times \frac{E_n}{E_0} + \cdots$$

式中 $P_n$——第 $n$ 期内完成工作以相应货币所估算的合同价值所采用的调整系数，这个期间通常是 1 个月，除非投标函附录中另有规定；

$a$——在数据调整表中规定的一个系数，代表合同支付中不调整的部分占的比例；

$b$，$c$，$d$——数据调整表中规定的一个系数，代表与实施工程有关的每项费用因素的估算比例，如劳务、设备和材料等，其中 $a + b + c + d + \cdots = 1$；

$L_n$，$E_n$，$M_n$——第 $n$ 期间使用的现行费用指数或参照价格，以该期间（具体的支付证书的相关期限）最后一日之前第 49 天当天对于相关表中的费用因素适用的费用指数或参照价格确定；

$L_0$，$E_0$，$M_0$——基本费用参数或参照价格。

### 6.2.4 保留金

保留金是按合同约定从承包商应得的工程进度款中相应扣减的一笔金额，它保留在雇主手中，作为约束承包商严格履行合同义务的措施之一。当承包商有一般违约行为使雇主受到损失时，可从该项金额内直接扣除损害索赔费。例如，承包商未能在工程师规定的时间内修复缺陷工程部位，雇主雇用其他人完成后，这笔费用可从保留金内扣除。

6.2.4.1 保留金的约定

承包商在投标书附录中按招标文件提供的信息和要求确认每次扣保留金的百分比和保留金限额。每次月进度款支付时仅扣留的百分比一般为 5% ~10%，累计扣留的最高限额为合同价的 2.5% ~5%。

6.2.4.2 每次中期支付时扣除的保留金

从首次支付工程进度款开始，用该承包商完成合格工程应得款加上因后续法规政策变化的调整和时常价格浮动变化的调价款为基数，乘以合同约定保留金的百分比作为本次支付时应扣留的保留金。逐月累计扣到合同约定的保留金最高限额为止。

6.2.4.3 保留金的返还

扣留承包商的保留金分以下两次返还：

A 颁发工程接收证书后的返还

（1）颁发了整个工程的接收证书时，将保留金的前一半支付给承包商。

（2）如果颁发的接收证书只是限于一个区段或工程的一部分，则

$$返还金额 = 保留金总额 \times \frac{移交工程区段或部分的合同价值}{最终合同价值的估算值} \times 40\%$$

B 保修期满颁发履约证书后将剩余保留金返还

（1）整个合同的缺陷通知期满，返还剩余的保留金。

（2）如果颁发的履约证书只限于一个区段，则在这个区段的缺陷通知期满后，并不全部返还该部分剩余的保留金：

$$返还金额 = 保留金总额 \times \frac{移交工程区段或部分的合同价值}{最终合同价值的估算值} \times 40\%$$

6.2.4.4 FIDIC 条款 14.9 的规定

当工程师已经颁发了整个工程的接收证书时，工程师应开具证书将保留金的前一半支付给承包商。如果颁发的接收证书只是限于一个区段或工程的一部分，则应就相应百分比的保留金开具证书并给予支付。这个百分数应该是将估算的区段或部分的合同价值除以最终合同价格的估算值计算得出的比例的 40%。

在缺陷通知期期满时，工程师应立即开具证书将保留金尚未支付的部分支付给承包商。如果颁发的接收证书只限于一个区段，则在这个区段的缺陷通知期期满后，应立即就保留金的后一半的相应百分比开具证书并给予支付。这个百分数应该是将估算的区段或部分的合同价值除以最终合同价格的估算值计算得出的比例的 40%。

但如果在此时根据第 11 条“缺陷责任”，尚有任何工作仍需完成，工程师有权在此类工作完成之前扣发与完成工作所需费用相应的保留金余额的支付证书。

在计算上述的各项百分比时，不考虑根据条款 13.7“法规变化引起的调整”和条款 13.8“费用变化引起的调整”所进行的任何调整。

### 6.2.5 延误的支付

如果承包商没有收到根据条款 14.7“支付”应获得的任何款额，承包商应有权就未付款额按月所计复利收取延误期的融资费。延误期应认为是从条款 14.7“支付”规定的支付日期开始计算的，而不考虑其中支付证书颁发的日期。

除非在专用条件中另有规定，此融资费应以年利率为支付货币所在国中央银行的贴现率加上 3 个百分点进行计算，并用这种货币进行支付。

承包商有权得到此类付款而无须正式通知或证明，并且不损害他的任何其他权利或补偿。

### 6.2.6 竣工结算

6.2.6.1 承包商报送竣工报表

颁发工程接收证书后的 84 天内，承包商应按工程师规定的格式报送竣工报表，报表内容包括以下几项：

（1）到工程接收证书中指明的竣工日止，根据合同完成全部工作的最终价值。

（2）承包商任务应该支付给他的其他款项，如要求的索赔款、应退还的部分保留

金等。

（3）承包商认为根据合同应支付给他的估算总额。所谓“估算总额”是这笔金额还未经过工程师审核同意。估算总额应在竣工结算报表中单独列出，以便工程师签发支付证书。

6.2.6.2 竣工结算与支付

工程师接到竣工报表后，应对照竣工图进行工程量详细核算，对其他支付要求进行审查，然后再依据检查结果签署竣工结算的支付证书。此项签证工作，工程师也应在收到竣工报表后 28 天内完成。雇主根据工程师的签证予以支付。

6.2.6.3 最终结算

最终结算是指颁发履约证书后，对承包商完成全部工作价值的详细结算以及根据合同条件对应付给承包商的其他费用进行核实，确定合同的最终价格。

颁发履约证书后的 56 天内，承包商应向工程师提交最终报表草案以及工程师要求提交的有关资料。最终报表草案要详细说明根据合同完成的全部工程价值和承包商依据合同认为还应支付给他的任何进一步款项，如剩余的保留金及缺陷通知期内发生的索赔费用等。

工程师审核后与承包商协商，对最终报表草案进行适当的补充或修改后形成最终报表。承包商将最终报表送交工程师的同时，还需向雇主提交一份“结清单”，进一步证实最终报表中的支付总额，作为同意与雇主终止合同关系的书面文件。工程师在接到最终报表和结清单附件后的 28 天内签发最终支付证书，雇主应在收到证书后的 56 天内支付。只有当雇主按照最终支付证书的金额予以支付并退还履约保函后，结清单才生效，承包商的索赔权也即行终止。

## 6.3 价格调整

### 6.3.1 合同价格调整的必要性

由于工程建设的周期往往都比较长，较高层的房屋建筑需要 2 ~ 3 年，大型工业建筑项目、港口工程、高速公路往往需要 3 ~ 5 年，而大型水电站工程需要 5 ~ 10 年。在这样一个比较长的建设周期中，急剧的通货膨胀、关键材料的短缺与外币汇率的变化等都会造成工程的价格、工期和工程内容的变化。因此在考虑工程造价时，都必须考虑与工程有关的各种价格的波动。如世界银行强制规定，如合同期超过 18 个月（或时间虽短但通货膨胀率高）时，必须在合同中包括价格调整规定。

业主在招标时，一方面在编制工程概（预）算，筹集资金以及考虑备用金额时，均应考虑价格变化问题。另一方面对工期较长、较大型的工程，在编制招标文件的合同条件中应明确地规定出各类费用变化的补偿办法，以使承包商在投标报价时不计入价格波动因素，这样便于业主在评标时，对所有承包商的报价可在同一基准线上进行比较，从而优选出最理想的承包商。

### 6.3.2 引起合同价格调整的因素

FIDIC 条款 13.7 规定了“法规变化引起的调整”，条款 13.8 规定了“费用变化引起的调整”。

在工程招标承包时，施工期限在1年左右的项目和实行固定总价合同的项目，一般均不考虑合同价格调整，以签订合同时的单价和总价为准，物价上涨的风险全部由承包商承担，但是对于建设周期比较长的工程项目，则均应考虑下列因素引起的价格变化：

（1）劳务工资以及材料费用的上涨；

（2）其他影响工程造价的因素，如运输费、燃料费、电力等价格的变化；

（3）外币汇率的不稳定；

（4）国家或省、市立法的改变引起的工程费用的上涨。

一般对前两类因素用调价公式来调整合同价格，后两类因素可编制相应的条款进行调整。

### 6.3.3 合同价格调整的原则

按照国际土木工程合同管理的惯例，合同价格调整的原则如下：

（1）因劳动力价格、材料价格和影响施工费用的其他项目费用的变化，对合同价格的调整，应根据双方商讨的结果在特殊条款中详细、具体地规定。

（2）合同报价时以投标书递交截止日期前28天的法律环境为根据。如果该天以后任何法律、法规、法令、政令、规章、细则发生变化，使承包商在实施合同中的费用发生变化，则应相应地调整合同价格。

（3）如果在投标书递交截止日期前28天以后，工程所在国政府对支付合同价格的货币实行限制及汇兑限制，则业主应对承包商由此受到的损失予以赔偿。

（4）如果业主要求投标书以一种货币报价，而用多种货币支付，其承包商也明确提出各种货币支付比例或款额和货币之间的汇率，除合同另有规定外，应按工程所在国中央银行在投标书递交截止日期前28天当日公布的兑换率为准。

（5）其他情况下的费用索赔。费用索赔是FIDIC合同条件赋予承包商的权力之一，费用索赔的结果也造成合同价格的调整。

按我国的建设工程施工合同，可调价格合同中价格调整原则如下：

（1）国家法律、法规和政策变化影响合同价格。

（2）由国务院各有关部门、县以上各级人民政府建设行政主管部门或其授权的工程造价管理机构公布的价格调整。

（3）一周内非承包商原因停水、停电、停气造成停工累计超过8小时。

（4）双方约定的其他增减或调整。

承包商应当在上述情况发生后14天内，将调整原因、金额以书面形式通知工程师，工程师确认后作为追加合同价款，与工程款同期支付。工程师收到承包商通知后14天内不作答复，也不提出修改意见，则被视为已经同意该项调整。

### 6.3.4 合同价格调整的原因

最终结算的合同价与中标函中注明的接受的合同款额一般不会相等，原因有以下几点：

（1）合同类型特点。FIDIC施工合同条件适用于大型复杂工程采用单价合同的承包方式。为了缩短建设周期，通常在初步设计完成后就开始施工招标，在不影响施工进度的前提下陆续发放施工图，因此承包商据以报价的工程量清单中各项工作内容项下的工程量一般为估计工程量。合同履行过程中，承包商实际完成的工程量可能多于或少于清单中的估计量。单价合同的支付原则是，按承包商实际完成工程量乘以清单中相应工作内容的单价，结算该部分工作的工程款。另外，大型复杂工程的施工期较长，通用条件中包括合同工期内因物价变化对施工成本产生影响后计算调价费用的条款，每次支付工程进度款时均要考虑约定可调价范围内项目当地市场价格的涨落变化。而这笔调价款没有包含在中标价格内，仅在合同条款中约定了调价原则和调价费用的计算方法。

（2）发生应由业主承担责任的事件。合同履行过程中，可能因业主的行为或他应承担风险责任的事件发生后，导致承包商增加施工成本，合同相应条款都规定应对承包商受到的实际损害给予补偿。

（3）承包商的质量责任。合同履行过程中，如果承包商没有完全或正确地履行合同义务，业主可凭工程师出具的证明，从承包商应得工程款内扣减该部分给业主带来损失的款额。

（4）承包商延误工期或提前竣工。签订合同时双方需约定日拖期赔偿额和最高赔偿限额。如果合同内规定有分阶段移交的工程，在整个合同工程竣工日期以前，工程师已对部分分阶段移交的工程颁发了工程接收证书且证书中注明的该部分工程竣工日期未超过约定的分阶段竣工时间，则全部工程剩余部分的日拖期违约赔偿额应相应折减。当合同内约定有分部分项工程的竣工时间和奖励办法时，为了使业主能够在完成全部工程之前占有并启用工程的某些部分提前发挥效益，约定的分部分项工程完工日期应固定不变。也就是说，不因该部分工程施工过程中出现非承包商应负责原因工程师批准顺延合同工期，而对计算奖励的应竣工时间予以调整（除非合同中另有规定）。

（5）包含在合同价格之内的暂定金额。某些项目的工程量清单中包括有“暂定金额”款项，尽管这笔款额计入在合同价格内，但其使用却由工程师控制。暂定金额实际上是一笔业主方的备用金，用于招标时对尚未确定或不可预见项目的储备金额。施工过程中工程师有权依据工程进展的实际需要经业主同意后，用于施工或提供物资、设备以及技术服务等内容的开支，也可以作为供意外用途的开支。他有权全部使用、部分使用或完全不用。工程师可以发布指示，要求承包商或其他人完成暂定金额项内开支的工作，因此只有当承包商按工程师的指示完成暂定金额项内开支的工作任务后，才能从其中获得相应支付。由于暂定金额是用于招标文件规定承包商必须完成的承包工作之外的费用，承包商报价时不将承包范围内发生的间接费、利润、税金等摊入其中，所以他未获得暂定金额内的支付并不损害其利益。承包人接受工程师的指示完成暂定金额项内支付的工作时，应按工程师的要求提供有关凭证，包括报价单、发票、收据等结算支付的证明材料。

### 6.3.5 合同价格调整的方法

一般合同价格调整的方法有两种，一种是文件证据法调价，一种是公式法调价。其中，公式调价法包括了“价格指数法”和“造价信息调整价格法”，两种方法相比，如果能够得到合适的价格指数，应该尽量采用前者，因为这样较有利于管理。

6.3.5.1 文件证据法

在一些发展中国家，有时难以得到官方的确实可靠的物价指数，则无法利用调价公式。有时这些国家的劳务工资和材料价格均由政府明令规定，在这种情况下，合同价格可以根据实际的证明文件来调价。

文件证据法调价包括以下几方面：

(1) 投标时，报价单上的单价是以工程所在国有关地区的工资、有关津贴和开支、材料设备等的基本价格为基础的，这些基本价格均应明确地填入投标书中的有关表格中。在合同实施过程中，由于政府规定改变、物价涨落因素的影响，则应按照有关部门发布的现行价格的有关证明文件来调整各月的支付。

(2) 如果在投标书递交截止日期前若干天内（一般规定28天），在工程所在国，由国或省颁布的法令、法规、法律或有关规章及细则发生了变更，导致承包商实施合同时所需支付的各项费用有所增加或减少，则工程师在与业主和承包商协商后，应在对承包商的支付中加上或减去这部分金额。

文件证据法有实报实销的性质。为了避免副作用，合同文件中应规定业主和工程师有权指令承包商选择更廉价的供应来源。

世界银行不鼓励采用“文件证据法”，只有在不能获得官方指数且不能确定替代指数时采用。此时需编制不同的合同条件，并不断细心地审查承包商提供的基本价格凭证和实际发票。

工程施工过程中，物价的变化具有很强的不确定性和不可预见性，施工成本会因物价的变化而变化，物价上涨时，施工成本会上升，反之会下降。为此，合同条款规定对物价变化所引起的施工成本变化应单独处理，即进行价格调整。价格调整可以避免双方的风险损失，同时由于承包商在报价中不用考虑物价上涨因素，因而有利于降低投标报价及降低工程造价。

6.3.5.2 价格指数法

除专用合同条款另有约定外，因物价波动引起的价格调整按照条款13.8的约定处理。

A 价格调整公式

因人工、材料和设备等价格波动影响合同价格时，根据投标函附录中的价格指数和权重表约定的数据，按以下公式计算差额并调整合同价格：

$$\Delta P = P_0 \times [A + (\Sigma B_n F_{tn} / F_{on}) - 1]$$

$$B_n = (W_n / \Sigma W_n) \times (1 - A)$$

$$F_{tn} / F_{on} = \text{现价价格} / \text{基价价格}$$

$$A + \Sigma B_n = 1$$

式中 $\Delta P$——需调整的价格差额；

$W_n$——第 $n$ 种资源的总金额，如沥青材料、钢筋等；

$\Sigma W_n$——所有需进行价格调整的资源的总金额；

$P_0$——合同条款约定的付款证书中承包人应得到的已完成工程量的金额，此项金额应不包括价格调整、不计质量保证金的扣留和支付、预付款的支付和扣回，条款中约定的变更及其他金额已按现行价格计价的，也不计在内；

$A$——定值权重（即不调部分的权重）；

$B_1$、$B_2$、$B_3$、…、$B_n$——各可调因子的变值权重（即可调部分的权重），为各可调因子在投标函投标总报价中所占的比例；

$F_{t1}$、$F_{t2}$、$F_{t3}$、…、$F_{tn}$——各可调因子的现行价格指数，指条款中约定的付款证书相关周期最后一天的前42天的各可调因子的价格指数；

$F_{o1}$、$F_{o2}$、$F_{o3}$、…、$F_{on}$——各可调因子的基本价格指数，指基准日期的各可调因子的价格指数。

以上价格调整公式中的各可调因子、定值和变值权重以及基本价格指数及其来源在投标函附录价格指数和权重表中约定。价格指数应首先采用有关部门提供的价格指数，缺乏上述价格指数时，可采用有关部门提供的价格代替。

B　暂时确定调整差额

在计算调整差额时得不到现行价格指数的，可暂用上一次价格指数计算，并在以后的付款中再按实际价格指数进行调整。

C　权重的调整

按合同条款约定的变更导致原定合同中的权重不合理时，由监理人与承包人和发包人协商后进行调整。

D　承包人工期延误后的价格调整

由于承包人原因未在约定的工期内竣工的，则对原约定竣工日期后继续施工的工程在使用上述价格调整公式时，应采用原约定竣工日期与实际竣工日期的两个价格指数中较低的一个作为现行价格指数。

6.3.5.3　造价信息调整价格法

合同条款规定，施工期内，因人工、材料、设备和机械台班价格波动影响合同价格时，人工、机械使用费按照国家或省、自治区、直辖市建设行政管理部门、行业建设管理部门或其授权的工程造价管理机构发布的人工成本信息、机械台班单价或机械使用费系数进行调整；需要进行价格调整的材料，其单价和采购数应由监理人复核，监理人确认需调整的材料单价及数量，作为调整工程合同价格差额的依据。

采用造价信息调整价格法时应解决好如下几个问题：

（1）对哪些资源的价格进行调整；

（2）资源消耗量怎样确定；

（3）基本价格怎样确定；

（4）现行价格怎样确定。

对于第一个问题，为简化工作，通常只对占合同价格比例较大的几种资源（如人工费、几种主要材料费等）进行调整，以简化价格调整工作。为保持合同的可操作性，在专用条款中应详细列明拟调整价格的资源名称。

对于第二个问题（即资源消耗量的确定），可以根据实际需要的到场材料和其他资源的数量来确定，但监理工程师将为到场材料数量的确定特别是合理使用量的确定等管理工作花费很大的精力，实践中也难于管理。所以我国可以根据概预算中人工、主要材料、机械台班数量汇总表中的数据来确定。

对于第三个问题（即基本价格的确定），可根据各地定额站颁发的同期价格信息来确定。

对于第四个问题（即现行价格的确定），可根据各地定额站颁发的现行价格信息来确定；

总之，实践中要解决好以上四个问题都有一定的难度。基本价格法看上去直观、简单，但操作起来却很困难，即可操作性差。

6.3.5.4 价格调整的程序与计算步骤

根据国际惯例，在建设项目已完工程费用的结算中，一般是采用“价格指数法”进行价格调整。事实上，绝大多数情况是甲乙双方在签订的合同中就规定了明确的调价公式。

价格调整的计算工作比较复杂。首先，确定计算物价指数的品种，为了平衡物价风险，必须选择对工程投资、工程成本以下较大且投入数量较多的主要材料作为代表。一般地说，品种不宜太多，参与调价的因素取5~10种为宜，如设备、水泥、钢材、木材和工资等，这样便于计算。其次，确定物价指数即基价指数和现价指数。再次，确定每个品种的权重系数和固定系数。各品种的权重系数要根据该品种价格占总造价的比例而定，各品种系数之和加上固定系数应该等于1。

综上所述，监理工程师应按下述步骤进行价格调整：

（1）分析施工中必需的投入，并决定选用一个公式还是选用几个公式。

（2）估计各项投入占工程总成本的相对比重。

（3）选择能代表主要投入的物价指数。

（4）确定合同价中固定系数和不同投入因素的物价指数的变化范围。

（5）按公式规定的应用范围和用法计算调整金额。

## 6.4 工程承包中的税收问题

承包商要注意：要熟悉和遵守工程所在国（或地区）的法律、法规；要了解和遵守本国对其海外承包收入实行的有关税收政策和具体纳税人。

### 6.4.1 税收及其种类

6.4.1.1 税金与税收

税金是国家依法向有纳税义务的单位和个人征收的财政资金。

税收是国家筹集财政资金的手段，是国家凭借政治权力参与国民收入分配和再分配的一种形式。

6.4.1.2 税收的特征

税收具有如下特征：

（1）强制性。税收的强制性是指税收这种分配就其根本来说是以国家的政治权力为依托的。分配是解决社会产品价值归谁占有、归谁支配以及占有多少、支配多少的问题。国家可以依据政治强制权取得财政收入，即通过政治权力把私人占有的国民收入的一部分变为国家所有，税收就是国家以政治强制权为依据所进行的一种分配。税收强制性的具体表现就是以法律形式颁布税收制度和法令。

（2）无偿性。税收的无偿性是指税收所代表的这部分社会产品价值的单方面转移。也就是说，国家取得税收收入既不需要偿还，也不需要对纳税人付出任何代价。

（3）固定性。税收的固定性是指税法的连续有效性和税率的相对稳定性。也就是说，对什么征税、征多少税是通过法律形式事先规定的，不经国家批准不能随意征收和随意改变。

上述三个形式特征是统一的整体，并不因社会制度的不同而不同。它们是税收区别于期货财政收入形式的基本标志，也是鉴别一种财政收入是不是税收的基本尺度。不论是奴隶社会、封建社会、资本主义社会还是社会主义社会，作为财政收入的一种形式，只要具有上述特征都可以叫做税收。

#### 6.4.1.3 税收的种类

税收种类简称“税种”（Tax Type）。税种指一国税收体系中的具体税收种类，是基本的课税单元。根据征税对象的不同可将税收划分成不同的种别。因此，不同的征税对象是一个税种区别于另一个税种的主要标志，税种的名称一般也以征税对象来命名。如对增值额课税的税种，称为增值税；对资源课税的税种，称为资源税等。

这些要素有机地组合在一起构成具体的税种，各类税种有机地组合在一起构成一个国家的税收制度。

税收制度的主体是税种，当今世界各国普遍实行由多个税种组成的税收体系。在这一体系中，各种税既有各自的特点，又存在着多方面的共同点。因此，有可能从各个不同的角度对各种税进行分类研究。按某一种标志，把性质相同的或近似的税种归为一类，而与其他税种相区别，这就是税种分类。按照不同的分类标志，税种的分类方法一般有以下几种。

A 按征税对象分类

征税对象是税法的一个基本要素，是一种税区别于另一种税的主要标志。因此，按征税对象的不同来分类，是税种最基本和最主要的分类方法。按照这个标准，我国税种大体可分为以下五类。

a 对流转额的征税

对流转额的征税简称流转税（或商品税和劳务税）。它是对销售商品或提供劳务的流转额征收的一类税收。商品交易发生的流转额称为商品流转额。这个流转额既可以指商品的实物流转额，也可以指商品的货币流转额。商品交易是一种买卖行为，如果税法规定卖方为纳税人，商品流转额即为商品销售数量或销售收入；如果税法规定买方为纳税人，商品流转额即为采购数量或采购支付金额。非商品流转额是指各种社会服务性行业提供劳务所取得的业务或劳务收入金额。按销售收入减除物耗后的增值额征收的增值税，也归于流转税一类。

流转税与商品（或劳务）的交换相联系，商品无处不在，又处于不断流动之中，这决定了流转税的征税范围十分广泛；流转税的计征，只问收入有无，而不管经营好坏、成本高低、利润大小；流转税都采用比例税率或定额税率，计算简便，易于征收；流转税形式上由商品生产者或销售者缴纳，但其税款常附着于卖价，易转嫁给消费者负担，而消费者却不直接感到税负的压力。由于以上这些原因，流转税对保证国家及时、稳定、可靠地取得财政收入有着重要的作用。同时，它对调节生产、消费也有一定的作用。因此，流转税一直是我国的主体税种。一方面体现在它的收入在全部税收收入中所占的比重一直较大；另一方面体现在它的调节面比较广泛，对经济的调节作用一直比较显著。

我国当前开征的流转税主要有：增值税、消费税、营业税和关税。

b 对所得额的征税

对所得额的征税简称所得税。税法规定应当征税的所得额，一般是指下列方面：一是指有合法来源的所得。合法的所得大致包括生产经营所得（如利润等）、提供劳务所得（如工资、薪金、劳务报酬等）、投资所得（如股息、利息、特许权使用费收入等）和其他所得（如财产租赁所得、遗产继承所得等）四类。二是指纳税人的货币所得，或能以货币衡量或计算其价值的经济上的所得。不包括荣誉性、知识性的所得和体质上、心理上的所得。三是指纳税人的纯所得，即纳税人在一定时期的总收入扣除成本、费用以及纳税人个人的生活费用和赡养近亲的费用后的净所得。这样，使税负比较符合纳税人的负担能力。四是指增强纳税能力的实际所得。例如利息收入可增加纳税人能力，可作为所得税的征收范围；而存款的提取，就不应列入征税范围。总的来说，所得税是对纳税人在一定时期（通常为一年）的合法收入总额减除成本费用和法定允许扣除的其他各项支出后的余额，即应纳税所得额征收的税。

所得税按照纳税人负担能力（即所得）的大小和有无来确定税收负担，实行“所得多的多征，所得少的少征，无所得的不征”的原则。因此，它对调节国民收入分配，缩小纳税人之间的收入差距有着特殊的作用；同时，所得税的征收面也较为广泛，故此成为经济发达国家的主要收入来源。在我国，随着经济的发展，人民所得的增加，所得税已成为近年来收入增长较快的一类税。

我国当前开征的所得税主要有：企业所得税、外商投资企业和外国企业所得税、个人所得税。

c 对资源的征税

对资源的征税是对开发、利用和占有国有自然资源的单位和个人征收的一类税。征收这类税有两个目的：一是为了取得资源消耗的补偿基金，保护国有资源的合理开发利用；二是为了调节资源级差收入，以利于企业在平等的基础上开展竞争。

我国对资源的征税主要有：城镇土地使用税、耕地占用税、资源税、土地增值税。

d 对财产的征税

对财产的征税是对纳税人所拥有或属其支配的财产数量或价值额征收的税。包括对财产的直接征收和对财产转移的征收。开征这类税收除为国家取得财政收入外，对提高财产的利用效果、限制财产不必要的占有量有一定作用。

我国对财产的征税主要有：房产税（外资为城市房地产税）、契税、车辆购置税、车船使用税（外资为车船使用牌照税）。

e 对行为的征税

对行为的征税也称行为税，它一般是指以某些特定行为为征税对象征收的一类税收。征收这类税，或是为了对某些特定行为进行限制、调节，使微观活动符合宏观经济的要求；或只是为了开辟地方财源，达到特定的目的。这类税的设置比较灵活，其中有些税种具有临时税的性质。

我国对行为的征税主要有：印花税、城市维护建设税、固定资产投资方向调节税（已停征）、屠宰税（税费改革中停征）、筵席税（由各省决定是否开征，但目前各省均已停征）。

B 按税收管理和使用权限分类

税收按其管理和使用权限划分，可分为中央税、地方税、中央地方共享税。这是在分级财政体制下的一种重要的分类方法。通过这种划分，可以使各级财政有相应的收入来源和一定范围的税收管理权限，从而有利于调动各级财政组织收入的积极性，更好地完成一级财政的任务。一般的做法是，将税源集中、收入大、涉及面广而由全国统一立法和统一管理的税种划作中央税。一些与地方经济联系紧密，税源比较分散的税种，列为地方税。一些既能兼顾中央和地方经济利益，又有利于调动地方组织收入积极性的税种，列为中央地方共享税。当前我国的中央税主要有关税、消费税；地方税主要有营业税、农业税（2006 年取消）、牧业税（2006 年取消）以及一些对财产和行为的课税；中央地方共享税主要有增值税、资源税等。

C 按税收与价格的关系分类

按税收与价格的关系划分，税收可分为价内税和价外税。在市场经济条件下，税收与商品、劳务或财产的价格有着密切的关系，对商品和劳务课征的税收既可以包含于价格之中也可以在价格之外。凡税收构成价格组成部分的税收称为价内税；凡税收是价格之外的附加额的税收称为价外税。前者，其价格的组成等于成本加利润加税金；后者，其价格等于成本加利润。价内税有利于国家通过对税负的调整，直接调节生产和消费，但往往容易造成对价格的扭曲。价外税与企业的成本核算和利润、价格没有直接联系，能更好地反映企业的经营成果，不致因征税而影响公平竞争；同时，不干扰价格对市场供求状况的正确反映，因此，更适应市场经济的要求。

D 按税负是否易于转嫁分类

税收按其负担是否易于转嫁分，可分为直接税和间接税。所谓税负转嫁是指纳税人依法缴纳税款之后，通过种种途径将所缴税款的一部分或全部转移给他人负担的经济现象和过程，它表现为纳税人与负税人的非一致性。由纳税人直接负担的税收为直接税；在这种情况下纳税人即负税人，如所得税、遗产税等；可以由纳税人转嫁给负税人的税收为间接税，即负税人通过纳税人间接缴纳的税收，如增值税、消费税、营业税、关税等。

E 按计税标准分类

税收按其计税依据的不同，可分为从价税和从量税。从价税是以征税对象的价值量为标准计算征收的税收。税额的多少将随着价格的变动而相应增减。从量税是按征税对象的重量、件数、容积、面积等为标准，采用固定税额征收的税收。从量税具有计算简便的优点，但税收收入不能随价格高低而增减。

除上述主要分类外，还有一些其他分类方法。例如在我国按征收机关划分，税收可分为工商税系、关税税系和农业税系三大类。工商税收由各级国家税务机关和地方税务机关征收管理；关税由海关负责征收管理；农业税收原来由各级财政部门负责征收管理，现正逐步移交给税务机关。又如，按缴纳形式分，税收可分为力役税、实物税和货币税。按税收的用途分，税收可分为一般税和目的税。

6.4.1.4　工程项目有关的税种

与工程项目有关的税种主要有如下几种：

(1) 所得税。所得税是对实行独立经济核算的企业或个人的生产经营性所得或收入所征收的一种税种，属于所得税类。

(2) 营业税。营业税是对提供应税劳务、转让或销售不动产的单位和个人就其取得的营业额所征收的一种税种，属于流转税类。

(3) 关税。关税是对进出我国国境的货物物品所征收的一种税种，属于特定税类。

(4) 其他税收。包括流转税类（增值税、消费税)、资源税类（资源税、土地使用税)、所得税类（个人所得税)、财产和行为税类等。

### 6.4.2　减免税与合理避税

对外工程承包的税务筹划可以分为国内和国外两个部分。

6.4.2.1　国内部分

国内部分的税务筹划主要包括增值税、企业所得税和营业税的筹划。

增值税方面，承包对外工程的企业运往境外的，为实施对外工程所采购的设备、材料、生活物资以及不再运回境内的机具、工具等出口货物，按照国家现行的税收法律政策享受免税并退税的优惠政策，所退的税是采购的并运往境外的设备、材料、生活物资、机具、工具等采购价格中含有的增值税。另外，对外工程承包企业在国内分包的施工企业，如土建、安装企业，为实施该对外工程项目而采购出口的物资，如钢筋、水泥、安装材料及消耗性材料等，也可以享受免税并退税的优惠政策。但由于分包企业并不是直接承担对外工程的企业，没有对外出口权，因此无法直接享受对外工程承包企业享有的直接免税退税的退税政策，只能采取以对外工程承包企业的名义退税或由对外工程承包企业代理退税的方式退税。所谓以对外工程承包企业的名义退税就是分包企业以对外工程承包企业的名义采购其分包范围内的用于对外工程的物资，并以对外工程承包企业的名义出口退税。所谓由对外工程承包企业代理退税就是分包企业以其自己的名义采购其分包范围内的用于对外工程的物资，以对外工程承包企业的名义出口，而后由对外工程承包企业向其主管退税的税务机关申请相关证明，分包企业再依据此证明向其当地的主管退税的税务机关办理退税。在此建议对外工程承包企业采用第一种方式退税，因为一方面代理退税涉及部门较多，退税的操作程序比较复杂；另一方面采用这种方式退税还可以相应调减分包合同中人民币金额的部分，减少施工分包企业开具的建安营业性发票的金额，从而减少分包企业应缴纳的营业税及相应的城建税和教育费附加，达到降低分包合同价格，最终降低对外承包工程项目成本的目的。

所得税方面，按照企业会计准则—— 建造合同的要求，对外工程承包项目的合同收入、成本费用的确认一般采用完工百分比法，即根据对外工程承包项目的完工进度确认合同收入和成本费用。这种方法包括两个步骤：首先确定对外工程承包项目的完工进度，计算出完工百分比，然后再依据完工百分比计量和确认合同收入及成本费用。具体的计算公式如下：

完工进度 = 累计实际发生的合同成本费用 ÷ 合同预计总成本 ×100%

当期确认的收入 = （合同总收入 × 完工进度） – 以前年度累计已确认的收入

当期毛利 = 当期确认的收入 – 当期实际发生的成本费用

从上述的公式可以看出，完工进度与合同预计总成本成反比关系，即合同预计总成本越大，完工进度越小；当期确认的收入与完工进度成正比关系，即完工进度越小，当期确认的收入越小；当期确认的毛利与当期确认的收入成正比关系，即当期确认的收入越小，当期确认的毛利也就越小。也就是说合同预计总成本越大，对外工程承包项目完工年度以前的各期间确认的毛利就越少，相应缴纳的企业所得税就越少。而合同预计总成本是承包企业在实施具体对外工程承包项目之前所作的该工程项目的成本费用预算，其大小不仅取决于企业为完成对外工程承包项目预计未来可能发生的成本费用，而且还取决于对外工程承包企业对具体工程项目未来所面临各种风险的认识和评估，对外工程承包企业考虑的风险系数越大，合同预计总成本也就越大。因此，其估计数值的大小就间接地影响了对外工程承包企业各年度缴纳的企业所得税数额，达到延期纳税的目的。当然，合同预计总成本的增大，只能使一部分企业所得税的缴纳时间滞后，并不能减少对外工程承包企业需要缴纳的企业所得税的总额。

营业税方面，就对外工程承包企业自身来说并不存在缴纳营业税的问题，因为其承包的工程项目不在国内，即应税劳务的使用地在境外，按照《营业税暂行条例》的规定不属于我国营业税的征税范围。对于承包的大型对外工程项目，对外工程承包企业通常无法独立完成其全部工作，需要在国内、国外进行分包，如设计、土建、安装、调试、培训等工作，签订分包合同的国内分包企业因其并不是直接承担对外工程的企业，所以需要缴纳营业税及与其相关城建税和教育费附加。但国内分包企业不应就其分包合同全额计算缴纳营业税，因为就其本身承担的分包工作而言并不是全部在境内使用，而是一部分在境内，一部分在境外，如国外现场设计服务、土建安装现场的施工、调试及培训。所以对外工程承包企业在与国内分包企业签订分包合同时，应详细划分分包合同中国内与国外部分的工作及其价格。分包企业应仅就国内工作的价款部分，通常是人民币付款，开具营业性发票给对外承包企业用于账务处理；而国外工作的价款部分，通常是外币付款，开具结算单用于账务处理。这样做的结果是降低了分包合同的价格，从而节约了对外工程承包项目的成本。

#### 6.4.2.2 国外部分

首先要了解项目所在国（或地区）的相关税收法律与政策，因为各个国家在工程承包业务方面的税收法律是各不相同的，如果没有详细了解项目所在国的相关税收法律与政策就贸然投标签约，在现今国际承包市场这种残酷竞争的情况下，将很可能赔本，甚至吃大亏。另外，对外工程承包企业因实施对外工程项目而在项目所在国缴纳的企业所得税，如果是我国与项目所在国签有避免双重征税的税收协定的，那么其在国外缴纳的企业所得税按照我国税法规定在计算缴纳企业所得税时是可以进行抵扣的。抵扣的限额是应税所得按照我国企业所得税税法计算应纳的企业所得税税额，也就是说国外已纳税额在限额以内的，据实扣除，差额部分补缴；超过限额的，据限额扣除，超额部分不得抵扣。对于一些大型的对外工程承包项目，有的项目所在国在企业所得税上会有一些减免性的优惠政策。针对这种情况，对外工程承包企业应采取相应的手段争取在当地缴纳企业所得税，如在当地设立分支机构。因为按照两国间税收协定的规定，在按照我国税法规定计算缴纳企业所得税时，项目所在国给予减免的企业所得税税额，视同已经缴纳并允许在限额以内扣除实际缴纳的和已经减免的视同缴纳的企业所税税额，从而达到降低税赋、节约税费、降低成本的目的。

总的来说，国内的对外工程承包企业应摒弃过去那种粗放式的管理模式，采用精细化的管理，不断地提高各方面的管理水平，以适应当今激烈的市场竞争。针对对外工程承包项目的税务筹划这个过去我们不熟悉、不重视的问题，更应该引起对外工程承包企业的关注。周密细致地筹划好对外工程承包项目的纳税问题，不仅有利于对外工程承包项目的顺利实施，而且还会充分利用好国家给予的相关优惠政策，节约税务费用，实现更多的利润，从而增强对外承包企业的国际竞争力。

## 6.5 应用案例

【案例6-1】某项工程业主与承包商签订了工程承包合同，估算工程数量为5500m$^3$，经协商合同价为150元/m$^3$，承包合同规定：

（1）开工预付款为合同价的15%；

（2）业主自第一个月起，从承包商的工程款中，按5%的比例扣保留金；

（3）当实际工程量超过估算工程量10%时，超过部分按0.9的调整系数进行调价；

（4）监理工程师签发月度付款最低金额为25万元；

（5）预付款在每月的进度款中扣25%。

承包商各月实际完成并经监理工程师签证认可的工程量为：1月份1400m$^3$，2月份1800m$^3$，3月份1800m$^3$，4月份1500m$^3$。

问：（1）每月工程量价款是多少？监理工程师应签证的工程款是多少？实际签发的付款凭证金额是多少？

（2）业主共扣多少保留金？承包商共得到多少工程款？

**解**：（1）开工预付款为：5500×150×15%＝12.375万元

第一个月工程价款为：1400×150＝21万元

应签证的工程款为：21×0.95＝19.95万元

应付款为：19.95－12.375×25%＝16.86万元

由于16.86元＜25万元（月度付款最低金额），故本月监理工程师不予签发付款凭证。

第二个月工程价款为：1800×150＝27万元

应签证的工程款为：27×0.95＝25.65万元

应付款为：25.65－12.375×25%＝22.56万元

本月实际签发付款凭证金额为：22.56＋16.86＝39.42万元

第三个月工程价款为：1800×150＝27万元

应签证的工程款为：27×0.95=25.65 万元

应付款为：25.65-12.375×25%=22.56 万元

由于22.56 万元<25 万元（月度付款最低金额），故本月监理工程师不予签发付款凭证。

第四个月累计完成总工程量为：1400+1800+1800+1500=6500m$^3$ 超过估算工程量的10%，即（6500-5500）/5500=18.18%>10%

超过10%的工程量为：6500-5500×（1+10%）=450m$^3$

其单价应调整为：150×0.9=135 元/m$^3$

故本月工程价款为：（1500-450）×150+450×135=21.825 万元

应签证的工程款为：21.825×0.95=20.73 万元

应付款为：20.73-12.375×25%=17.64 万元

本月实际签发付款凭证金额为：17.64+22.56=40.2 万元

（2）业主共扣保留金：（21+27+27+21.825）×0.05=4.84 万元

承包商共得到工程款：12.375+39.41+40.2=91.985 万元

【案例6-2】 某工程合同总价为100 万美元，其组成为土方工程费10 万美元，占10%；砌体工程费40 万美元，占40%；钢筋混凝土工程费50 万美元，占50%。可调部分占工程价款85%。人工材料费中各项费用比例如下所述：

（1）土方工程：人工费50%，机具折旧费26%，柴油24%。

（2）砌体工程：人工费53%，钢材5%，水泥20%，骨料5%，空心砖12%，柴油5%。

（3）钢筋混凝土工程：人工费53%，钢材22%，水泥10%，骨料7%，木材4%，柴油4%。

假定该合同的基准日期为2003 年1 月4 日，2003 年9 月完成的工程价款占合同总价的10%。有关月报的工资、材料物价指数如表6-1 所示：

**表6-1 工资、材料物价指数**

| 费用项目 | 代号 | 2003 年1 月指数 | 代号 | 2003 年8 月指数 |
|---|---|---|---|---|
| 人工费 | $M_{10}$ | 100.0 | $M_{11}$ | 116.0 |
| 钢材 | $M_{20}$ | 153.4 | $M_{21}$ | 187.6 |
| 水泥 | $M_{30}$ | 154.8 | $M_{31}$ | 175.0 |
| 骨料 | $M_{40}$ | 132.6 | $M_{41}$ | 169.3 |
| 柴油 | $M_{50}$ | 178.3 | $M_{51}$ | 192.8 |
| 机具折旧 | $M_{60}$ | 154.4 | $M_{61}$ | 162.5 |
| 空心砖 | $M_{70}$ | 160.1 | $M_{71}$ | 162.0 |
| 木材 | $M_{80}$ | 143.7 | $M_{81}$ | 159.5 |

计算如下所示：

人工费：（50%×10%+53%×40%+53%×50%）×85%≈45%

钢　材：（5%×40%+22%×50%）×85%≈11%

水　泥：（20%×40%+10%×50%）×85%≈11%

骨　料：（5%×40%+7%×50%）×85%≈5%

柴　油：（24%×10%+5%×40%+4%×50%）×85%≈5%

机具折旧：26% ×10% ×85% ≈2%

空心砖：12% ×40% ×85% ≈4%

木　材：4% ×50% ×85% ≈2%

不调值费用占工程价款的比例为 15%。则 2003 年 9 月的工程款经过调值后，调价值为：

$$\Delta P = 10\% P_0\left(0.15 + 0.45\frac{M_{11}}{M_{10}} + 0.11\frac{M_{21}}{M_{20}} + 0.11\frac{M_{31}}{M_{30}} + 0.05\frac{M_{41}}{M_{40}} + 0.05\frac{M_{51}}{M_{50}} + 0.02\frac{M_{61}}{M_{60}} + 0.04\frac{M_{71}}{M_{70}} + 0.02\frac{M_{81}}{M_{80}} - 1\right)$$

$$= 10\% P_0\left(0.15 + 0.45\frac{116}{100} + 0.11\frac{187.6}{153.4} + 0.11\frac{175.0}{154.8} + 0.05\frac{169.3}{132.6} + 0.05\frac{192.8}{178.3} + 0.02\frac{162.5}{154.4} + 0.04\frac{162.0}{161.1} + 0.02\frac{159.5}{142.7} - 1\right)$$

$$= 1.33 \text{ 美元}$$

通过调值，2003 年 9 月实得工程款比原价款多 1.33 万美元。

## 复习思考题

6-1　为什么要进行工程合同价格调整？简述工程合同价格调整的方法和原则。

6-2　工程施工中为什么要设置工程预付款？

6-3　可调价格合同包括哪些调整因素？

6-4　合同价格的含义是什么？

6-5　开工预付款的含义是什么？

6-6　合同价格调整的必要性是什么？

6-7　某住宅楼群工程共有四座大楼，四座大楼价格相同，合同签约日期为 2003 年 4 月 1 日，同年 5 月 10 日承包商收到工程师的开工通知书。A、B 两座楼要求 12 个月竣工，C、D 两座楼要求 16 个月竣工。A、B 两座楼按时竣工验收，竣工后 10 天颁发移交证书；C 楼按时完工验收，完工后 10 天颁发移交证书；D 楼工期拖延了两个月才竣工验收，竣工后 15 天颁发移交证书。四座楼的缺陷通知期均为一年，每座楼的保留金均为 200 万元。

试问：（1）保留金如何归还？

（2）每座楼的缺陷通知期期满日期是多少？

6-8　某工程公司项目经理向监理工程师报送 2005 年 2 月份月报表，2 月份实施的永久工程价值 33.5 万元，计日工费 4.8 万元，设备运到工地雇主应支付款 20 万元，雇主同意支付索赔款 10 万元，经计算价格调整系数为 1.20（索赔额不再进行价格调整）。按投标书附件规定，保留金百分比为 10%，工程预付款应扣还 3.2 万元，月支付证书最低限额为 80 万元。

试列式计算并求出该公司 2005 年 2 月份可以得到多少支付款？

# 第7章 工程分包管理

工程分包是项目总承包商或业主经常采用的一种项目实现方式，科学的工程分包管理对整个承包项目的顺利实现具有重要的作用。

## 7.1 工程分包的概念与分类

### 7.1.1 工程分包的概念

7.1.1.1 定义

工程分包是指从事工程总承包的单位将所承包的建设工程的一部分依法分包给具有相应资质的承包单位，该承包人不退出承包关系，其与第三人就第三人完成的工作成果向发包人承担连带责任的活动。工程分包是承包商按合同规定的程序将部分工程分给其他承包商施工的行为。

分包活动中，作为发包一方的建筑施工企业是分发包人，作为承包一方的建筑施工企业是分承包人。

7.1.1.2 FIDIC 条款的有关规定

FIDIC 条款 1.1.2.8 是关于分包商的定义：“分包商”指合同中指明为分包商的所有人员，或为部分工程指定为分包商的人员以及所有上述人员的合法继承人。

FIDIC 条款 4.4 是关于分包商的规定：承包商不得将整个工程分包出去。

承包商应将分包商、分包商的代理人或雇员的行为或违约视为承包商自己的行为或违约，并为之负全部责任。除非专用条件中另有说明，否则：

（1）承包商在选择材料供应商或向合同中已注明的分包商进行分包时，无须征得同意；

（2）其他拟雇用的分包商须得到工程师的事先同意；

（3）承包商应至少提前 28 天将每位分包商的工程预期开工日期以及现场开工日期通知工程师；

（4）每份分包合同应包含一条规定，即雇主有权终止合同的情况时要求将此分包合同转让给雇主。

FIDIC 条款 4.5 规定了分包合同利益的转让：如果分包商的义务超过了缺陷通知期的期满之日，且工程师在此期满日前已指示承包商将此分包合同的利益转让给雇主，则承包商应按指示行事。除非另有说明，否则承包商在转让生效以后对分包商实施的工程对雇主不负责任。

### 7.1.2 工程分包的分类

7.1.2.1 一般性分包合同

A 含义

在承包合同执行过程中，承包人由于某种原因，将自己承担的一部分工程，在经监理工程师批准后，分包给另外的承包人施工，承包人和分包人签订工程分包合同。

B 特征

一般性分包合同的特征如下：

(1) 承包人挑选分包人；

(2) 分包合同必须事先征得业主的同意和监理工程师的书面批准；

(3) 承包人不得把整个工程分包出去，自己执行主体合同；

(4) 业主和分包人没有合同关系，承包人签合同并派代表对分包工程负责。

C 分包合同的签订程序

分包合同的签订程序为：承包人选分包人—报批（监理）—审核、答复—签分包合同—分包人进入现场。

建筑工程总承包单位可以将承包工程中的部分工程发包给具有相应资质条件的分包单位。但是，除总承包合同中已约定的分包外，必须经建设单位认可。施工总承包的，建筑工程主体结构的施工必须由总承包单位自行完成。

建筑工程总承包单位按照总承包合同的约定对建设单位负责，分包单位按照分包合同的约定对总承包单位负责。总承包单位和分包单位就分包工程对建设单位承担连带责任。

7.1.2.2 指定分包合同

A 含义

指定分包商是由业主（或工程师）指定、选定，完成某项特定工作内容并与承包商签订分包合同的特殊分包商。合同条款规定，业主有权将部分工程项目的施工任务或涉及提供材料、设备、服务等工作内容发包给指定分包商实施。

FIDIC 条款第5条是关于指定分包商的，条款5.1规定了指定分包商的含义，在合同中，“指定分包商”是指一个分包商：合同中指明作为指定分包商的，或工程师依据第13款“变更和调整”指示承包商将其作为一名分包商雇用的人员。

B 特征

指定分包合同的特征如下：

(1) 分包人由业主或监理工程师事先在合同中指定或通过招标产生；

(2) 分包人与承包人签订分包合同，与业主仍无合同关系；

(3) 分包的工作仅限于工程量清单中所列“暂定金额”有关的项目；

(4) 承包商有权反对指定的分包对象：要求换人（重新指定分包商）；修改分包合同条款；变更自己承担那项工程；

(5) 指定分包商向承包商负责，承担合同文件中承包商应向业主承担的一切相应责任和义务；

（6）通过承包商向分包商支付，分包商向承包商交管理费，监理工程师对指定分包合同进行监督，必要时直接向分包商支付。

C 指定分包合同的签订程序

指定分包合同的签订程序为：招标指定—中标者与承包商签合同（在业主、承包商合同后）—乙方不同意可要求换人—正式签合同后分包商进入现场。

FIDIC 合同中，指定分包是一项重要的发包方式，在国际上被广泛采用，在国内房地产工程中也很常见，但国家建筑法体系内仍然主张业主指定分包商是不允许的。

因业主在招标阶段划分合同包时，考虑到某部分施工的工作内容有较强的专业技术要求，一般承包单位不具备相应的能力，但如果以一个单独的合同对待又限于现场的施工条件或合同管理的复杂性，工程师无法合理地进行协调管理，为避免各独立合同之间的干扰，则只能将这部分工作发包给指定分包商实施的合同。

由于指定分包商是与承包商签订分包合同，因而在合同关系和管理关系方面与一般分包商处于同等地位，对其施工过程中的监督、协调工作纳入承包商的管理之中。指定分包工作内容可能包括部分工程的施工，供应工程所需的货物、材料、设备，设计，提供技术服务等。

D FIDIC 条款关于指定分包的规定

FIDIC 条款 5.2 是“对指定的反对”：承包商没有义务雇用一名他已通知工程师并提交具体证明资料说明其有理由反对的指定分包商。如果因为（但不限于）下述任何事宜而反对，则该反对应被认为是合理的，除非雇主同意保障承包商免于承担下述事宜的后果：

（1）有理由相信分包商没有足够的能力、资源或资金实力；

（2）分包合同未规定指定分包商应保障承包商免于承担由分包商、其代理人、雇员的任何疏忽或对货物的错误操作的责任；

（3）分包合同未规定指定分包商对所分包工程（包括设计，如有时），应该：

1）向承包商承担该项义务和责任以使承包商可以依照合同免除他的义务和责任，以及

2）保障承包商免于按照合同或与合同有关的以及由于分包商未能履行这些义务或完成这些责任而导致的后果所具有的所有义务和责任。

FIDIC 条款 5.3 是“对指定分包商的支付”：承包商应向指定分包商支付工程师证实的依据分包合同应支付的款额。该项款额加上其他费用应按照条款 13.5“暂定金额”（b）的规定加入合同价格，但条款 5.4“支付的证据”中说明的情况除外。

FIDIC 条款 5.4 是“支付的证据”：在颁发一份包括支付给指定分包商的款额的支付证书之前，工程师可以要求承包商提供合理的证据，证明按以前的支付证书已向指定分包商支付了所有应支付的款额（适当地扣除保留金或其他）。除非承包商：

（1）向工程师提交了合理的证据，或

（2）以书面材料使工程师同意他有权扣留或拒绝支付该项款额，以及向工程师提交了合理的证据表明他已将此权力通知了指定分包商。

否则，雇主应（自行决定）直接向指定分包商支付部分或全部已被证实应支付给他的

（适当地扣除保留金）并且承包商不能按照上述（1）、（2）所述提供证据的那一项款额。承包商应向雇主偿还这笔由雇主直接支付给指定分包商的款额。

7.1.2.3 其他分类

工程分包还可以分为专业工程分包和劳务作业分包两类。

（1）专业工程分包是指施工总承包企业将其所承包工程中的专业工程发包给具有相应资质的其他建筑业企业完成的活动，在具体实践中有业主指定分包和承包人报请业主、监理同意后的专业分包。

（2）劳务作业分包是指施工总承包企业或者专业承包企业将其承包工程中的劳务作业发包给劳务分包企业完成的活动，往往不需经业主、监理的同意，承包单位可以自行选择。

## 7.2 工程分包合同的主要内容

工程分包合同示范文本的结构和主要条款、内容与施工承包合同相似，包括词语定义与解释，双方的一般权利和义务，分包工程的施工进度控制、质量控制、费用控制，分包合同的监督与管理，信息管理，组织与协调，施工安全管理与风险管理等。

分包合同内容的特点，是既要保持与主合同条件中相关分包工程部分规定的一致性，又要区分负责实施分包工程的当事人变更后的两个合同之间的差异。分包合同所采用的语言文字和适用的法律、行政法规及工程建设标准一般应与主合同相同。

### 7.2.1 分包的合法条件

合法的分包须满足以下几个条件：

（1）分包必须取得发包人的同意。

（2）分包只能是一次分包，即分包单位不得再将其承包的工程分包出去。

（3）分包必须是分包给具备相应资质条件的单位。

（4）总承包人可以将承包工程中的部分工程发包给具有相应资质条件的分包单位，但不得将主体工程分包出去。

### 7.2.2 建设工程施工专业分包合同示范文本的主要内容

建设部和国家工商行政管理总局于2003年发布了《建设工程施工专业分包合同（示范文本）》（GF-2003-0213）。该文本由《协议书》、《通用条款》、《专用条款》三部分组成。

7.2.2.1 《协议书》的内容

《协议书》包括以下内容：

（1）分包工程概况、分包工程名称、分包工程地点、分包工程承包范围。

（2）分包合同价款。

（3）工期、开工日期、竣工日期、合同工期总日历天数。

（4）工程质量标准。

（5）组成合同的文件包括：本合同协议书；中标通知书（如有时）；分包人的报价书；除总包合同工程价款之外的总包合同文件；本合同专用条款；本合同通用条款；本合同工程建设标准、图纸及有关技术文件；合同履行过程中，承包人和分包人协商一致的其他书面文件。

（6）本协议书中有关词语含义与本合同第二部分《通用条款》中分别赋予它们的定义相同。

（7）分包人向承包人承诺，按照合同约定的工期和质量标准，完成本协议书第一条约定的工程，并在质量保修期内承担保修责任。

（8）承包人向分包人承诺，按照合同约定的期限和方式，支付本协议书第二条约定的合同价款以及其他应当支付的款项。

（9）分包人向承包人承诺，履行总包合同中与分包工程有关的承包人的所有义务，并与承包人承担履行分包工程合同以及确保分包工程质量的连带责任。

（10）合同的生效。

7.2.2.2 《通用条款》的内容

《通用条款》包括以下内容：

（1）词语定义及合同文件，包括词语定义，合同文件及解释顺序，语言文字和适用法律、行政法规及工程建设标准，图纸。

（2）双方一般权利和义务，包括承包人的工作和分包人的工作。

（3）工期。

（4）质量与安全，包括质量检查与验收和安全施工。

（5）合同价款与支付，包括合同价款及调整、工程量的确认和合同价款的支付。

（6）工程变更。

（7）竣工验收与结算。

（8）违约、索赔及争议。

（9）保障、保险及担保。

（10）其他，包括材料设备供应、文件、不可抗力、分包合同解除、合同生效与终止、合同价数和补充条款等规定。

7.2.2.3 《专用条款》的内容

《专用条款》包括以下内容：

（1）词语定义及合同文件。

（2）双方一般权利和义务。

（3）工期。

（4）质量与安全。

（5）合同价款与支付。

（6）工程变更。

（7）竣工验收与结算。

（8）违约、索赔及争议。

（9）保障、保险及担保。

（10）其他。

《专用条款》与《通用条款》是相对应的，《专用条款》的具体内容是承包人与分包人协商将工程的具体要求填写在合同文本中，建设工程专业分包合同《专用条款》的解释优于《通用条款》。

## 7.3 对工程分包的审批与管理

### 7.3.1 分包资质管理

《建筑法》第29条和《合同法》第272条同时规定，禁止（总）承包人将工程分包给不具备相应资质条件的单位，这是维护建设市场秩序和保证建设工程质量的需要。

#### 7.3.1.1 专业承包资质

专业承包序列企业资质设2~3个等级，60个资质类别，其中常用类别有：地基与基础、建筑装饰装修、建筑幕墙、钢结构、机电设备安装、电梯安装、消防设施、建筑防水、防腐保温、园林古建筑、爆破与拆除、电信工程、管道工程等。

#### 7.3.1.2 劳务分包资质

劳务分包序列企业资质设1~2个等级，13个资质类别，其中常用类别有：木工作业、砌筑作业、抹灰作业、油漆作业、钢筋作业、混凝土作业、脚手架作业、模板作业、焊接作业、水暖电安装作业等。如同时发生多类作业可划分为结构劳务作业、装修劳务作业、综合劳务作业。

### 7.3.2 关于分包的法律禁止性规定

《建设工程质量管理条例》第25条明确规定，施工单位不得转包或违法分包工程。

#### 7.3.2.1 违法分包

根据《建设工程质量管理条例》的规定，违法分包指下列行为：

（1）总承包单位将建设工程分包给不具备相应资质条件的单位，这里包括不具备资质条件和超越自身资质等级承揽业务两类情况。

（2）建设工程总承包合同中未有约定，又未经建设单位认可，承包单位将其承包的部分建设工程交由其他单位完成的。

（3）施工总承包单位将建设工程主体结构的施工分包给其他单位的。

（4）分包单位将其承包的建设工程再分包的。

#### 7.3.2.2 转包

转包是指承包单位承包建设工程后，不履行合同约定的责任和义务，将其承包的全部建设工程转给他人或者将其承包的全部工程肢解后以分包的名义分别转给他人承包的行为。

分包和转包的不同点，在于分包工程的总承包人参与施工并自行完成建设项目的一部分，而转包工程的总承包人不参与施工。两者的共同点是，分包和转包单位都不直接与建设单位签订承包合同，而直接与总承包人签订承包合同。

7.3.2.3 挂靠

挂靠是与违法分包和转包密切相关的另一种违法行为，包括：

（1）转让、出借资质证书或者以其他方式允许他人以本企业名义承揽工程。

（2）项目管理机构的项目经理、技术负责人、项目核算负责人、质量管理人员、安全管理人员等不是本单位人员，与本单位无合法的人事或者劳动合同、工资福利以及社会保险关系。

（3）建设单位的工程款直接进入项目管理机构财务。

7.3.2.4 违法分包的处罚

根据《中华人民共和国建筑法》第六十七条第一款，“承包单位将承包的工程转包的，或者违反本法规定进行分包的，责令改正，没收违法所得，并处罚款，可以责令停业整顿，降低资质等级；情节严重的，吊销资质证书”。

根据《中华人民共和国招标投标法》第五十八条，“中标人将中标项目转让给他人的，将中标项目肢解后分别转让给他人的，违反本法规定将中标项目的部分主体、关键性工作分包给他人的，或者分包人再次分包的，转让、分包无效，处转让、分包项目金额千分之五以上千分之十以下的罚款；有违法所得的，并处没收违法所得；可以责令停业整顿；情节严重的，由工商行政管理机关吊销营业执照”。

根据《建设工程质量管理条例》第六十二条，“违反本条例规定，承包单位将承包的工程转包或者违法分包的，责令改正，没收违法所得，对勘察、设计单位处合同约定的勘察费、设计费25%以上50%以下的罚款；对施工单位处工程合同价款0.5%以上1%以下的罚款；可以责令停业整顿，降低资质等级；情节严重的，吊销资质证书”。

根据《建筑业企业资质管理规定》第三十七条，“将承包的工程转包或者违法分包的，责令改正，没收违法所得，处工程合同价款0.5%以上1%以下的罚款；可以责令停业整顿，降低资质等级；情节严重的，吊销资质证书”。

根据《房屋建筑和市政基础设施工程施工分包管理办法》第十八条，“违反本办法规定，转包、违法分包或者允许他人以本企业名义承揽工程的，按照《中华人民共和国建筑法》、《中华人民共和国招标投标法》和《建设工程质量管理条例》的规定予以处罚；对于接受转包、违法分包和用他人名义承揽工程的，处1万元以上3万元以下的罚款”。

### 7.3.3 对工程分包的审批

各单位对工程分包的审批事项规定不同，一般而言依据工程施工分包合同金额大小实行分层次的审批制度，劳务分包由各二级单位自行审批。

7.3.3.1 审批权限

（1）合同金额小于50万元的，由发包方自审，报请单位行政第一负责人批准。

（2）合同金额大于50万元、小于200万元的，属局管项目部组织实施的项目，由项目部审查，项目经理批准。属二级单位管理的项目部组织实施的项目，由项目部自审通过后，报二级单位有关部门审核，最终由二级单位行政第一负责人批准。

（3）合同金额大或等于200万元的，先按不超过200万元的项目和程序审查通过后，报工程局有关部门审核，最终由分管局领导批准。

7.3.3.2 审批事项

常规审批事项包括工程分包立项、分包商的选择评价和工程分包合同签订等。只有终审通过，项目部才能正式办理获得批准的事项。

对以下特别事项应进行特别审批：

（1）受条件和市场情况所限，难以采用市场竞争方式选择分包商而又需进行工程分包的；

（2）工程分包合同价格与工程承包合同价格相比，难以不倒挂的；

（3）工程施工确实急需先引入分包商，而后补签工程分包合同的；

（4）确实需要给予分包商工程预付款的。

（5）人力不可抗力的其他特殊情况。

对特别事项应依其所属的工程分包项目性质按合同总金额的大小分档，按审批权限审查批准后实施。

发包方可对审查事项按审批权限分项送审，批准后分步办理；归并送审的，批准后也要分步办理。不允许“先斩后奏”，或为回避审批程序，采取以大化小的做法将一次分包的项目肢解后多次分包。

凡是采用单价承包的工程分包项目由发包方按计划分包工程量估算合同总金额，当工程分包实际结算金额累计超过估算合同总金额的15%及以上时，发包方应按该项工程分包审批权限重新上报审批，并附《分包商业绩评定表》和情况说明，获得批准后应重新签订分包合同或补充协议。

7.3.3.3 工程分包立项审批

工程分包立项审批由发包方填制工程分包立项申请表，分包商的选择评价和工程分包合同审批由发包方分别填制《选定分包商审批表》和《工程分包合同审批表》，特别事项审批由发包方填制《工程分包特别事项审批表》，各审批事项应附必要的文件资料和说明。

7.3.3.4 各级审查工作

各级审查工作由同级经营管理部门负责组织工程管理、质量、安全管理及其他有关部门共同进行，每级审查时间一般不应超过10个工作日。逐级审查的，在中间审查通过后，应有该级行政第一负责人的签字确认。审查通过后必须将有关资料报送上级经营管理部门备案。

### 7.3.4 企业应当采取的分包管理措施

（1）建立健全管理机构。分包工作需掌握经济、法律、技术等多方面的知识，其涉及面之广、综合性之强，使得设立专门机构实施管理变得非常必要。只有合理地设置管理机构并实施有效的管理，企业的分包工作才能朝着预期的目标发展。一般地，企业可成立以经理为组长、生产副经理与三总师为副组长、各职能部门负责人为成员的合同管理小组，负责分包工作中重要规章制度的制定和重大问题的处理。同时设立专门的合同管理部门，负责全企业分包工作的日常管理。在各施工项目部也要成立以项目经理为组长、项目总工为副组长、各业务负责人为成员的项目合同管理小组，负责项目内分包工作的组织协调管理，同时在工程部设立专门的合同管理人员，负责项目内工程分包工作的日常工作。

（2）健全各项规章制度、明确可分包工程范围。分包工作因其复杂性，若只设立了机构而无健全的规章制度，还谈不上是管理。企业在制定规章制度时可根据本企业的实际情况在不违反国家法律法规的情况下进行。一般应包括以下内容：

1）确定可分包的工程范围。《建筑法》、《合同法》等法律法规明确规定："主体结构工程不允许分包"。企业应根据本企业承包工程的情况，合理确定哪些工程是主体结构工程，不能分包，哪些是非主体工程，可以分包。通过如此划分，企业在实施分包时，才会有条不紊，不至于误包而违法。

2）明确工程分包时所需的报告、审批程序。通过报告、审批，保证所分包的工程非主体工程，而且分包原因是工程所需的一些高新技术企业尚未掌握或企业现有人员、设备等资源确实无法满足完成主合同的需要。通过这些规定，可避免违法分包或项目部随意分包而造成企业部分项目部存在分包，而部分项目部存在任务不足、资源闲置、工效降低等问题。

3）明确分包方资格审查、选用的有关规定。可以防止不具备相应资格和无实际施工能力的分包队伍分包工程，在保证分包合同签订后的正常履行和管理方面将会起到积极作用。

4）明确分包合同的签订及审批程序，以保证所签合同的质量。

5）对履约的有关规定。

（3）严格审核分包方的资格，为分包方建立档案。分包方选择的好坏，对分包工程质量和施工中的管理有重要影响，而且《合同法》和《建筑法》等法规对分包方的资格也有明确的规定，企业开展分包工作时，在严格遵守法律规定的同时，应做好以下工作：

1）应由企业的合同管理部门对分包队伍实施统一管理，可为每家分包队伍建立档案，对首次分包工程的队伍，应作好以下资格审查：

① 严格审查分包方的营业执照、资质证书和安全资格证书等证件，确定分包方可分包工程的类别。

② 严格审查分包方的人员素质、机械设备、资产负债状况。通过这些审查，了解分包企业的施工实力，判断分包方是否具有履约能力。

③ 调查分包方以前的业绩，了解分包方以前施工的工程类别、工程质量、履约信誉等情况，以判断分包方是否可以在本企业分包工程以及能够分包哪些工程。

通过以上的调查收集到资料后，应由合同管理人员整理好，并通过合同管理小组会议来选择分包方。

2）采用模拟招标选择具体的施工队伍。在确定了分包项目后，应将工程有关情况同时通知几家队伍，由他们对价款、施工组织、投入的人员、设备以及质量保证措施、工期保证措施、安全保证措施等作出明确的表示，企业择优选用。

3）加强对分包队伍的管理，定期考核其履行合同的表现，将考核结果记入其档案中。并根据考核结果作出好、中、差的分类，对于表现好的，以后可较放心地使用，对于评价为差的，应禁止再使用。

4）建立合同管理文档系统，注重分包合同资料的收集、管理。分包工作将会产生大量资料，如协议书、图纸、变更设计、验收记录、工程隐蔽记录、结算付款单、往来的信件、交底资料以及索赔资料、会谈纪要等，这些资料均是分包合同的组成部分。企业应对这些资料的审查、保存作出相应规定，并按要求妥善保管，这样不仅可以弥补自己工作中的不足，而且可以有效地对付分包方的索赔，并预测分包的法律后果。对保证分包合同的顺利履行及减少合同纠纷和维护企业利益均具有重要作用。

5）加强过程控制，确保分包合同认真履行。分包工作要想按照预期的目标进行，必须对分包合同的签订、履约进行全过程控制。

(4) 加强分包合同签订管理，确保签订规范的分包合同。在施工现场，因管理人员多为搞技术出身，法律意识相对淡薄。认为分包方是在自己手下分包工程，自己的要求分包方不敢不听。或认为与分包方关系不错，只要他能按要求将工程干好，合同是否完善并不重要。因此在合同内容完善、合同签字盖章、委托代理等方面都容易出现问题。正是因为这些被忽视的问题，给分包工作带来巨大隐患，一旦分包方进场施工，在涉及各自的利益时，因手中的合同无明确规定，双方往往争执不休，甚至诉诸法律，将严重扰乱分包工作的正常开展。为避免出现上述情况，企业应做好如下工作：

1）可参照《建设工程施工合同（示范文本）》（GF—1999—0201）结合本企业分包工程的一些实际情况，制定企业的“分包合同参考文本”，供项目部在签订分包合同时参考使用。

2）在商谈分包合同时，必须由项目部合同管理小组出面与分包方商谈，以发挥集体智慧，确保分包合同质量和避免暗箱操作损害企业利益。

3）规定分包合同的审批程序，在项目部与分包方谈好合同以后，要将已谈好的合同上报合同管理部门审核，内容不完善、委托代理无效的或有其他法律问题的，一律不得签订合同。

4）明确只有项目经理才有权代表企业与分包方签订分包合同，防止项目部其他管理人员随意与分包方签订合同而引起分包合同管理失控。

(5) 签订合同后，要召开履约部门负责人学习、分析分包合同。使大家对签约概况、合同精神、主要目标以及本部门在分包合同履行中所负的责任都有较深入的了解。以便大家能从全局出发、协同工作，认真履行完企业的义务，避免承担相应的违约责任。同时也可以起到认真督促分包方全面履行其义务，保证合同目的的实现。

(6) 要加强对分包工程的质量管理，不能以包代管。合同法已明确规定：“分包方与承包方一起就分包工程质量向业主负连带责任。”工程质量的好坏，直接关系到承包人的信誉和利益。为确保工程质量，可采取以下措施：

1）对分包队伍关键岗位的管理人员、施工人员的资格进行验证，不具备相应技能的人员必须由分包方用合格的人员替换。

2）构成工程实体的主要材料由承包人供应，防止分包方使用质量低劣的材料而造成工程质量问题。

3）对分包方采购的其他材料进行检验，不合格的材料不得存放在施工现场，更不得用于施工。

4）设立专职的现场施工员，负责对分包方所施工的工程进行旁站监督检查。不合格的工程不得进入下道工序施工，并且必须由分包方修复合格并承担相应费用。

(7) 加强成本控制，确保企业利益不受损害。分包合同作为建设工程合同的一个特例，其履约期限较长，而且经济关系也错综复杂。除了分包方按合同要求完成一定的工程项目，收取相应的工程款外，为了整个工程考虑，发包方可能还会在主材、风、水、电、油料等辅材及动力、机械的零时租用等方面为分包方提供有偿的协助。对于主要材料，因其数额较大，一般都能在给分包队伍付款时及时扣回，但是对辅助材料一般都不会太重视，在给分包队伍付款时都不会及时扣回，而是放到完工后一起清算。更有甚者，认为自己作为承包方，财大气粗，那点小钱扣不扣都无所谓。殊不知，积少成多，集腋成裘，在历时数月甚至数年完工清算时，才发现这些小钱已变成一个不小的数字。因平时未及时扣回，手中预留分包方的款项已不足以支付这些费用，分包方也会以工程亏损或计量有问题而拒付这些款项，结果不是发生纠纷、对簿公堂，就是企业利益受损。因此，在分包合同的履约过程中，要注意随时计量，确保这些费用的扣回。每次在为分包方付款以前，由技术部门对分包方已完合格工程进行计量，材料、机械等部门提供领（租）用我方材料、风、水、电和机械等费用资料后，才能对分包方拨付工程款。在拨付工程款时要注意代扣营业税金、预留工程质量保证金。

（8）定期分析分包合同的履约情况。在分包合同履约过程中，要定期分析企业和分包方对合同的履约情况，以发现合同履约中的问题并及时纠正。对于分包方，可在其进度计划、质量保证措施等方面给予必要的协助。如同时有几家分包方时，还要协调他们之间的关系，使之全面履行其义务。以保证分包工作正常开展。

（9）注重履约跟踪和完工总结，为以后工作积累经验。当一项分包工程完工后，项目部的合同管理人员应对本项目分包合同管理情况作出总结，对管理中的得失及分包队伍的索赔处理情况作出全面检查，这样不仅可为以后的分包工作提供借鉴，而且可以及时发现尚未解决的遗留问题，并预测其法律后果，为完满解决问题赢得时间。同时还应对分包方的施工能力、施工进度、工程质量以及信誉等情况作出评价，并上报企业合同管理部门存入分包方的档案中，作为下次是否使用该分包方的依据。

## 7.4 应用案例

【案例 7-1】

A 案情介绍

某施工企业（系被告）将其负责承建的某省高速公路Ⅱ标的两个盖板涵洞工程分包给无资质的“包工头”王某（系原告）组织施工。在施工过程中，原告由于人员不足和设备短缺等多种原因中途退出，而被告没有按工程进度进行计价，仅由项目经理签字，分两次预付工程款给原告 37 万余元。后双方签署了工程计价单，载明原告所施工工程的结算价为 33 万余元。原告认为结算价不合理，要求被告再一次性支付给原告 2 万元了结纠纷。被告在谈判无果的情况下，支付了原告 2 万元私了。随后原告向被告出具了一份《承诺书》，承诺被告再支付 2 万元后，除变更款（业主变更款批复后，应全额付给原告）外，保证以后不再就经济问题纠缠被告。一年半过去后，原告以被告拖欠其所施工的工程中新增项目的变更款 3 万元为由，向法院进行了起诉。法院第一次开庭审理此案，在庭审过程中，原告变更诉讼请求，一是撤销结算清单和承诺书；二是判令被告方支付工程欠款 26

万元。被告以原告变更诉讼请求，需要重新搜集证据为由，提出休庭。法院二个月后又第二次开庭审理此案。法院经审理认为：因被告将建设工程分包给不具备相应资质条件的个人进行施工，违反了法律的强制性规定，应属无效。同时，双方又无书面合同的约定。在此情形下，对工程造价进行重新鉴定成为必然。但原告提交申请后，未预交鉴定费用，并且明示放弃了鉴定。致使对案件争议的事实无法通过鉴定结论予以认定。因此，原告应当对其主张的事实承担举证不能的法律后果。法院驳回了原告的诉讼请求，被告胜诉。

B　法理分析

违法分包、转包合同的法律问题。违法分包、转包合同无效，在发包人和分包人之间产生一定的法律后果。《建筑法》明确规定，违法分包、转包人为了获得不正当的利益，违反法律的禁止性规定进行工程的分包、转包的，建设行政部门可以将发包人取得的利益确定为非法利益予以收缴。最高人民法院《关于审理建设工程施工合同纠纷案件适用法律问题的解释》第四条也明确规定，承包人非法转包、违法分包建设工程的行为无效，由人民法院收缴已经取得的非法所得。本案中，虽然没有涉及非法所得，但在今后的此类案件中，如果出现承包人在非法转包、违法分包建筑工程有非法所得的，一律由法院予以收缴，以制裁这种行为，平衡当事人之间的利益。

关于承诺书作为本案的关键证据，是否可撤销的问题。在民法中，原告写承诺书是一种民事法律行为。《民法通则》第五十七条明确规定："民事法律行为从成立时起具有法律约束力"。原告在诉讼请求中以该承诺书是在乘人之危、显失公平情况下订立为由，提出撤销，但从承诺书的签字人即本案原告可以看出，原告方均具有民事行为能力且当时意思表示是真实的。在庭审过程中原告并没有提出合法有效的证据能够证明有被告方乘人之危的情况存在。而且，在第一次庭审中，该承诺书是原告将其作为被告拖欠变更款的证据提供给法庭的，这表明承诺书是具有法律效力且被原告认可的证据，是原告真实的意思表示，是合法的，不可撤销。

关于撤销承诺书期限的问题。根据最高人民法院《关于贯彻执行＜民法通则＞若干问题的意见》第七十三条第二款的规定，可变更或者可撤销的民事行为，自行为成立时起超过一年当事人才请求变更或者撤销的，人民法院不予保护。本案中，自原告向被告出具承诺书，到原告第一次庭审时请求撤销该承诺书时，已经超过了一年的期限，人民法院不应给予保护。

关于对工程造价进行鉴定的问题。根据最高人民法院《关于民事诉讼证据的若干规定》第二十五条，当事人申请鉴定，应当在举证期限内提出。对鉴定事项负有举证责任的当事人，在人民法院指定的期限内无正当理由不提出鉴定申请或者不预交鉴定费用或者拒不提交相关材料，致使对案件争议的事实无法通过鉴定结论予以认定的，应当对该事实承担举证不能的法律后果。该案中的原告提交申请后，未预交鉴定费用，并且明示放弃了鉴定，因此，原告应当对其主张的事实承担举证不能的法律后果。

当事人一方不履行合同义务责任的问题。依据《合同法》，当事人一方不履行合同义务或者履行合同义务不符合约定的，应当承担继续履行、采取补救措施或者赔偿损失等违约责任；当事人一方明确表示或者以自己的行为表明不履行合同义务的，对方可以在履行期限之前要求其承担违约责任；当事人一方不履行合同义务或者履行合同义务不符合约定，给对方造成损失的，损失赔偿额应当相当于因违约所造成的损失，包括合同履行后可以获得的利益，但不得超过违反合同一方订立合同时预见到或者应当预见到的因违反合同可能造成的损失。本案中，原告撤离工地现场，以自己的行为表明不履行合同义务，依照《合同法》应当承担违约责任。但本案中未能签订合同，就不能按《合同法》追究原告的违约责任。

另外，根据最高人民法院《关于审理建设工程施工合同纠纷案件适用法律问题的解释》第二十三条的规定，当事人对部分案件事实有争议的，仅对有争议的事实进行鉴定，但争议事实范围不能确定，或者双方当事人请求对全部事实鉴定的除外。本案中，双方当事人没有签订相关合同，不能根据该法第二十三条的规定执行，只能按照当事人约定的固定价结算工程价款。因此只能对双方当事人产生争议的工程造价进行鉴定成为必然。

C 案件启示

施工企业在项目的管理上应选择合法的管理模式。施工企业在与建设方签订建设工程合同后，应结合工程的项目特点，选择是全部自行施工还是采取专业工程分包或劳务作业分包的方式。全部自行施工当然是最好的完成工程的方式，因为建设工程合同是建设单位在对总承包单位的施工能力、施工水平、技术力量、社会信誉的考察后所签订的，是对总承包单位全面履行合同能力的一种信赖，总承包单位自行施工能更好地履行合同。但在施工实践中，建设工程总承包单位有时为了加快工程进度，提高效率等，需要将一些专业性强的工程、附属设施、非主体工程等分包给其他单位帮助完成，从而选择工程分包的形式；在分包时，施工单位必须遵守相关的法律，满足分包的上面提到的条件，使分包合同合法有效；而不能片面地为追求经济利益，采取变相的转包和肢解分包方式，那样不仅行为无效，带来不必要的经济纠纷，还会受到法律的制裁。本案就是一个很好的例证。

劳务分包方式的选择。转包、肢解分包是法律所禁止的。在施工实践中，施工企业如果需要将一些附属设施、非主体工程等分包给其他单位帮助完成，可以采取劳务分包的方式，将劳务作业分包给劳务作业承包人。最高人民法院《关于审理工程施工合同的司法解释》第七条明确规定劳务分包合同不是转包合同，是合法有效行为。施工企业应认清劳务分包与专业工程分包、转包的区别，在工程管理上正确运用，选择一个良好的管理模式，全面地履行合同，优质高效地建成工程。

严禁违法分包，加强对分包队伍的资质审查。根据《建筑法》第二十九条第三款的规定，禁止总承包单位将工程分包给不具备相应资质条件的单位，该条款属于强制性条款，当事人在建设施工合同中出现了违反《建筑法》强制性规定的情形，就可以依照《民法通则》和《合同法》的规定，确定合同无效。建设部发布的《关于建立和完善劳务分包制度发展建筑劳务企业的意见》明确规定："至 2008 年 6 月，施工总承包和专业承包特级、一级企业进行劳务作业分包，必须使用有相应资质（劳务分包或施工总承包资质等）的企业。"在施工企业的日常生产经营过程中，如果违反国家强制性规定进行了违法分包，将给企业的各方面利益带来严重的损害。因此，施工企业必须在事前予以防范，在与分包队伍签订劳务分包合同之前，必须对对方的资质进行严格的审查。审查的内容包括对方的营业执照、生产能力、从事相应业务的资质证书，合同签订者如不是法人的，是否持有法人委托授权书等，以保证对方的法人实体地位及合同的合法有效性。

依法签订合同，强化合同条款的审查。合同是发生纠纷后法院审理裁决的主要依据，因此在进行相应的经济活动中一定要签订合同，在签订合同时，也一定要做到尽量的详细，对双方的主要权利义务极有可能产生纠纷的地方做出相应的约定，特别是分包合同对价款要有明确约定。如本案中，原告进场进行施工就没有与被告签订任何施工合同或劳务分包合同，以至于双方当事人就工程造价的结算依据产生分歧，从而产生诉讼。

加强相关证据的收集和保管。施工企业要注意履行合同过程中的证据的收集，包括一些往来信函、传真、会议纪要及电子邮件等，并及时进行登记保管。同时，应加强合同的履行管理，一旦发现合同关键条款约定不明确或没有约定，双方可以协议补充，这样可以减少合同履行过程中的纠纷。同时，对一些大型施工集团从事建筑工程来说，大部分主合同都是由集团母公司或子公司的开发部门与对方进行的条款的协商，而最后的履行合同一般是由项目部进行的。因此，在履行合同的过程中，施工项目部主要负责人及合同管理人员，应认真研究合同的每一条款，不能脱离合同去履行。另外，对项目主要负责人、合同承办人员和合同管理员进行必要的法律法规知识、企业管理知识和相关知识的培训，提高他们对合同管理及合同履行方面的能力和水平，以避免不必要的纠纷和损失。

对工程进度款要按规定进行支付，杜绝不合法的个人行为。本案中，由于项目经理不按规定支付工程款，除多支付的工程款4万元收不回外，另外还支付2万元进行私了，给企业造成不应有的损失。所以，施工企业要重视工程款的支付管理，严格按规定的程序办理款项支付手续，要依据技术部门、合同管理部门、统计部门提出工程进度拨款意见，经财务部门核实是否要扣除已付的工程预付款、代垫材料等款后，再由项目经理审批后才能支付，只有这样，才能从源头控制超付工程款现象的发生。一旦发生经济纠纷，应通过协商进行解决。

## 复习思考题

7-1 简述工程分包的概念。

7-2 工程分包分为哪几类?

7-3 违法分包有哪些?

7-4 建设工程施工专业分包合同示范文本包括哪几部分?

7-5 《协议书》、《通用条款》、《专用条款》分别包括哪些内容?

7-6 简述加强分包管理的必要性及要点。

7-7 转让合同与分包合同的区别是什么?

7-8 企业应当怎样进行分包管理?

7-9 工程分包合同的主要内容是什么?

7-10 合法的分包须满足哪些条件?

# 第 8 章　工程延期管理

在工程项目建设过程中，由于社会条件、人为条件、自然条件和管理水平等因素的影响，发生了延长工期的事件并造成了工程竣工日期向后延迟的现象，被称为工程拖延。发生工程拖延的原因是多方面的，有建设单位的原因，有承包单位的原因，有监理单位的原因，还有外部条件的原因等，但工程拖延的后果只有两种，即工程延期和工程延误。监理工程师能否准确地把握工程延期和工程延误的区别，并正确地做出判断，公正地维护合同双方的合法权利，对建设单位和承包单位都十分重要。同时，监理对工程延期与工程延误的处理，是监理进度控制和施工合同管理工作的重要内容，其处理的好坏是对监理业务能力和管理水平的一种检验。

## 8.1　工程延期概述

施工方是工程实施的一个重要参与方，许多工程项目，特别是大型重点建设项目，工期要求十分紧迫，施工方的工程进度压力非常大。数百天的连续施工，一天两班制施工，甚至 24 小时连续施工时有发生。不是正常有序地施工、盲目赶工难免会导致施工质量问题和施工安全问题的出现，从而出现工程延期的情况，并且会引起施工成本的增加。因此，对于工程建设周期的控制，也即工程延期的管理，具有非常重要的作用。

工程延期管理的重要性主要表现在以下几个方面：

（1）使建设项目功能得到及时发挥；

（2）各方都有与建设周期联系的经济效益；

（3）一环节拖延将影响其他环节。

### 8.1.1　相关基本概念

8.1.1.1　工程延误

由于承包商自身的原因造成的工期延长，称为工程延误。由于工程延误所造成的一切损失由承包商自己承担，包括承包商在监理工程师的同意下采取加快工程进度的措施所增加的费用。同时，由于工程延误所造成的工期延长，承包商还要向业主支付误期损失补偿费。因为工期延误所延长的时间不属于合同工期的一部分。

对于工程延期，按照不同的划分标准，其种类也不同。

由于影响的原因和造成的后果不同，可把工程延误分为以下几类：

(1) 可原谅延误与不可原谅延误。

1）可原谅延误是指容许延长工期的延误。主要有以下几种类型：

① 不可抗力引起的延误；

② 不利自然条件或客观障碍引起的延误；

③ 特别恶劣的气候条件引起的延误；

④ 特殊风险引起的延误；

⑤ 罢工或其他经济风险引起的延误；

⑥ 业主或业主代表原因引起的延误。

2）不可原谅延误是指不容许延长工期的延误。主要有以下几种类型：

① 承包商缺乏足够的财务能力引起的延误；

② 与承包商有直接关系的第三方造成的问题引起的延误；

③ 分包商行为引起的延误；

④ 承包商因管理问题引起的延误。

（2）可补偿延误与不可补偿延误。

1）可补偿延误是指承包商有权同时要求延长工期和经济补偿的延误。主要有以下几种类型：

① 监理工程师未能在规定的时间提供图纸或指示引起的延误；

② 出现不可预见的不利自然条件或客观障碍引起的延误；

③ 业主拖延工程付款引起的延误；

④ 合同变更引起的延误；

⑤ 业主未能及时提供场地引起的延误。

2）不可补偿延误是指容许延长工期、但不能要求经济补偿的延误。主要有以下几种类型：

① 不可抗力引起的延误；

② 特别恶劣的气候条件引起的延误；

③ 特殊风险引起的延误；

④ 其他第三方造成的问题引起的延误。

（3）共同延误与非共同延误。

1）共同延误是指两项以上单独延误同时发生的延误。主要有以下几种类型：

① 可补偿延误与不可原谅延误同时发生的延误；

② 不可补偿延误与不可原谅延误同时发生的延误；

③ 不可补偿延误与可补偿延误同时发生的延误；

④ 两项可补偿延误同时发生的延误；

⑤ 业主未能及时提供场地引起的延误。

2）非共同延误是指单独延误。

（4）关键延误与非关键延误。

1）关键延误是指由于某种原因造成了对关键线路上的工作的延误。关键线路上工作的延误将会导致整个施工进度计划的改变，从而引起整个合同工期的变化。

2）非关键延误是指在施工过程中，由于某些原因造成了对非关键线路上的工作的延误，且其延误的时间变动范围在自由时差的范围内。若其延误时间超过了自由时差变动的范围，也将会引起施工进度计划的改变，从而影响总工期。

8.1.1.2 总工期（Contraction Period）

对于总工期的理解，可以从以下三个方面展开：

（1）合同中规定：开工之日起多少日完工（开工日期到完工日期之间的天数）；

（2）一般由业主提出（招标文件中），投标者接受，并提出更快工期；

（3）合同中的日数，日历日数，即无星期及节假日除外之说。

8.1.1.3 开工（开工日期）

开工日期是指发包人和承包人在协议书中约定、承包人开始施工的绝对或相对的日期。

确定开工日期的几种方式如下：

（1）由工程师通知开工日期；

（2）合同中规定，在合同签订之日起多少天开工；

（3）若议标，双方在签订合同前确定。

8.1.1.4 竣工时间

竣工时间就是合同要求承包商完成工程的时间。根据（一般规定）条款对竣工时间的定义，它是指一个时间段而不是一个时间点，起点是开工日期，终点是竣工日期。FIDIC定义的竣工时间，相当于国内工程界习惯上称作的“合同工期”。

8.1.1.5 实质上竣工

承包商应在工程或区段（如有时）的竣工时间内完成整个工程以及每一区段（视情况而定），包括通过竣工检验以及完成合同中规定的所有工作，这些工作被认为是为了进行移交的目的而完成工程和区段所必需的工作，称为实质上竣工。

8.1.1.6 合同有效期

（1）合同工期。合同工期是指发包人和承包人在协议书中约定、按总日历天数（包括法定节假日）计算的承包天数，包括开工日期与竣工日期。其中，竣工日期是指发包人和承包人在协议书中约定、承包人完成承包范围内工程的绝对或相对的日期。

（2）有效合同工期。有效合同工期是指从合同生效后，当事人双方按照约定履行自己的义务，实现了自己的全部权利，订立合同的目的已经实现，合同确立的权利义务关系消灭的整个过程。

**8.1.2 工程延期的含义**

在老版本的FIDIC条款中，都明确规定了工程延期的内容，在新版本里面没有关于工程延期的明确规定，只是包含在了变更和索赔条款里面。老版本FIDIC条款44.1规定，工程延期是指由于并非承包商的自身原因所造成的经监理工程师批准的合同竣工期限的延长。经过监理工程师批准的延期，所延长的时间属于合同工期的一部分，即工程竣工的时间等于标书中规定的时间加上监理工程师批准的工期延期时间。可能导致工期延期的原因有工程量增加、未按时间向承包商提供图样、恶劣的气候条件、业主的干扰和阻碍等。判断工程延期的总原则就是除承包商自身以外的任何原因造成的工程延长或中断。工程中出现的工程延长是否为工程延期对承包商和业主都很重要。因此应按照有关的合同条件，正确地区分工程延误与工程延期，合理地确定工程延期的时间。因此，工程延期应为可原谅、关键延误。

老版本 FIDIC 条款给予了工程延期的主要原因，如表 8-1 所示。

**表 8-1 工程延期的主要原因分析表**

| 原 因 | 条款号 | 备 注 |
|---|---|---|
| 图纸或指示的迟发 | 第 6 条 | 指按进度计划应提供的图纸或按合同规定期限应给出的指示 |
| 未能取得施工用地 | 第 42 条 | 指按施工进度计划所需用地 |
| 遇到不利的实物障碍或自然条件 | 第 12 条 | 指有经验的承包商无法预测的 |
| 工程暂停 | 第 40 条 | |
| 追加了额外的工程量 | 第 51 条 | 指重大的变更 |
| 工程受到损害或延误 | 第 20、65 条 | 由于业主的风险与特殊风险 |
| 异常恶劣的气候条件 | 专用 44 条 | |
| 由业主造成的任何延误、干扰或阻碍 | 第 69 条 | 例如业主自行采购的材料设备未能按要求提交承包商，或是业主自行分包的工程延误影响承包商的工作 |
| 除去承包商的失误或由他负责的违约以外，其他可能发生的特殊情况 | | |

在新红皮书中，第 8 条是“开工、延误和暂停”，条款 8.4 规定了“竣工时间的延长”，条款 8.5 规定了“由公共当局引起的延误”，条款 8.8 规定了“工程暂停”。

## 8.2 延期条件及审批依据

### 8.2.1 延期条件

造成工期延误的原因很多，既可能是由于发包人或工程师在工程中处理问题不妥引起的，也可能是由于承包人的原因引起的，还可能是由于第三方或自然条件引起的，也可能是由于承包人的原因引起的，还可能是由于第三方或自然条件引起的。其中由发包人、工程师、第三方或自然条件引起工期延误，经工程师签证确认后，工期可相应顺延。而由于承包人原因引起的工期延误则工期不能顺延。

#### 8.2.1.1 致使工程延期的情况

因延误而应当顺延工期的情况包括如下几种：

(1) 发包人未能按专用条款的约定提供图纸及开工条件；

(2) 发包人未能按约定日期支付工程预付款、进度款，致使施工不能正常进行；

(3) 工程师未能按合同约定提供所需指令、批准等，致使工程不能进行；

(4) 设计变更使工程量增加；

(5) 一周内非承包人原因停水、停电、停气造成停工累计超过 8 小时；

(6) 不可抗力；

（7）专用条款中约定或工程师同意工期顺延的其他情况。

8.2.1.2 FIDIC 条款的规定

FIDIC 新红皮书条款 8.4 “竣工时间的延长” 规定，如果由于下述任何原因致使承包商在一定程度上遭到或将要遭到延误，承包商可要求延长竣工时间：

（1）一项变更或其他合同中包括的任何一项工程数量上的实质性变化；

（2）导致承包商根据本合同条件的某条款有权获得延长工期的延误原因；

（3）异常不利的气候条件；

（4）由于传染病或其他政府行为导致人员或货物可获得的不可预见的短缺；

（5）由雇主、雇主人员或现场中雇主的其他承包商直接造成的或认为属于其责任的任何延误、干扰或阻碍。

承包人在以上情况发生后 14 天内，就延误的工期以书面形式向工程师提出报告。工程师在收到报告后 14 天以内予以确认，逾期不予以确认也不提出修改意见的，视为同意顺延工期。

8.2.1.3 关于“不可抗力的规定”

对于工程施工中“不可抗力”因素，通用条款规定：不可抗力包括因战争、动乱、空中飞行物坠落或其他非发包人、承包人责任造成的爆炸、火灾以及专用条框中约定的风、雨、雪、洪、震等自然灾害。

不可抗力事件发生后，承包人应立即通知工程师，并在力所能及的条件下迅速采取措施，尽量减少损失。发包人应协助承包人采取措施。工程师认为应当暂停施工的，承包人应暂停施工。不可抗力事件结束后 48 小时内承包人向工程师通报受害情况。不可抗力事件结束后 14 天，承包人向工程师提交清理和修复费用的正式报告及有关资料。

因不可抗力事件导致的费用按有关规定由双方分别承担。

此外，前述延误工期的其他情况中最常见的是文物和地下障碍物。根据我国有关文物保护的法律规定，工程施工中发现文物如隐瞒不报，致使文物遭受破坏的，责任者依法承担相应责任。因此，在施工中发现古墓、古建筑遗址等文物及化石或其他有考古、地址研究等价值的物品时，承包人应立即保护好现场并于 4 小时内以书面形式通知工程师，工程师应于收到书面通知后 24 小时内报告当地文物管理部门，发包人、承包人按文物管理部门的要求采取妥善保护措施。发包人承担由此发生的费用。

施工中发现影响施工的地下障碍物（如城市废弃的旧管沟、旧基础等）时，承包人应于 8 小时内以书面形式通知工程师，同时提出处置方案，工程师收到处置方案后 24 小时内予以认可或提出修正方案。发包人承担由此发生的费用。所发现的地下障碍物有归属单位时，发包人应报请有关单位协调处置。

承包商遇到上述情况一定要认真、慎重，特别是要教育农民工了解并遵守国家有关法律，切不可一遇到什么稀罕物便一哄而上，既有可能破坏文物，也影响施工，最后还要给承包人带来很大麻烦，这方面的例子在建筑工地上时有发生。

工程延期除各条款中提到的“工期顺延”外，还有一项重要的延期即延期开工。延期开工包括两种情况：一是承包人原因引起的延期；二是发包人原因引起的延期。承包人应当按照协议书约定的开工日期开工。承包人不能按时开工，应当不迟于协议书约定的开工日期7天后，以书面形式向工程师提出延期开工的理由和要求。工程师应当在接到延期开工申请后48小时内以书面形式答复承包人，工期相应顺延。工程师不同意延期要求或承包人未在规定的时间内提出延期开工要求的，工期不予顺延。

因发包人的原因不能按照协议书约定的开工日期开工，工程师应以书面形式通知承包人，推迟开工日期。发包人赔偿承包人因延期开工造成的损失，并相应顺延工期。

承包人必须按照协议书约定的竣工日期或工程师同意顺延的工期竣工。因承包人原因不能按照协议书约定的竣工日期或工程师同意顺延的工期竣工的，承包人承担违约责任。违约责任一般是双方在专用合同中约定，例如每延期一天罚款多少，每提前一天奖励多少。

施工中发包人如需提前竣工，双方协商一致后签订提前竣工协议，作为合同文件组成部分。提前竣工协议应包括承包人为保证工程质量和安全采取的措施、发包人为提前竣工提供的条件以及竣工所需要的追加合同价款等内容。简单的单项工程施工一般不会另签协议，也不协商具体内容，而是如前述及的双方约定每提前一天奖励施工单位多少钱。

新版FIDIC条款第19条是关于不可抗力的规定，本书将在后面的工程索赔中详加叙述。

### 8.2.2 审批的依据

承包单位延期申请能够成立并获得监理工程师批准的依据如下：

（1）工程延期事件是否属实，强调实事求是。承包人提出申请要求延长工期，必须在事件发生后的规定期限内向监理工程师提出报告，申述事件的明细情况以及对工程的影响，并提交相关证明材料，如施工日志、天气记录等。驻地监理工程师应有施工日志、天气记录等原始记录，还要对承包人影响进度的事实、时间及人力、机械、设备的闲置和能否重新调整计算等作详细记录。监理工程师在延期审批时，要认真审核以上记录和材料，实事求是地确定工程延期事件。

（2）是否符合本工程施工合同中有关工程延期的约定。监理工程师在审批过程中，要看事实是否符合合同规定，即影响进度的事件发生是属延期还是延误。FIDIC条款规定的延期条件：1）任何形式的额外或附加工程的数量或性质；2）异常恶劣天气；3）甲方造成的任何延误、干扰或阻碍：① 业主未按期交出现场或通道；② 延期交付图纸；③ 不利的外界障碍；④ 地下意外发现引起停工；⑤ 合同外质检；⑥ 工程暂停；⑦ 未按期支付；4）除乙方过失以外的其他特殊原因。

（3）延期事件是否发生在施工进度网络计划图的关键线路上，即延期是否有效合理。承包人在所报的延期申请中有些虽然满足前两个条件，但并不一定是有效和合理的，只有有效和合理的延期申请才能给予批准。也就是说，所发生的延误工程部分项目必须是会影响到整个工程项目工期的工程。如果发生延误的工程部分项目并不影响整个工程完工期，那么，就不可能批准延期。

（4）延期天数的计算是否正确，证据资料是否充足。申请延期天数的计算是否正确、证明材料是否充足，是审批工程延期申请的最后一关。监理工程师要对承包人提出的证明材料、计算方法、计算结果进行审核，必要时按自己掌握的材料、确定的计算方法进行计算，最后确定延期天数，确保延期合理。

上述四条中，只有同时满足前三条，延期申请才能成立。对于延期时间的计算，监理工程师应根据自己记录的实际情况，作出公正合理的计算。上述四条中最关键的就是第三条。在延期审批时，监理工程师应根据最新批准的进度计划来确定关键线路上的工程项目，并应注意关键线路并不是固定的，随着工程进展，关键线路也在变化，而且是动态变化，原来的非关键线路有可能变为关键线路。因此，监理工程师要随时做好记录以正确计算延长的工期。计算工程延期批准值的直接方法就是网络分析计算，对于一些工程变更或明显处于关键线路上的工程延期，也可以通过比例分析法或实测法得出结果。

## 8.3 工程延期的申请与审批

### 8.3.1 工程延期的申请

8.3.1.1 合同条款的规定

《建设工程施工合同（示范文本）》在通用条款第 13 条中对延期申报条件作了明确规定。当发生以下原因引起的工程拖期，承包单位有权提出延长工期的申请，监理工程师应依据合同规定批准工程延期的时间：

（1）因图纸或建设单位要求的原因，监理工程师发出工程变更指令而导致工程量增加。

（2）异常恶劣的气候条件，是一个有经验的承包单位难以预料的特殊情况。

（3）由建设单位造成的任何延误、干扰或障碍，如未及时提供施工场地、未及时付款等。

（4）合同所涉及的任何可能造成工程延期的原因，如延期交付图纸、工程暂停施工（不包括监理工程师纠正施工单位错误行为的暂停施工）、对合格工程的剥离检查及不利的外界条件等。

（5）除施工单位自身以外的其他任何原因，如一周内非承包单位原因停水、停电、停气造成停工累计超过 8 小时等。

（6）施工合同专用条款中约定或工程师同意工期顺延的其他情况。

8.3.1.2 提出申请的基本步骤

（1）事件发生后尽快通知监理工程师。当工程延期事件发生后，承包单位应在合同规定的有效期内以书面形式通知监理工程师（即工程延期意向通知），以便于监理工程师尽早了解所发生的事件，及时做出一些减少延期损失的决定。

（2）提交详细的申述报告。承包单位应在合同规定的有效期内（或监理工程师可能同意的合理期限内）向监理工程师提交详细的申述报告（延期理由及依据）。合同条款规定：承包商应在 28 天内报“延期申请表”及详细资料（若属连续性事件，每 28 天报一次

“延期意向书”)；监理工程师收到该报告后应及时进行调查核实，准确地确定出工程延期时间。监理工程师在收到承包人提交的完整“工程延期申请”后，对延期事件的真实性加以证实，附加相应的证明资料，报送给监理办。监理办确认最终合理工期后报业主批准。经业主批准后由总监理工程师签发《工程延期审批表》。

(3) 驻地工程（总监代表处）组织评审。如果遇到比较复杂的延期事件，监理工程师可以成立专门小组进行处理。对于一时难以做出结论的延期事件，即使不属于持续性的事件，也可以采用先做出临时延期的决定，然后再做出最后决定的办法。这样既可以保证有充足的时间处理延期事件，又可以避免由于处理不及时而造成的损失。

(4) 评审结果报总监审批。当延期事件具有持续性，承包单位在合同规定的有效期内不能提交最终详细的申述报告时，应先向监理工程师提交阶段性的详情报告。监理工程师应在调查核实阶段性报告的基础上，尽快做出延长工期的临时决定。临时决定的延期时间不宜太长，一般不超过最终批准的延期时间。待延期事件结束后，承包单位应在合同规定的期限内向监理工程师提交最终的详情报告。监理工程师应复查详情报告的全部内容，然后确定该延期事件所需要的延期时间。

(5) 报业主备案。

(6) 书面通知乙方（延期实施）。监理工程师在做出临时工程延期批准或最终工程延期批准之前，均应与业主和承包单位进行协商。

### 8.3.2 监理工程师的延期审批

#### 8.3.2.1 工程延期的审批原则

监理工程师在审批工程延期时应遵循下列原则：

(1) 合同条件。监理工程师批准的工程延期必须符合合同条件。也就是说，导致工期拖延的原因确实属于承包单位自身以外的，否则不能批准为工程延期。这是监理工程师审批工程延期的一条根本原则。

(2) 影响工期。发生延期事件的工程部位，无论其是否处在施工进度计划的关键线路上，只有当所延长的时间超过其相应的总时差时，才能批准工程延期。如果延期事件发生在非关键线路上，且延长的时间并未超过总时差时，即使符合批准为工程延期的合同条件，也不能批准工程延期。应当说明，建设工程施工进度计划中的关键线路并非固定不变的，它会随着工程的进展和情况的变化而转移。监理工程师应以承包单位提交的、经自己审核后的施工进度计划（不断调整后）为依据来决定是否批准工程延期。

(3) 实际情况。批准的工程延期必须符合实际情况。为此，承包单位应对延期事件发生后的各类有关细节进行详细记载，并及时向监理工程师提交详细报告。与此同时，监理工程师也应对施工现场进行详细考察和分析，并做好有关记录，以便为合理确定工程延期时间提供可靠依据。

#### 8.3.2.2 审批的方式

当工程延期事件发生后，承包单位应在合同规定的有效期内向项目监理机构提交工程延期申请表。延期申请表中应详细说明工程延期的依据、工期计算、申请延期竣工日期，并应附有证明材料，如工期的影响事件、监理指令、工程变更单等。监理工程师在接到申请后应及时进行调查核实，对延期要求符合施工合同文件中规定条件的应予以受理。当影响工期事件具有持续性时，项目监理机构可在收到承包单位提交的阶段性工程延期申请表并经过审查后，先由总监签署工程临时延期审批表并报建设单位。当承包单位提交最终的工程延期申请表后，项目监理机构应复查工程延期及临时延期情况，并由总监签署工程最终延期审批表。

监理的延期审批分为临时批准和最终批准两种：

（1）临时批准。在实际工作中，监理工程师必须在合理的时间内做出决定，否则承包单位可以由于延期迟迟未获批准而被迫加快工程进度为由，提出费用索赔。为了避免这种情况的发生，使监理工程师有比较充裕的时间评审延期，对于一些较为复杂、持续时间较长或一时难以做出定论的延期申请，监理工程师可以根据初步评审，给予一个临时的延期时间，然后再进行详细的研究评审，书面批准有效延期时间。临时批准是对延期情况的一个估计，不仅可以避免并减少承包单位提出费用索赔，同时又可再制订详细的批准计划，但临时批准的延期时间不能长于最后的书面批准的延期时间。

（2）最终批准。最终延期时间应是承包单位的最后一个延期申请批准后的累计时间，但并不是每一项延期时间都累加，如果后面批准的延期内包含前一个批准延期的内容，则前一项延期的时间不能予以累计，要注意时间的搭接。监理在签署延期审批表前应就延长工期问题与建设单位、承包单位进行协商。审批表中应有明确的监理审核意见，同意延长工期应注明工期延长的天数、理由及计算方法，不同意延长工期应说明不同意的理由和依据。

#### 8.3.2.3 工程延期的审批程序

当工程延期事件发生后，承包单位应在合同规定的有效期内以书面形式通知监理工程师（即工程延期意向通知），以便于监理工程师尽早了解所发生的事件，及时做出一些减少延期损失的决定。随后，承包单位应在合同规定的有效期内（或监理工程师可能同意的合理期限内）向监理工程师提交详细的申述报告（延期理由及依据）。监理工程师收到该报告后应及时进行调查核实，准确地确定出工程延期时间。

当延期事件具有持续性，承包单位在合同规定的有效期内不能提交最终详细的申述报告时，应先向监理工程师提交阶段性的详情报告。监理工程师应在调查核实阶段性报告的基础上，尽快做出延长工期的临时决定。临时决定的延期时间不宜太长，一般不超过最终批准的延期时间。

待延期事件结束后，承包单位应在合同规定的期限内向监理工程师提交最终的详情报告。监理工程师应复查详情报告的全部内容，然后确定该延期事件所需要的延期时间。

如果遇到比较复杂的延期事件，监理工程师可以成立专门小组进行处理。对于一时难以做出结论的延期事件，即使不属于持续性的事件，也可以采用先做出临时延期的决定，然后再做出最后决定的办法。这样既可以保证有充足的时间处理延期事件，又可以避免由于处理不及时而造成的损失。

监理工程师在做出临时工程延期批准或最终工程延期批准之前，均应与业主和承包单位进行协商。

工程延期申请与审批的一般程序见图 8-1。

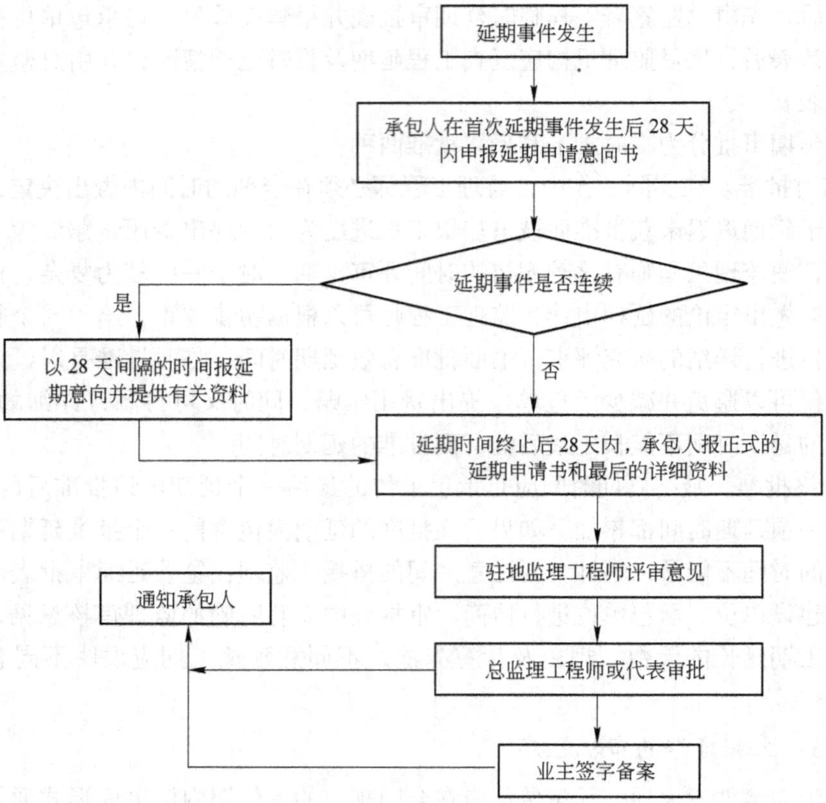


图 8-1 工程延期的申请与审批程序图

工程延期意向书、工程延期申请表、延期初审报告、延期审批证书、工程延期审批表格式分别见表 8-2 ~ 表 8-6。

表 8-2 工程延期意向书 编号：

| |
|---|
| 延期项目： |
| 有关合同条款： |
| 延期原因： |
| 承包人签字：<br><br>年 月 日 |

**表 8-3 工程延期申请表**

| 工程延期申请表 | | 编　号 | |
|---|---|---|---|
| 工程名称 | | 日　期 | |

致________________（监理单位）：

根据合同条款________________条的规定，由于________________________________________________

________________________________________________________________________________

原因，申请工程延期，请批准。

工程延期的依据及工期计算。

合同竣工日期：

申请延长竣工日期：

附：证明材料

承包单位名称：　　　　　　　　　　　　　　项目经理（签字）：

注：本表由承包单位填报，建设单位、监理单位、承包单位各存一份。

**表 8-4 延期初审报告**　　　　　　　　　　编号：

延期项目：

延期原因：

工程师意见：

年　　月　　日

业主代表意见：

年　　月　　日

**表8-5 延期审批证书** 编号：

延期项目：

上报日期：

延期接受与否：

理由：

延期理由是否充分：

同意天数：

延期累计（天）：

延期计算：

监理工程师签字：

年 月 日

业主签字：

年 月 日

附件：

**表8-6 工程延期审批表**

| 工程延期审批表 | | 编 号 | |
|---|---|---|---|
| 工程名称 | | 日 期 | |

致＿＿＿＿＿＿＿＿＿＿（承包单位）：

根据施工合同条款＿＿＿＿＿＿＿＿＿＿条的规定，我方对你方提出的第（ ）号关于工程延期申请，要求延长工期＿＿＿＿＿日历天，经过我方审核评估：

□同意工期延长＿＿＿＿＿日历天。竣工日期（包括已指令延长的工期）从原来的＿＿＿年＿＿月＿＿日延长到＿＿＿年＿＿月＿＿日。请你方执行。

□不同意延长工期，请按约定竣工日期组织施工。

说明：

监理工程师（签字）：

监理单位名称： 总监理工程师（签字）：

注：本表由监理单位签发，建设单位、监理单位、承包单位各存一份。

#### 8.3.2.4 延期天数的计算方法

在处理延期事件时，工程师审查、核实、计算工期延长的天数是很重要的。国际工程承包实践中，对延期天数的计算有下面几种方法：

（1）工期分析法。即依据合同工期的网络进度计划图，考察承包人按监理工程师的指示，完成各种原因增加的工程量所需用的工时以及工序改变的影响，算出损失进度以确定延期的天数。

（2）实测法。承包人按监理工程师的书面工程变更指令，完成变更工程所用的实际工时。

（3）类推法。按照合同文件中规定的同类工作进度计算工期延长。

（4）工时分析法。某一工种的分项工程项目延误事件发生后，按实际施工的程序统计出所用的工时总量，然后按延误期间承担该分项工程工种的全部人员投入施工来计算要延长的工期。

（5）造价比较法。若施工中出现了很多大小不等的工期索赔事由，较难准确地单独计算且又麻烦时，可经双方协商，采用造价比较法确定工期补偿天数。

（6）折合法。当计算出某一分部分项工程的工期延长后，还要把局部工期转变成整体工期。这可以用局部工程的工作量占整个工程工作量的比重来折算。

## 8.4 延期管理

### 8.4.1 加强延期管理的必要性

工期延误直接涉及业主和承包人的切身利益。一方面工期延误将会使一个工程项目不能在预定的时间内交付使用，使运营效益减少，直接影响到投资效益的发挥。另一方面业主要增加工程项目的管理费用，特别是要承担投入资金的利息，工期拖得越长，这种负担就越重。同样对于承包人来说，如果工程拖延长久，不仅要受到处罚，造成经济损失，而且由于力量受到牵制，无法承接新的业务。因此，当工期延误发生后，监理工程师要分析产生影响计划进度实施的原因，根据合同规定，正确判定延误的性质，以作出相应的处理。

工程延期是指由于非承包人自身原因造成的，经监理工程师书面批准的合理竣工期限的延长。延期会打乱项目的整体进度计划和业主的经营计划，给业主造成经济损失，因此，业主不愿意合同延期。而合同的延期是承包人的正当权益，承包人可通过合理延期来避免工期延误后为赶工而增加的施工成本（当延误的工期得不到延期时就只得赶工）。总之，延期是合同管理中极重要的事件，监理工程师必须始终予以关注和监督，熟练掌握延期的处理原则，并尽早采取措施避免或减少工期延误。

监理工程师应牢记以下几点：

（1）批准延期可能造成业主增加支出；

（2）批准延期可能会给承包人要求费用索赔带来借口；

（3）拒绝承包人申请延期的合理要求，亦可导致承包人要求费用索赔。

为了有效地控制施工进度，尽可能摆脱因进度压力而造成工程组织和管理的被动，施工方有关管理人员应深化理解以下几点：

（1）整个建设工程项目的进度目标如何确定。

（2）影响整个建设工程项目进度目标实现的主要因素。

（3）如何正确处理工程进度和工程质量的关系。

（4）施工方在整个建设工程项目进度目标实现中的地位和作用。

（5）影响施工进度目标实现的主要因素。

（6）施工进度控制的基本理论、方法、措施和手段等。

### 8.4.2 工程延误的处理

由于承包单位自身的原因而造成工程拖期，而承包单位又未按照监理工程师的指令改变延期状态，其实质是承包单位的行为已构成了违约。按照施工合同条款及FIDIC条款的有关规定，监理工程师可采取以下手段予以制约：

（1）指令承包单位采取补救措施。如对进度计划进行重新调整，增加施工人员、材料设备、资金的投入，采取更加先进的施工方法等，以加快工程进度，将损失的工期挽回过来。

（2）停止支付。当承包单位的施工活动不能使监理工程师满意时，监理工程师有权拒绝承包单位的支付申请。因此，当承包单位工期延误且未按监理工程师的指令采取赶工措施时，监理工程师可以采取停止支付的手段制约承包单位。

（3）误期损失赔偿。误期损失赔偿是当承包单位未能按合同规定的工期完成合同范围内的工作时对其的处罚，是建设单位对承包单位提出的反索赔。如果承包单位未能按合同规定的工期和条件完成整个工程，则应向建设单位支付投标书附件中规定的金额，作为该项违约的损失赔偿费。

（4）终止对承包单位的雇佣。终止雇佣是对承包单位违约的严重制裁，因为建设单位一旦终止合同，承包单位不但要被驱逐出施工现场，而且还要承担由此造成的损失费用。为了保证工程如期建成，FIDIC条款规定，如果承包单位严重违反合同，而又不采取积极的措施补救，则业主有权终止对他的雇佣。

### 8.4.3 工程拖延的控制

发生工程拖延事件，无论是工程延期还是工程延误，不仅影响工程的进展，增加监理的工作量，而且会给建设单位带来损失。若监理处理不当，还会影响到参建各方的关系，甚至导致工程目标的失败。因此，对于工期拖延问题，应尽量避免和减少，使工程能按期或提前完工，发挥其工程效益。为此，监理工程师应加强工程进度控制和合同管理，加大监理控制力度，做好以下工作：

（1）充分认识到进度控制的重要意义，把进度控制当成主要职责之一。监理要对影响进度目标实现的因素进行分析，制定防范性对策，体现监理的预控措施、主动控制措施。督促承包单位编制切实可行的进度计划并进行认真、细致的审核。

（2）建立进度控制管理体系，设置里程碑控制点，明确关键线路控制点、重要工序交叉点，实施有效的监控。

(3) 选择合适的时机下达工程开工令。监理工程师在下达工程开工令之前，应充分考虑业主的前期准备工作是否充分。特别是征地、拆迁问题是否到位，施工图纸能否及时提供以及付款方面有无问题等，以避免由于上述问题缺乏准备而造成工期延期，引起承包单位的索赔。

(4) 监理要加强现场的巡视检查，监督进度计划的实施。这是监理进度控制的日常性工作。监理应深入施工现场，了解施工进展的具体情况，检查承包单位的计划执行情况，对出现的偏差及时分析原因，提出纠偏的建议和措施，特别是对处在关键线路上的工程项目要高度重视，避免或减少其产生偏离。

(5) 提醒建设单位履行施工合同中所规定的职责。在施工过程中，监理应经常提醒和告知建设单位履行自己的职责，提前做好施工场地的准备工作。监理在工程项目冲突管理中应做好下述主要工作：

1) 准确定位，明确各方之间的关系。业主和承包商是工程承包合同的两个主要签约主体，监理是不可缺少的第三方。监理是受业主委托参与工程项目管理的，彼此间是委托协作关系而不是隶属关系或者代理关系。监理与承包商之间的关系是以施工合同为纽带的监理与被监理关系，他们之间没有直接的合同关系，因此彼此间没有隶属关系。监理不是承包商的领导组织。虽然监理与承包商一样都是为业主服务，对业主负责，应承认业主的主导地位，但监理在处理工程问题时不可无原则地偏袒业主，屈从业主的不合理要求，而应保持自身的独立性、公正性和服务性，因为监理开展工作的依据是国家的法律法规、标准、规范以及设计合同文件等，并且以自己的名义独立进行各项活动。也不可对承包商采取傲慢态度、官僚作风，应积极配合、热情服务，否则会引起承包商反感，产生抵触情绪，引发更多争端。

2) 健全沟通机制，构架联系桥梁，协调各方之间的关系。在实际工作中，监理需要运用专业知识正确领会业主的建设意图并准确地传递给相关各方，同时也要及时准确地将承包商等各方的意见和诉求反馈给业主。通过建立健全沟通机制，确保信息传递畅通，及时消除误会，增进项目各方彼此之间的了解，减少对抗和争执，将项目各方的注意力集中到项目的总目标上，推动项目总目标的顺利实现。

3) 准确解读工程合同，明确职责分工，加强岗位职权管理。工程合同与设计文件对各方的权利和义务规定的表述是经过提炼而来的，需要监理正确解读其意思；准确界定各方的权利和义务，明确划分各单位部门的职责范围；避免工作中出现工作秩序混乱，推诿扯皮等责任不清的现象。

4) 坚持原则，方法灵活，达到最佳效果。在现场管理中，对技术标准、合同要求、监理程序等原则性问题，监理应严格按照监理程序办事，严格把关，以丰富的实践经验、周到的服务、踏实的工作作风赢得业主的信任和支持。另一方面要注意工作方法不可僵硬，不分青红皂白一味地“严肃处理”，要具体问题具体分析，在某些问题上可以给出一定自主权的可以适当考虑。当遇到实际问题时应提出让相关各方都能够并且愿意接受的变通办法进行解决。这样一来，既维护好业主的合法权益不受侵害，又照顾到承包商的应有权益，让其心服口服。这不仅使得业主与承包商之间达到利益均衡，还能使各方关系融洽和谐。在工程项目中不可避免地要面对各种各样的冲突，我们有必要对其进行有效的管理，以确保工程项目工作的顺利开展。冲突管理就是根据冲突产生的原因和根源，以不同的知识和技术为依托，以不同的策略为手段，全面地、正确地协调工程项目中各部门、各环节之间的关系，采取相应的对策从根本上解决隐藏的或暴露出来的冲突，加以消除不利影响，避免破坏性冲突的发生，保证生产的顺利进行。然而，国内在现代工程项目监理工作中，目前的管理职能主要集中在进度管理、质量管理、成本管理、信息管理和合同管理等方面，冲突管理并没有受到足够的重视。监理在实际工作中应当具备较强的组织协调能力，通过开展协调工作，使影响项目目标实现的各方处于均衡统一体中，促使监理工作顺利实施和进行。

## 8.5　应用案例

【案例 8-1】　某公路工程一合同段发生了以下原因引起的停工：2006 年 6 月 30 日至 7 月 3 日承包人的设备出了故障；监理工程师向承包人提供后续图纸比规定时间晚了 10 天（7 月 1 日至 10 日）；7 月 5 日至 18 日之间工地下了特大雨。监理工程师综合分析后作出如下决定：批准费用补偿 1 天（7 月 4 日），延期 15 天（7 月 4 日至 18 日）。

这是在同一项工作上发生的共同延误问题。

【案例 8-2】　外国某一世界银行贷款高等级公路项目，公路全长 78km。招、投标后原定合同工期为 30 个月，工程实施期间，承包人申请延期，经监理工程师批准后，延期后合同实际工期为 42.6 个月。

第一次延期：在工程进展过程中，承包人分 12 次提出申请延期意向书。到工程进展到 27 个月时，承包人提出详细证据与计算、记录资料正式报《延期申请书》。在第 29 个月时，监理工程师给予暂时批准延期之通知。在第 32 个月时给予详细批准延期的通知，共审查批准延期 208 天即 6.8 个月。

第二次延期：在第一次同意延期合同工期为 6.8 个月后，承包人在工程进展到 35 个月时，又以 8 个理由第二次申请延期，监理工程师在审查承包人所报资料和考察工地实际情况后，第二次正式给予批准延期是在第 36 个月。第二次批准延期时间为 175 天。

监理工程师两次累计批准延期为 383 天，合为 12.6 个月。承包人两次共提出申请延期天数为 1402 天。由此例可见，承包人申报的延期天数与监理工程师的批准天数是会有差别的。

【案例 8-3】　某高速公路一号合同北京段由于气候异常提出的延期。

北京合同段：2008 年 7、8 月份，北京地区连降大雨，降雨量超过本地区 20 年平均水平。由于大雨的影响，迫使正在施工的路基土方工程停工。为此，承包人根据合同通用条款第 23 条、专用条款第 11 条的规定，提出延期申请。

（1）承包人申请延期的证据：承包人随工程延期申请附上了 2008 年 7、8 月份的降雨量、降雨天数和前 20 年平均降雨量、降雨天数的对照表以及工地施工记录。前 20 年平均降雨天数和降雨量为向当地气象局索取的统计资料，2008 年后的情况为施工现场的实测资料。这些资料见表 8-7、表 8-8 和表 8-9。

从表中可看出，在施工现场，2008 年 7、8 月份的降雨量分别为常年降雨量的 1.6 倍和 2.3 倍，是两个月份的 1.9 倍。

承包人又申述：在 2008 年 7、8 月份的 62 天中，实际只有 6 天进行了土方工程施工。

其原因是由于全线大部分土是粉质黏土，这种土遇水含水量易增高，且施工现场地下水位只有1.5m，而路基高度平均只有1.6m，所以土方吸收了大量的雨水不易晒干，在这种情况下不能进行施工操作。

**表8-7 北京地区2008年前20年气候数据（1988~2007年）**

| 月 份 | 项 目 | 朝 阳 | 通 州 | 大 兴 | 平均值 |
|---|---|---|---|---|---|
| 7月份 | 降雨量/mm | 186.9 | 161.6 | 176.4 | 175.0 |
| | 降雨天数/天 | 13.6 | 15.4 | 13.3 | 14.1 |
| 8月份 | 降雨量/mm | 187.2 | 175.2 | 181.3 | 181.2 |
| | 降雨天数/天 | 12.9 | 13.6 | 11.9 | 12.8 |

**表8-8 北京地区2008年气候数据**

| 月 份 | 项 目 | 朝 阳 | 通 州 | 大 兴 | 平均值 | 施工现场 |
|---|---|---|---|---|---|---|
| 7月份 | 降雨量/mm | 260.6 | 220.0 | 248.0 | 243.0 | 286.0 |
| | 降雨天数/天 | 17 | 16.0 | 17.0 | 16.7 | 10.0 |
| 8月份 | 降雨量/mm | 255.8 | 264.4 | 243.3 | 254.5 | 407.5 |
| | 降雨天数/天 | 14 | 15.0 | 16.0 | 15.0 | 12.0 |

注：朝阳、通州、大兴是施工现场附近的几个区。

**表8-9 降雨量比较表**

| 月 份 | 现测值/mm | | 施工现场/mm | 超过率/% |
|---|---|---|---|---|
| | 1988~2007年 | 2008年 | | |
| 7月份 | 175 | 243 | 286.6 | 1.64 |
| 8月份 | 181.2 | 254.5 | 407.5 | 2.25 |
| 合计 | 356.3 | 497.5 | 694.1 | 1.949 |

计算方法：用预计工作日与实际工作日的差值为其所需延期天数的计算方法。

预计工作日计算方法：

日历天数 - （20年平均降雨天数×影响系数） = 预计工作日

其计算结果如表8-10所示。

**表8-10 承包人延期申请计算结果表**

| 月份 | 预计工作日/天 | 实际工作日/天 | 差值/天 |
|---|---|---|---|
| 7月份 | $31-14.1\times0.7=21.1$ | 6 | 15.1 |
| 8月份 | $31-12.8\times0.7=22.0$ | 0 | 22 |
| 合 计 | 43.1 | 6 | 37.1 |

注：表中0.7的系数是承包人根据高速公路施工经验所得。

申请延期天数：37天。

（2）监理工程师评估意见：

1）承包人的延期申请符合合同专用条款的规定，且发生的延误在关键线路上。根据合同专用条款的规定，延期申请可以接受。

2）承包人延期申请报告中，采用0.7的系数来预计工作日的方法，因缺乏可靠依据，所以不能接受。应采用通常将一个下雨日等于1.5个非工作日的办法进行计算。

3）采用承包人提供的2008年前20年的降雨平均记录及2008年的降雨记录，并采用1.5的影响系数，则由于降雨天数引起的差额工作日为：

7 月份：（14.1 - 16.7） ×1.5 = -3.9 = -4 天

8 月份：（12.8 - 15） ×1.5 = -3.3 = -3 天

即由于降雨天数差额而需弥补的工作天数为 7 天。

（3）由表 8-11 可以明显看出，2008 年 7、8 月份雨量远大于按 20 年统计的 7、8 月份平均降雨量，分别超出 38.9% 和 40.5%。施工现场雨量更大，分别超出 63.8% 和 124.9%，而采用 1.5 系数的计算方法，仅仅体现了常规雨量及下雨天数的影响，没有真正反映特殊雨量和特别异常气候的影响。因此，以此计算出的天数显然不尽合理。承包人在报告中提出 7、8 月份实际工作仅 6 天，经驻地监理工程师核实，基本可以接受。考虑雨天对工作的综合影响及实际工作情况，则由于异常降雨所引起的差额工作日为：

7 月份：31 - （14.1 ×1.5） - 6 = 3.85 = 4 天

8 月份：31 - （12.8 ×1.5） - 0 = 11.8 = 12 天

即综合考虑各方面由于异常雨天的影响，对承包人所提 7、8 月份由于异常降雨所引起的工程延期的申请报告，批准延期天数为 16 天。

**表 8-11 监理工程师审查降雨量比较表**

| 月 份 | 项目 | 20 年平均值 | 2008 年平均值 | 差 值 |
|---|---|---|---|---|
| 7 月份 | 降雨量/mm | 175 | 243 | 超 38.9% |
| | 降雨天数/天 | 14.1 | 16.7 | 多 2.6 天 |
| 8 月份 | 降雨量/mm | 181.2 | 254.5 | 超 40.5% |
| | 降雨天数/天 | 12.8 | 15.0 | 多 2.2 天 |

【案例 8-4】

A 工程概况

某高速公路 K0 + 600 ~ K1 + 450 段为下穿式铁路顶进桥引道，地下水位较高，最高地下水高程为 32.3 ~ 29.84mm，而该地段高速公路路堑最低点高程为 29.94m，水头高差最大达 2.36m。原设计该路段为连续式钢筋混凝土路面及扶壁式挡墙，对混凝土路面的纵、横缝，扶壁式挡墙与路面的缝隙，在水头作用下可能出现的涌水、冻胀等未引起重视。同时，原设计的排水泵站，也未考虑地下水的涌入量。故业主提出对此段作出变更设计，变更后的结构形式为钢筋混凝土 U 形槽。由于变更设计后，变更设计图纸迟迟未能发出，影响了承包人的工期。承包人根据合同条款的规定，以业主方迟交图纸延误了工期为由，特提出工程延期申请，申请延期天数为 523 天。

B 该延期事件的特点

这项延期是比较特殊的一个，由于在工程刚开始阶段，业主就提出变更要求，直到第二年 6 月 1 日起，才陆续提供图纸，完全打乱了承包人的施工计划安排，工程性质也与原工程不一样，无法按常规的办法，即按承包人原来的施工计划与实际延误时间来确定工程延期的天数。

C 工期计算

承包人依据相关规定提出了计算合理工期的方法，并提交了关键线路网络图和详细的工期计算等资料。

D 监理工程师的评估意见

a 合同条款

承包人根据当时合同专用条款6.4提出延期交图而导致工期延长，但延期交图完全是由于工程变更引起的，故应根据合同专用条款44.2（b）、（c）子款提出工程延期才更适用、更合理。

根据合同专用条款44.2（b）、（c）子款，此项延期发生在关键线路上，该项延期申请可以接受。

b 开工时间

承包人提出该段工程恢复施工起始日期为2008年10月6日，其中U形槽施工起始日期为2008年10月29日，而不是监理工程师确定的2008年9月12日。理由为9月12日为交图日期，之后还需要加上熟悉图纸、制订施工组织计划的时间。

事实上，最后提供的平面总体施工图为2008年9月12日。但其他图纸均从2008年6月1日起陆续提供，并没有影响独立单位工程的开工。根据驻地监理工程师批准的开工报告及实际工程进展的资料记载，以2008年9月12日作为该段正式恢复施工的起始日期是合理的。承包人的理由不充分，不能接受。

c 工程延期的测定

（1）工期的测算方法。在当时交通部尚没有工期定额的情况下，承包人采用中华人民共和国建设部颁发的《全国市政工程工期定额》作为工期测算的依据进行替代计算。由于此《工期定额》具有较高的权威性和合法性，因此，该测算方法可以接受。

（2）该段工程的关键线路。涉及该段的工程单项有铁路顶进桥一座、跨线桥一座、U形槽工程850m和路面工程950m。承包人制订的该段工程网络计划中，U形槽与部分路面为关键线路，经监理工程师审核，认为是合理的。

（3）工期测算。在确定了该段工程的关键线路后，只需计算关键线路上工程的工期即可。根据《工期定额》规定，整个工期由基本工期加上附加工期组成：

1）基本工期：由于《工期定额》中没有与之相应的U形槽工程，故采用与U形槽相近的方沟工程工期定额进行代换的近似方法。方沟工程计算的基本工期是237天，采用1.47的代换系数，代换后的基本工期为$237 \times 1.47 = 349$天（具体计算略）。

2）附加工期：

① 施工排水：根据《工期定额》承包人可以得到施工排水工期，定额中的调整系数为0.58，考虑到系数中所含的工作内容与实际不尽相同，相应的系数予以折减，故采用0.58的2/3即0.39的调整系数，即$349 \times 0.39 = 136$天。

② 冬、雨季：根据《工期定额》总说明第九条，应补偿冬、雨季的工期。考虑到实际工程（按计算工期算）将经过两个冬季一个雨季。故每个冬季补偿一个月，雨季补偿15天，即$30 \times 2 + 15 = 75$天。

3）大型U形槽共需工期：

$$349 + 136 + 75 = 560 \text{ 天}$$

4）关键线路共需工期：根据承包人的网络计划，在关键线路上的部分道路工程工期需30天，则该段工程关键线路上的项目最终总工期为：$560 + 30 = 590$天。

（4）延期确定。原合同竣工期是2009年6月23日，该段工程开工期是2008年9月12日，应扣除此段时间共285天，故此项延期为：590 - 285 = 305天。

最后批准延期305天。

## 复习思考题

8-1 工程延误和工程延期的区别是什么？
8-2 工程延误的种类有哪些？
8-3 工程延期满足的条件有哪些，其审批的依据是什么？
8-4 何如进行工程延期的申请？
8-5 工程延期计算方法有哪些？
8-6 加强延期管理的必要性是什么？
8-7 加强延期管理的方法有哪些？
8-8 现行FIDIC条款关于工程延期是怎么规定的？
8-9 工程延误的概念是什么？
8-10 工程延期的审批原则是什么？
8-11 简述工程延期的审批程序。

# 第9章 工程变更管理

## 9.1 工程变更概述

任何工程项目在实施过程中由于受到各种外界因素的干扰，都会发生程度不同的变更，它无法事先做出具体的预测，而在开工后又无法避免。而由于合同变更涉及工程价款的变更及时间的补偿等，这直接关系到项目效益。因此，变更管理在合同管理中就显得相当重要。

FIDIC 条款中的工程变更是指设计文件或技术规范修改而引起的合同变更。它在特点上具有一定的强制性，且以监理工程师签发的工程变更令为存在的充要条件。

### 9.1.1 工程变更的含义

由于工程建设的周期长、设计的经济关系和法律关系复杂、受自然条件和客观因素的影响大，导致项目的实际情况与项目招标投标时的情况相比会发生一些变化。工程变更是指在工程项目的实施过程中，由于种种原因，常常会出现设计、工程量、计划进度、使用材料等方面的变化，这些变化统称工程变更，包括设计变更、进度计划变更、施工条件变更以及原招标文件和工程量清单未包括的“新增工程”。

工程变更是一种特殊的合同变更，但是两者存在着差异：一般合同内容的变更协商，发生在履约过程中合同变更之时，而工程变更则是标的变更在前，价款协商在后。在施工过程中，由于双方合同已经授予工程师进行工程变更的权利，因此工程师直接行使合同赋予的权利发出工程变更的指令，根据约定承包商应该先实施该指令，然后双方再就工程变更价款进行协商。合同变更与工程变更同样不包括主体和标的的变化。

### 9.1.2 工程变更的法律特征

工程变更与一般的合同变更相比有自己的法律特征。主要如下：

(1) 工程变更具有强制性。按照《合同法》的规定，工程变更（合同变更）应建立在合同双方（业主与承包商）协商一致的基础上，没有业主或承包商的事先同意是不能进行工程变更的。但在我国公路工程标准施工招标文件的规定中，工程变更并不是以业主和承包商的协商一致为前提。只要工程变更在客观上需要发生，监理工程师就可以（在业主批准后）提出，而承包商在接到监理工程师的变更指示后必须执行。只有变更工程的造价问题，承包商才可以在执行变更工程的过程中向监理工程师提出，并在监理工程师的组织下按合同文件中规定的造价确定原则协商解决。

(2) 工程变更令是工程变更有效成立的前提。合同法规定，合同双方达成的变更协议是执行合同变更的依据，没有变更协议的合同变更是一种无效变更或擅自变更合同的行为

(应承担违约责任)。而在公路工程标准施工招标文件规定的工程变更中有所不同，其特点是监理工程师下达的工程变更令是工程变更有效成立的依据，而没有监理工程师变更令的变更是一种无效变更或擅自变更的行为，监理工程师（或造价工程师）有权不予签证。

以上是工程变更的主要特征，值得注意的是，当工程变更超出合同条款中规定的变更形式特别是超出设计图纸或技术规范的变更范畴时，一般不能按工程变更的规定由监理来处理，而应根据合同法有关合同变更的规定或合同条款的其他相应规定去执行。

所以，根据工程变更的法律特征，可以看出工程变更的效力，如下所述：

(1) 施工合同变更发生后，当事人应当以变更后的合同内容做出履行，任何一方违反变更后的合同内容均构成违约。

(2) 施工合同的变更不能对业已履行的部分产生效力，对于已按合同所做出的履行无追及力，任何一方都不能因为合同的变更而单方面要求另一方返还已经做出的履行。

### 9.1.3　工程变更的类型

FIDIC 条款中的工程变更是指设计文件或技术规范修改而引起的合同变更。它在特点上具有一定的强制性，且以监理工程师签发的工程变更令为存在的充要条件。在表现形式上它有以下类型：

(1) 因设计变更或工程规模变化而引起的工程量增减。

(2) 因设计变更而使得某些工程内容被取消。

(3) 因设计变更或技术规范改变而导致的工程质量、性质或类型的改变。

(4) 因设计变更而导致的工程任何部分的标高、基线、位置、尺寸的改变。

(5) 为使工程竣工而必需实施的任何种类的附加工作。

(6) 因规范变更而使得工程任何部分规定的施工顺序或时间安排的改变。

这些变更最终表现为设计变更。因为我国要求严格按施工图施工，因此如果变更影响了原来的设计，则首先应当变更设计。考虑到设计变更在工程变更中的重要性，往往将工程变更分为设计变更和其他变更两大类。

从以上类型可以看出，FIDIC 条款中的工程变更范围很广，这些变更均涉及设计图纸或技术规范的改变、修改或补充，只要有监理工程师的工程变更令，承包商就必须进行工程变更，而没有监理工程师的工程变更令，承包商就不能进行工程变更。值得注意的是，当工程变更超出上述范围时，随之也超出了监理工程师的权力范围，此时的变更应由业主和承包商平等协商，签署变更协议，之后方可由监理工程师按变更协议执行。另外，为便于合同管理和造价管理，对工程质量、性质或类型改变引起的工程变更在实践中是有限制的，即通常要求变更后所出现的新的工程类型应是原承包合同中本已存在的工程类型。例如，当合同中本已存在桥梁工程时，将高路堤改成高架桥的工程变更才是可以考虑的，反之，这种变更是要受限制甚至是不允许的。原因如下：

(1) 这种变更会使得质量控制难度加大，甚至会出现重大质量责任问题。因为当原合同中无桥梁工程项目时，意味着招标或资格预审时，并未对承包商的桥梁工程施工业绩和施工能力进行审查，承包商不一定能胜任桥梁工程的施工。

(2) 这种变更会引发大量施工索赔。因为在这种变更下意味着承包商要重新更换已进场的人员和施工机械设备，甚至要为此添置新的施工机械设备，承包商的施工队伍调遣费、施工机械使用费为此增加，索赔因而不可避免。

（3）这种变更会增大工程结算和投资控制的难度。因为在这种情况下，工程量清单中不可能有相应的计价项目和计价依据，变更工程的单价被迫要重新协商，原有的招标成果无法有效地发挥作用。

### 9.1.4 工程变更对合同实施的影响

由于发生上述这些情况，造成原“合同状态”的变化，必须对原合同规定的内容作相应的调整。

合同变更实质上是对合同的修改，是双方新的要约和承诺。这种修改通常不能免除或改变承包商的工程责任，但对合同实施影响很大，主要表现在如下几方面：

（1）定义工程目标和工程实施情况的各种文件，如设计图纸、成本计划和支付计划、工期计划、施工方案、技术说明和适用的规范等，都应作相应的修改和变更。当然相关的其他计划也应作相应调整，如材料采购订货计划、劳动力安排、机械使用计划等。

（2）工程变更不仅引起与承包合同平行的其他合同的变化，而且会引起所属的各个分合同，如供应合同、租赁合同、分包合同的变更。有些重大的变更会打乱整个施工部署。

（3）引起合同双方、承包商的工程小组之间、总承包商和分包商之间合同责任的变化。如工程量增加，则增加了承包商的工程责任，增加了费用开支和延长了工期，对此，按合同规定应有相应的补偿。这也极容易引起合同争执。

（4）有些工程变更还会引起已完工程返工、现场工程施工停滞、施工秩序打乱、已购材料损失等，对此也应有相应的补偿。

## 9.2 工程变更的发生

### 9.2.1 工程变更发生的原因

工程变更是建筑工程施工生产的特点之一，主要原因如下：

（1）业主方对项目提出新的要求，如业主有新的意图，业主修改项目计划、削减项目预算等。

（2）由于设计人员、监理方人员、承包商事先没有很好地理解业主的意图或设计的错误，导致修改图纸。

（3）现场施工环境发生了变化，预定的工程条件不准确，要求实施方案或实施计划变更。

（4）由于产生新技术和知识，有必要改变原设计、原实施方案或实施计划，或由于业主指令及业主责任的原因造成承包商施工方案的改变。

（5）政府部门对工程新的要求，如国家计划变化、环境保护要求增加、城市规划变动等。

（6）由于合同实施出现问题，必须调整合同目标或修改合同条款。

### 9.2.2 FIDIC 合同条件下的工程变更范围

在 FIDIC《施工合同条件》和我国示范文本中，对有关工程变更的问题都有专门的变更条款和具体规定。依据 FIDIC《施工合同条件》，工程变更的内容主要包括以下几个方面：

(1) 任何工作质量或其他特性的变更。

(2) 工作任何部分标高、位置、尺寸等的改变。

(3) 删减任何合同约定的工作内容。省略的工作应是不再需要的工程，不允许用变更指令的方式将承包范围内的工作变更给其他承包商实施。

(4) 改变合同中所包括的任何工作的数量。FIDIC 条款规定工程数量改变引起的变更要同时满足三个条件，即工程量变化超过 10%、变化的金额超过合同价的 0.01% 和工程量变化使单价变化超过 1%。

(5) 新增工程内容。这种变更指令应是增加与合同工作范围性质一致的新增工作内容，而且不应以变更指令的形式要求承包人使用超过他目前正在使用或计划使用的施工设备范围去完成新增工程，除非承包商同意此项工作按变更对待，一般应将新增工作按一个单独的合同来对待。

(6) 改变原定的施工顺序和时间安排。

(7) 任何永久工程需要的附加工作、工程设备、材料和服务。

FIDIC 条款第 13 条规定了"变更和调整"，条款 13.1"有权变更"中规定：

在颁发工程接收证书前的任何时间，工程师可通过发布指示或以要求承包商递交建议书的方式，提出变更。承包商应执行每项变更并受每项变更的约束，除非承包商马上通知工程师（并附具体的证明资料）并说明承包商无法得到变更所需的货物。在接到此通知后，工程师应取消、确认或修改指示。每项变更可包括：

(1) 对合同中任何工作的工程量的改变（此类改变并不一定必然构成变更）；

(2) 任何工作质量或其他特性上的变更；

(3) 工程任何部分标高、位置和（或）尺寸上的改变；

(4) 省略任何工作，除非它已被他人完成；

(5) 永久工程所必需的任何附加工作、永久设备、材料或服务，包括任何联合竣工检验、钻孔和其他检验以及勘察工作；

(6) 工程的实施顺序或时间安排的改变。

承包商不应对永久工程作任何更改或修改，除非且直到工程师发出指示或同意变更。

### 9.2.3 工程变更的处理要求

工程变更的处理要求如下：

(1) 如果出现了必须变更的情况，应当尽快变更。这种情况下变更是不可避免的，不论是停止施工等待变更指令，还是继续施工，无疑都会增加损失。

(2) 工程变更后，应当尽快落实变更。工程变更指令发出后，应当是迅速落实指令，全面修改相关的各种文件。承包人也应当抓紧落实，如果承包人不能全面落实变更指令，则扩大的损失应当由承包人承担。

（3）对变更的影响应当作进一步分析。工程变更的影响往往是多方面的，影响持续的时间也往往较长，对此应当有充分的分析。

### 9.2.4　工程变更的控制

（1）工程尚未开始：这时的变更只需要对工程设计进行修改和补充。

（2）工程正在施工：这时变更的时间通常很紧迫，甚至可能发生现场停工，等待变更通知。

（3）工程已完工：这时进行变更，就必须做返工处理。

因此，应尽可能避免工程完工后进行变更，既可防止浪费，又可避免一旦处理不好引起纠纷，损害投资者或承包商的利益，对项目目标控制不利。首先，因为承包工程实际造价等于合同价加索赔额，承包方为了适应日益竞争的建设市场，通常在合同谈判时让步而在工程实施过程中通过索赔获取补偿；由于工程变更所引起的工程量的变化、承包方的索赔等，都有可能使最终投资超出原来的预计投资，所以监理工程师应密切注意对工程变更价款的处理。其次，工程变更容易引起停工、返工现象，会延迟项目的完工时间，对进度不利。最后，工程变更频繁会对合同管理和质量控制也不利。因此，对工程变更进行有效控制和管理十分重要。

## 9.3　工程变更的程序

颁发工程接收证书前的任何时间，工程师可以通过发布变更指令或以要求承包商递交建议书的任何一种方式提出变更。工程师在业主授权范围内根据施工现场的实际情况，在确属需要时有权发布变更指令。指令内容应包括详细的变更内容、变更工程量、变更项目的施工技术要求和有关部门文件图纸以及变更处理的原则。

工程变更的程序主要包括：工程变更的提出、工程变更的批准、编制工程变更的单价、发布工程变更指令及实施工程变更等，如图9-1所示。下面重点介绍其中几步。

### 9.3.1　工程变更的提出

#### 9.3.1.1　发布变更指令提出的工程变更

在合同履行过程中，监理人发出变更指示包括下列三种情况：

（1）监理人认为可能要发生变更的情形。在合同履行过程中，可能发生合同约定变更情形的，监理人可向承包人发出变更意向书。变更意向书应说明变更的具体内容和发包人对变更的时间要求，并附必要的图纸和相关资料。变更意向书应要求承包人提交包括拟实施变更工作的计划、措施和竣工时间等内容的实施方案。发包人同意承包人根据变更意向书要求提交的变更实施方案的，由监理人按合同约定发出变更指示。若承包人收到监理人的变更意向书后认为难以实施此项变更，应立即通知监理人，说明原因并附详细依据。监理人与承包人和发包人协商后确定撤销、改变或不改变原意向书。

（2）监理人认为发生了变更的情形。在合同履行过程中，发生合同约定变更情形的，监理人应按照合同约定向承包人发出变更指示。变更指示应说明变更的目的、范围、变更

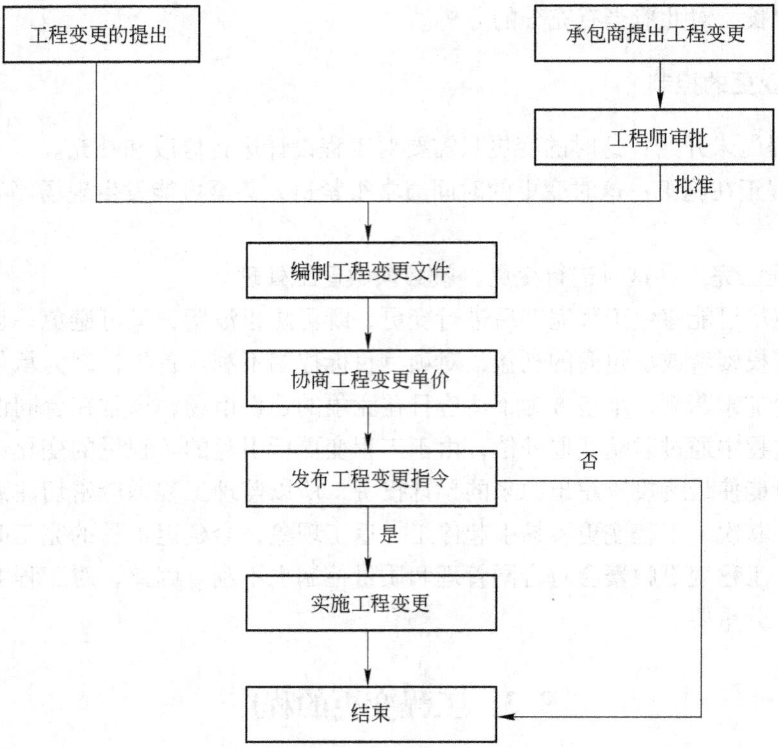


图 9-1 工程变更的一般程序

内容以及变更的工程量及其进度和技术要求，并附有关图纸和文件。承包人收到变更指示后，应按变更指示进行变更工作。

（3）承包人认为可能要发生变更的情形。承包人收到监理人按合同约定发出的图纸和文件，经检查认为其中存在合同约定变更情形的，可向监理人提出书面变更建议。变更建议应阐明要求变更的依据，并附必要的图纸和说明。监理人收到承包人书面建议后，应与发包人共同研究，确认存在变更的，应在收到承包人书面建议后的14天内作出变更指示。经研究后不同意作为变更的，应由监理人书面答复承包人。

无论何种情况确认的变更，变更指示只能由监理人发出。变更指示应说明变更的目的、范围、变更内容以及变更的工程量及其进度和技术要求，并附有关图纸和文件。承包人收到变更指示后，应按变更指示进行变更工作。

9.3.1.2 要求承包商递交建议书后再确定的变更

变更的程序如下：

（1）工程师将计划变更事项通知承包商，并要求他递交实施变更的建议书。

（2）承包商应尽快答复。一种情况可能是通知工程师由于受到某些非自身原因的限制无法执行此项变更。另一种情况是承包商依据工程师的指令递交实施此项变更的说明。

9.3.1.3 承包人的合理化建议

（1）在履行合同过程中，承包人对发包人提供的图纸、技术要求以及其他方面提出的合理化建议，均应以书面形式提交监理人。合理化建议书的内容应包括建议工作的详细说明、进度计划和效益以及与其他工作的协调等，并附必要的设计文件。监理人应与发包人协商是否采纳建议。建议被采纳并构成变更的，应按合同约定向承包人发出变更指示。

（2）承包人提出的合理化建议降低了合同价格、缩短了工期或者提高了工程经济效益的，发包人可按国家有关规定在专用合同条款中约定给予奖励。

FIDIC 条款 13.2 规定了“价值工程”。承包商可以随时向工程师提交一份书面建议，如果该建议被采用，它（在承包商看来）将带来如下效果：

（1）加速完工；

（2）降低雇主实施、维护或运行工程的费用；

（3）对雇主而言能提高竣工工程的效率或价值；

（4）为雇主带来其他利益。

承包商应自费编制此类建议书。如果由工程师批准的建议包括一项对部分永久工程设计的改变，除非双方另有协议，否则：

（1）承包商应设计该部分工程；

（2）适用条款 4.1“承包商的一般义务”的规定；

（3）如果此改变造成该部分工程合同的价值减少，工程师应依据合同规定商定或决定一笔费用，并将之加入合同价格。这笔费用应是以下金额差额的一半（50%）：

1）由此改变造成的合同价值的减少，不包括依据条款 13.7“法规变化作出的调整”和条款 13.8“费用变化引起的调整”所作的调整；

2）考虑到质量、预期寿命或运行效率的降低，对雇主而言，已变更工作价值上的减少（如有时）。

但是，如果 1）的金额少于 2），则没有该笔费用。

### 9.3.2 工程变更的批准

工程变更的批准包括以下几种情况：

（1）由承包商提出的工程变更，应交与工程师审查并批准。

（2）由业主方提出的工程变更，涉及设计修改的应该与设计单位协商，并一般通过工程师发出。

（3）工程师发出工程变更的权力的任何限制，一般会在合同专用条件中明确约定。若合同对工程师提出工程变更的权力做了具体限制，而约定其余均由业主批准，则工程师超出其权限范围发出工程变更指令时，应附上业主的书面批准文件，否则承包商可以拒绝执行。但在紧急情况下不应限制工程师向承包商发布必要的此类变更指令，工程师应在发布指令后，尽快将情况通知业主。尽管此类指令没有得到业主的批准，承包商也应立即遵照工程师的任何此类变更指令。

### 9.3.3 FIDIC 条款的规定

FIDIC 条款 13.1 规定了“变更程序”：

如果工程师在发布任何变更指示之前要求承包商提交一份建议书，则承包商应尽快作出书面反应，要么说明理由为何不能遵守指示（如果未遵守时），要么提交：

（1）将要实施的工作的说明书以及该工作实施的进度计划；

（2）承包商依据条款8.3对进度计划和竣工时间作出任何必要修改的建议书；

（3）承包商对变更估价的建议书。

工程师在接到上述建议后，应尽快予以答复，说明批准与否或提出意见。在等待答复期间，承包商不应延误任何工作。

工程师应向承包商发出每一项实施变更的指示，并要求其记录费用，承包商应确认收到该指示。

每一项变更应依据第12条“测量与估价”进行估价，除非工程师依据本条另外作出指示或批准。

## 9.4 工程变更的审批与估价

工程变更是监理工程师的一种权力，但监理工程师只有在满足独立、公正的前提下才能享有和行使这种权力。因此，FIDIC条款规定，当监理工程师的业务素质或道德素质无法满足这种要求或监理模式改变时，可以通过专用条款对监理工程师的上述权力进行进一步限制或通过业主的监督和审查来进行进一步的管理。

### 9.4.1 工程变更的审批

#### 9.4.1.1 工程变更的审批原则

（1）提高经济效益原则。工程变更无论处于何种类型、何种原因，最终的目的是提高建设项目的投资效益，包括社会效益、国民经济效益和财务效益。如果不能满足上述要求，则这样的工程变更是没有任何意义的，也是不能成立的。所以，在评价工程变更的合理性时，要进行详细的可行性研究和经济评估，全面地考虑工程变更所带来的影响，在此基础上做出工程变更的审批决策。工程变更后，可能会有利于加快工程进度，或节省工程成本，或保证工程质量，或更好地兼顾当地利益，但应考虑到它反过来带来的施工索赔或其他影响。因此，应从效益的高度进行综合分析和决策，避免顾此失彼的现象发生。

（2）保证工程质量原则。不管何种形式的工程变更，都是以保证工程质量为前提条件的，保证工程质量也是保证经济效益的重要基础。以牺牲工程质量为代价的工程变更，实践中是不可取的，后患无穷。

（3）照顾当地利益原则。照顾当地经济利益，最大限度地发挥公路建设项目的社会效益，是公路建设项目的客观要求。公路建设项目是一种为全社会服务的公共设施，其社会公益性使得公路建设项目的效益首先表现为一种国经济效益和社会效益。所以，优化设计方案，最大限度地发挥公路建设项目的社会服务功能，照顾当地经济利益，是处理工程变更的基本原则之一。

（4）控制工程造价原则。工程变更通常会带来工程造价的变化，且以工程造价的增长情况居多，这一方面会增加业主筹措资金的压力，另一方面还会影响社会资金的供求平衡。所以在审批工程变更的过程中，应将工程造价的控制放在重要地位，力保工程造价不超过设计概算。当超过设计概算甚至投资估算的重大设计变更不可避免地发生，业主应会同监理工程师、造价工程师一道进行详细的可行性研究和工程变更的评估工作，之后报国家计划主管机关批准后方能实施工程变更。所以在处理工程变更的过程中，要力求通过工程变更降低工程造价，而对要增加工程造价的工程变更，须认真地进行可行性研究和技术经济论证与评估，确保工程变更的经济效果。

9.4.1.2 工程变更的审批程序

工程变更通常实行分级审批的管理制度。

A 一般工程变更的审批程序

所谓一般工程变更，通常指一些小型的、监理工程师有权直接批准的工程变更工作。其审批程序大致如下：

(1) 工程变更的提出人向驻地监理工程师提出工程变更的申请，包括变更的原因、工程变更对造价的影响等分析，必要时附上有关的变更设计资料；

(2) 驻地监理工程师对变更申请的可行性进行评估并写出初步的审查意见；

(3) 总监理工程师对驻地监理工程师审查的变更申请进行进一步的审定并签署审批意见；

(4) 总监理工程师签署工程变更令；

(5) 承包单位组织变更工程的施工（包括可能的设计工作）；

(6) 监理工程师和承包商协商确定变更工程的造价及办理有关的结算工作。

B 重要工程变更的审批程序

重要工程变更通常指对工程造价影响较大、需要业主批准的工程变更工作。其审批程序是：监理工程师在下达工程变更令之前，一是要报业主批准，二是要同承包商协商确定变更工程的价格不超过业主批准的范围（如果超过业主批准的总额，监理工程师应在下达工程变更令之前请求业主作进一步的批准或授权）。

C 重大工程变更的审批程序

重大工程变更通常指一些对工程造价的影响很大、可能超出设计概算甚至投资估算的工程变更。对这些工程的变更工作，业主在审批工程变更之前应事先取得国家计划主管部门的批准。

各省对工程变更的审批程序会有所不同。

### 9.4.2 变更工程的估价

当变更引起的工程量变化较大或工作性质有重大改变使得继续沿用原有不合理合同单价计价会损害公平原则或出现显失公平的现象时，原有的合同单价应进行变更。FIDIC 条款规定了变更合同单价的双控条件。其表述是：“合同内所含项目的费率或价格不应考虑变动，除非该项目涉及的款额超过合同价格的 20% 以及在该项目下实施的实际工程量超出或少于工程量表中规定之工程量的 25% 以上。”但由于该条件过于原则，缺乏可操作性以及翻译的原因，导致出现各种不同的理解以及执行中出现各种不同的做法。如规定中的“项目”一词，有的理解为被变更的项目，有的理解为变更后出现的项目。实际上这些理解均不符合 FIDIC 条款原文之精神。由于讨论的是合同单价，即工程细目的单价，因此，规定中的“项目”一词指的应是工程细目（Item）。即当工程变更使得工程量的变化超出工程量清单中所列工程细目的工程量的25%以及该细目的合同金额超出合同总价的2%时，应对超出部分的工程量按新的合理单价办理结算。

9.4.2.1　变更工程的单价确定原则

根据公路工程标准施工招标文件的有关规定，变更工程应根据其完成的数量及相应的单价来办理结算。其中，变更工程的单价原则其一是约定优先原则，其二是公平合理原则。

除专用合同条款另有约定外，因变更引起的价格调整按照如下约定处理：

（1）已标价工程量清单中有适用于变更工作的子目的，采用该子目的单价。

（2）已标价工程量清单中无适用于变更工作的子目，但有类似子目的，可在合理范围内参照类似子目的单价，由监理人按合同约定的商定或确定变更工作的单价。

（3）已标价工程量清单中无适用或类似子目的单价，可按照成本加利润的原则，由监理人按合同约定的商定或确定变更工作的单价。

（4）发包人认为有必要时，由监理人通知承包人以计日工方式实施变更的零星工作，其价款按列入已标价工程量清单中的计日工计价子目及其单价进行计算。

采用计日工计价的任何一项变更工作，应从暂列金额中支付，承包人应在该项变更的实施过程中，每天提交以下报表和有关凭证报送监理人审批：

（1）工作名称、内容和数量；

（2）投入该工作所有人员的姓名、工种、级别和耗用工时；

（3）投入该工作的材料类别和数量；

（4）投入该工作的施工设备型号、台数和耗用台时；

（5）监理人要求提交的其他资料和凭证。

计日工由承包人汇总后，按合同的约定列入进度付款申请单，由监理人复核并经发包人同意后列入进度付款。

9.4.2.2　新单价的确定方法

新的合理单价的确定原则是：原单价偏高，应相应降低；反之，应予以提高。

A　以合同单价为基础定价

该方法的特点是简单且有合同依据。但如果原单价偏低，则得出的新单价也会偏低；反之，原单价偏高，则得出的新单价也会偏高。所以其确定的单价只有在原单价是合理的情况下才会相对合理，当原单价不合理（有不平衡报价）时，该方法对增加的工程量部分的定价是不合理的。定价计算详见“案例9-1”。

B　以概预算方法为基础定价

该方法的优点是有法律依据，产生的价格相对合理，能真实地反映完成变更工程的成本和利润。其缺点是不同的施工方案，施工方法会有不同的单价，另外该方法无法反映竞争的作用以及原有招标成果的作用，特别是当承包商有不平衡报价时，该方法会加剧总造价的不合理性。定价计算详见“案例9-2”。

C　以计日工为依据定价

这种方式仅适用于一些小型的变更工作。此时可将这些小型变更工作进行分解，并分别估算出人工、材料以及机械台班消耗的数量，然后由监理工程师发出指示，最后按计日工形式并根据工程量清单中计日工的有关单价计价。对大型变更工作而言，这种计价方式是不适用的。因为一方面它不利于施工效率的提高，另一方面，发生的计日工数量的准确确定会有一定难度。

FIDIC 条款 13.5 规定了“暂定金额”：每一笔暂定金额仅按照工程师的指示全部或部分地使用，并相应地调整合同价格。支付给承包商的此类总金额仅应包括工程师指示的且与暂定金额有关的工作、供货或服务的款项。对于每一笔暂定金额，工程师可指示：

（1）由承包商实施工作（包括提供永久设备、材料或服务），并按照规定进行估价；

（2）由承包商从指定分包商处或其他人处购买永久设备、材料或服务，并应加入合同价格：

1）承包商已支付（或将支付）的实际款额；

2）采用适用的报表中规定的相关百分比（如有时），以此实际款额的一个百分比来计算一笔金额（包括上级管理费和利润）。如果没有这一相关百分比，则可采用投标函附录中规定的百分比。

当工程师要求时，承包商应出示报价单、发票、凭证以及账单或收据，以示证明。

FIDIC 条款 13.6 规定了“计日工”：对于数量少或偶然进行的零散工作，工程师可以指示规定在计日工的基础上实施任何变更。对于此类工作应按合同中包括的计日工报表中的规定进行估价，并采用下述程序。如果合同中没有计日工报表，则本款不适用。

在订购工程所需货物时，承包商应向工程师提交报价。当申请支付时，承包商应提交此货物的发票、凭证以及账单或收据。

除了计日工报表中规定的不进行支付的任何项目以外，承包商应每日向工程师提交包括下列在实施前一日工作时使用的资源的详细情况在内的准确报表，一式两份：

（1）承包商人员的姓名、工种和工时；

（2）承包商的设备和临时工程的种类、型号、工时；

（3）使用的永久设备和材料的数量和型号。

如内容正确或经同意，工程师将在每种报表的一份上签字并退还给承包商。

确定工程变更单价的步骤如图 9-2 所示。

### 9.4.3 工程总价的管理和控制

工程变更为承包商摆脱合同价偏低困境，扩大自身利润提供了机会，也为监理工程师进行管理和控制带来了很大的难度。监理工程师要搞好工程变更的造价管理和控制，首先应具备丰富的经济知识和造价管理知识；其次，在进行造价管理之前，应对承包商的合同造价进行深入的分析和评估，确定该项目的成本以及承包商可能获得的预期利润，并且加强单价分析，对因不平衡报价产生的单价偏高或偏低的工程细目及与此有关的工程变更，更应加强跟踪和控制。以下是一些在造价管理中应加强控制的工程变更：

（1）工程规模扩大的工程变更；

（2）单价偏高的工程细目其工程量会增大的工程变更；

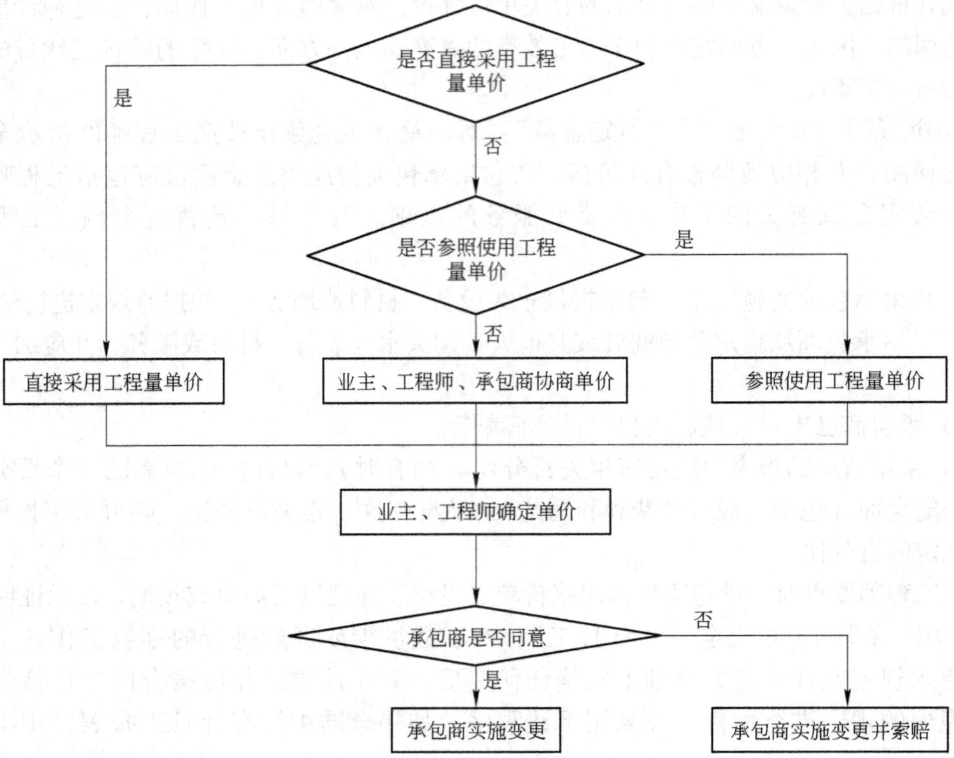


图 9-2 工程变更单价的确定程序

（3）单价偏低（亏损价）的工程细目其工程量会减小的工程变更。

在变更工程造价管理过程中，除应加强变更工程的定价及单价合理性分析外，还应加强工程总造价的管理和控制，注意由此引起的其他索赔和反索赔的可能性，并保证工程总造价的公平性和合理性。

### 9.4.4 工程变更的审查和管理

工程变更是监理工程师的一种权力，但监理工程师只有在满足独立、公正的前提下才能享有和行使这种权力。因此，FIDIC 条款规定，当监理工程师的业务素质或道德素质无法满足这种要求，或监理模式改变时，可以通过专用条款对监理工程师的上述权力进行进一步限制或通过业主的监督和审查来进行进一步的管理。在变更工程的审查过程中应本着控制投资、保证质量、加快进度、提高效益的原则来确定工程变更的必要性与可行性。当上述原则在实施中存在着不一致甚至相互矛盾的现象时，应加强变更工程的可行性研究和评审，并贯彻分级审批和互相监督的审查原则，避免滥用权力的现象发生。监理工程师在变更工程的造价管理中应贯彻合理定价和有效控制的基本原则，即变更工程的结算一方面要有合同依据，另一方面又要公平合理，即客观地反映施工成本以及竞争、供求等因素对价格的影响，且总造价原则上应控制在概算或投资估算的范围之内。

加强变更审查和管理的主要途径如下：

（1）严格按合同中规定的变更工程造价确定原则来确定变更工程的造价；

（2）加强变更工程的计量工作，尤其是要加强变更工程开、竣工测量工作，工程隐蔽部位的计量工作；

（3）对采用计日工形式计价的变更工程，项目监理工程师应及时对发生的计日工数量进行检查和清点，以保证计日工数量的准确性。另外对大型变更工程应避免使用计日工形式计价，因为该方式不利于促进施工效率的提高，甚至增大工程造价，降低投资效益。

（4）已标价工程量清单中无适用或类似子目的单价，而需要造价工程师和承包商协商确定新的单价时，造价工程师应参照公路工程预算定额及编制办法，尽量依据承包商在投标时的报价分析资料和工程量清单中的单价来协商确定其价格；

（5）在变更工程的造价管理过程中，应严格按管理程序执行分级审批制度，加强内部监督，做到层层把关，以杜绝利用工程变更钻业主和合同空子的行为。

（6）对有不平衡报价的合同，应加强单价分析，并对与此相关的工程子目和工程量，加强全面综合控制。

## 9.5 工程变更中应注意的几个问题

### 9.5.1 应注意的问题

（1）业主和工程师的认可权必须限制。业主常常通过工程师对材料的认可权提高材料的质量标准、对设计的认可权调高设计质量标准、对施工工艺的认可权提高施工质量标准。如果合同条文规定比较含糊，或设计不详细，则容易产生争执。当认可超过合同明确规定范围和标准时，承包商应争取业主或工程师的书面确认，进而提出工期和费用索赔。

（2）对业主（工程师）的口头变更指令，按施工合同的规定，承包商必须遵照执行，但应在7天内书面向工程师索取书面确认。如果工程师在7天内未予书面否决，则承包商的书面要求信即可作为工程师对该工程变更的书面指令。工程师的书面变更指令是支付工程变更款的先决条件之一。作为承包商，在施工现场应积极主动，但工程师下达口令时，为了防止拖延和遗忘，承包商的合同管理人员可以立刻起草一份书面确认信然后要求工程师签字。因为不管工程师怎样忙碌，签字的时间总是会有的。

（3）工程变更不能免去承包商的合同责任，而且对方应有变更的主观意图。对已收到的变更指令，特别重大的变更指令或在图纸上做出的修改意见，应予以核实。对超出工程师权限范围的变更，应要求工程师出具业主的书面批准文件。对涉及双方责权利关系的重大变更，必须有双方签署的变更协议。

（4）工程变更不能超过合同规定的工作范围。如果超过这个范围，承包商有权不执行变更或坚持先商定价格后进行变更。

（5）应注意工程变更的实施、价格谈判和业主批准三者之间在时间上的矛盾性。工程变更实施前，最好事先就价款及工程的谈判达成一致后再进行工程变更。在商讨变更、签订变更协议的过程中，承包商最好提出变更补偿问题，在变更执行前就明确补偿范围、补偿方法、补偿值的计算方法、补偿款的支付时间等。

但在实际工作中，合同通常都规定，承包商必须无条件执行业主代表或工程师的变更指令（即使口头指令），工程变更已成为事实，工程师再发出价格或费率的调整通知，价格谈判常常迟迟达不成协议，或业主对承包商的要求不批准，价格的最终决定权却在工程师。这样承包商处于十分被动的地位。

### 9.5.2 承包商应采取的措施

承包商应采取适当的措施来保护自身的利益。可采取的措施如下：

（1）控制（即拖延）施工进度，等待变更谈判结果，这样不仅损失小，而且谈判回旋余地较大。

（2）争取以点工或按承包商的实际费用支出计算费用补偿，如采取成本加酬金的方法，这样避免价格谈判中的争执。

（3）应有完整的变更实时记录和照片，请业主、工程师签字，为索赔做准备。在工程变更中，应特别注意由工程变更引起返工、停工、窝工、修改计划等所造成的损失，注意这方面损失的收集。在变更谈判中应对此进行商谈，保留索赔权。在实际工程中，人们常常会忽视这些损失证据的收集，在最后提出索赔报告时往往因举证和验证困难而被对方否决。

（4）当出现导致工程变更的迹象后，应尽早促使工程师提前做出变更指令。在实际工作中，变更决策的时间过长和变更程序太慢会造成很大的损失。常有两种现象：一种现象是施工停止，承包商等待变更指令或变更会谈决议；另一种现象是变更指令不能迅速做出，而现场继续施工，造成更大的返工损失。这就要求变更程序尽量快捷，承包商应尽可能促使工程师提前做出变更指令。

（5）在工程中，承包商都不能擅自进行工程变更。施工中发现图纸错误或其他问题，需进行变更，首先应通知工程师，经工程师同意或通过变更程序再进行变更。否则，承包商不仅得不到应有的补偿，而且还会带来麻烦。

## 9.6 变更与索赔的关系

变更是引起索赔的主要原因之一，当变更无法协调时就上升为索赔或纠纷。变更与索赔之间存在某种关联。

### 9.6.1 变更与索赔的定义和特征

变更是有决策权的一方根据需要，向接收方提出的改变合同项下某项工作的要求。其特征如下 ：

（1）接收方必须无条件执行；

（2）事前发出；

（3）按工作程序办事。

索赔是在合同框架下，自认为权利遭受损害的一方，向另一方提出的承担损害责任的要求。其特征如下：

(1) 不主张不赔偿；

(2) 时候提出；

(3) 依法解决的过程。

关于索赔的具体内容将在下一章中详细介绍。

可能有些人认为定义对实际工作并没有什么真正的意义，但通过定义的掌握确实能够观察到事物的本质。例如，在签订一个总价合同中，业主发出的询价文件所附的合同条件里没有索赔条款，这给承包商带来了很大的困惑。一些人认为这是不公平合同，绝对不能接受；但是通过谈论，承包商认识到总价合同建立的基础是：价格是一揽子的，在询报价过程中双方已经对潜在的风险进行了平衡，在这种合同中承包商有最大的回旋余地。在此种情况下单价合同中所具有的承包商对业主的索赔事项已无存在的基础，如果过于强调对索赔词语的追究，可能不会得到结果。在认识的基础上，应该把注意力放到合同争议条款的建立上，通过一个好的争议解决方法的安排完全可以获得实质性的赔偿。正是这种注重实际的考虑，能够顺利地完成合同谈判任务，并在合同执行中，注意运用“联络签”的方式，把实质性的索赔当成变更来处理，取得较好的实际效果。

### 9.6.2 变更与索赔的转化关系及注意问题

变更与索赔是合同管理的重要内容，因此应时刻保持高度的关注。

首先，要注意两者之间在一定程度上存在相互转化的关系：当工程量的变更所涉及的工期或费用调整长期悬而不决，形成争议，就会成为一个索赔事件；而一项索赔要求被接受后，如果仍在项目实施期间，有决策权的一方应发出“变更令”，使该项索赔进入项目合同执行范围内。

其次，在具体工作中注意以下方面：变更不能机械地理解“执行指示”的含义，为防止一项变更演变成索赔，应善意地提醒对方变更令的后果。

总价合同变更费用的结算在具体合同中有不同的规定，一般采用的方式是：对工程范围的变更采取一事一议、事前支付的方式。因为合同有增/减量变化幅度额的规定，因此对工程量变更采取的是先计价后决算的方式，并在竣工决算时仅对超出合同规定幅度部分进行价格调整，并不是做了工作就能得利。特别要注意：(1) 如果合同中将工程范围变更与工程量变更都列为变更的范畴，就不要将两者的工作程序混淆，应按不同的方式进行管理，并认真做好工程量变更记录的保管；(2) 工程量变更属合同风险管理范畴，其变更幅度上限所计算出的费用值，应小于或等于工程不可预见费。

如果变更对工程进度有影响，应及时调整进度计划并得到确认，此后应按照新的进度计划约束工程竣工日期。注意业主变更与承包商内部变更的转化关系，从承包商的立场出发，应在可能的情况下，尽量将内部变更转化为业主变更；而从业主的立场出发，则要尽量避免此情况的出现。

索赔的具体操作远比变更复杂得多，特别是一项索赔的目的是得到费用时，因此尽管需要以平常的心态对待索赔，但是由于以下方面的原因，编者认为能够避免提出索赔报告，就应该尽量避免：

(1) 索赔并不是主张就能够得到，如果是以仲裁或诉讼为最后解决方式的话，索赔的结果就将取决于仲裁员或法官的判决，因此如果事先已经知道属于以下几个方面，最好就不要再提出索赔报告；1）无合同文件或法律依据，且无类似情况的成功案例可循；2）属于己方责任的（如招、投标文件漏项，低价中标，组织不利等）；3）索赔事件发生时，未采取积极措施防止事态扩大造成的项目损失等。

（2）提出索赔报告前要分析其可能带来的后果，特别是要从商务角度出发考虑权利是否主张这个问题，不主张的情况有：1）市场战略；2）仲裁或诉讼往往是两败俱伤，且将牵涉大量的人力、财力资源；3）对方无力索赔等。

在这方面有一个实际的例子，有一个交钥匙成套设备项目，由于业主原因造成工程严重拖期，承包商为此提出了索赔并最终成功得到了巨额赔偿，但是在最后性能考核阶段，承包商无论如何也通过不了业主的验收，拖了3~4年，在更换了主要设备后，才最后竣工，据说承包商得到的赔偿根本无法弥补损失，显然这不能算是一个成功的索赔案例。

在对以上两方面的分析已经完成，并最终决定还是需要提出索赔时，一定要注意在具体的索赔操作中恰当使用方式、方法，如尽量争取索赔在采取法律手段前成功、一事一议、费用与进度分开（实际操作中工期索赔一般容易成功，索赔费用多数难以实现）等都是好方法。变更与索赔的比较见表9-1。

**表9-1 变更与索赔的比较**

| 编号 | 比较项目 | 变更 | 索赔 |
|---|---|---|---|
| 1 | 含义 | 为了使工程顺利进行而采取的一种措施，同时对合同价格与工期进行调整 | 承包商依据法律与合同的规定对并非由于自己过错，并且属于应由业主承担责任的情况所造成的实际损失或额外费用请求补偿的要求 |
| 2 | 目的 | 为了保证工程的顺利实施，不中断 | 获得经济或时间的补偿 |
| 3 | 费用组成 | 补偿的费用包括净成本、管理费、利润、担保和保险等 | 索赔费用一般是承包商实际发生的费用，除了因变更引起的索赔可计利润外，其他类型的索赔不能计利润 |
| 4 | 价格计算 | 与索赔类似。工作范围内变更的单价和费率参照合同规定，工作范围外的变更重新确定 | 直接费按实际记录发生的计算，其他费用以直接费为基础按费率计算 |
| 5 | 合同价格影响 | 不一定增加合同价格 | 索赔会增加业主的费用，而且会发生与工程无关的一些诉讼、仲裁费用 |
| 6 | 控制能力 | 变更各方对变更的调整取得一致后才能进行变更活动，造成变更的事实，因此变更具有更多主动性 | 事实发生后，承包商才要求业主对损失的补偿，是先事实后谈判，因此索赔是以事实为指向的 |
| 7 | 控制程序 | 合同规定变更程序 | 合同规定索赔程序 |
| 8 | 协商难易 | 变更各方容易达成一致意见，因为变更所涉及的项目一般是可以证明和计量的具体项目 | 索赔各方有时矛盾尖锐难以达成一致，因为一些项目很难计量，如效率损失的索赔、延误影响索赔 |
| 9 | 时效性 | 变更事实的申请具有时效性（7天内提出，14天确认） | 索赔事实的通知和证据的提出具有时效性（28天） |
| 10 | 对项目的影响 | 会影响项目目标的实现，但比索赔小 | 对目标控制危害大 |
| 11 | 两者关系 | 变更是索赔的原因，但变更无法协调时就上升为索赔或纠纷 | |

## 9.7 应用案例

【案例9-1】 设某合同中沥青路面原设计为厚4cm，其单价为40元/$m^2$。现进行设计变更为厚5cm。则按“以合同单价为基础定价”原则可求出变更后路面的单价为：

$$5 \div 4 \times 40 = 50\ 元/m^2$$

该方法的特点是简单且有合同依据。但如果原单价偏低，则得出的新单价也会偏低，反之，原单价偏高，则得出的新单价也会偏高。所以其确定的单价只有在原单价是合理的情况下才会相对合理，当原单价不合理（有不平衡报价）时，该方法对增加的工程量部分的定价是不合理的。

如果“以概预算方法为基础定价”，则应先确定沥青路面的施工方案和施工方法，进行资源价格的预算，之后按《公路工程预算定额》及相应的编制办法，确定其预算单价。例如，假定本项变更发生后沥青路面（5cm）的预算单价为55元/$m^2$，即比“以合同单价为基础定价”方法确定的单价（50元/$m^2$）高出5元/$m^2$，它表明原合同中沥青路面（4cm）的单价40元/$m^2$偏低。其偏低的原因可能是承包商的报价普遍较低（即合同总价偏低），也有可能是承包商在该单价上采用了不平衡报价法（即合同总价不低，但某个子目单价偏低）。对于前一种情况，采用预算单价后会使投标竞争所产生的积极成果不能有效地发挥作用，使合同的结算价恢复到预算价。对于后一种情况则不仅不能使投标竞争所产生的积极成果发挥作用，反而提高了合同的结算价格，使合同的总结算价超过预算总价。

【案例9-2】 设某项目有挖方、填方以及路面三项工程，其工程量和标底价格见表9-2。当承包商采用平衡报价或不平衡报价时，其报价结果有所不同（承包商采用不平衡报价是基于路基工程开工早，适当报高有利于资金周转及提前受益）。现假定路面在施工中厚度由4cm变更为5cm，则采用不同的定价方法时会有不同的结算结果。从表中可以看出，如果未采用不平衡报价，则采用第一种方法定价时其结算总价为2470万元。该价格的不合理之处在于，对增加的路面（1cm）工程量同样要求承包商向业主让利（10%），而承包商在投标及签约时并未作此承诺。而采用第二种方法结算时，其结算总价为2600万元。该价格的不合理之处在于，由于采用路面的预算单价作结算价，使得承包商在投标及签约时作出的让利10%的承诺没有真实执行（承包商的路面报价是50元/$m^2$，预算单价为55/元$m^2$，故让利10%）。

如果合同单价是一种不平衡报价，则采用第一种方法结算时其结算总价为2590万元。其不合理之处在于，对增加的路面（1cm）工程量同样要求承包商以低于标底20%的水平结算，而承包商在投标时并未作此承诺，当采用第二种方法结算时，其结算总价为2850万元，结算总价已大大高于预算（标底）总价（2700万元）。其不合理之处在于原合同路面（4cm）的降价和不平衡报价因素使得路面单价偏低的现象被新确定的路面单价完全消除，而挖方和填方报价偏高的现象仍在继续执行。

**表9-2 变更工程造价分析表**

| 工程子目 | 单位 | 数量/万 | 标底 | | 平衡报价 | | 不平衡报价 | | 备注 |
|---|---|---|---|---|---|---|---|---|---|
| | | | 单价/元 | 金额/万元 | 单价/元 | 金额/万元 | 单价/元 | 金额/万元 | |
| 挖方 | $m^2$ | 100 | 8.5 | 850 | 8.0 | 800 | 9.5 | 950 | 投标时价格 |
| 填方 | $m^2$ | 100 | 5.5 | 550 | 5.0 | 500 | 6.0 | 600 | |
| 路面（4cm） | $m^2$ | 26 | 40.0 | 1040 | 36.0 | 936 | 32.0 | 832 | |
| 合计 | | | | 2440 | | 2236 | | 2382 | |
| 变更路面（5cm） | $m^2$ | 26 | 50.0 | 1300 | 45.0 | 1170 | 40.0 | 1040 | 以合同单价为基础定价 |
| 合计 | | | | 2700 | | 2470 | | 2590 | |
| 变更路面（5cm） | $m^2$ | 26 | 50.0 | 1300 | 50.0 | 1300 | 50.0 | 1300 | 以概预算方法为基础定价 |
| 合计 | | | | 2700 | | 2600 | | 2850 | |
| 变更路面（5cm） | $m^2$ | 26 | 50.0 | 1300 | 46.0 | 1196 | 42.0 | 1092 | 以加权定价法定价时 |
| 合计 | | | | 2700 | | 2496 | | 2642 | |

【案例9-3】 某项目数据如下：直接成本：6.5元/$m^3$；间接成本：1.5元/$m^3$；利润：0.5/$m^3$。

所以其合理的价格应为8.5元/$m^3$（假定该价格为标底价）。但在报价过程中，由于多种原因，可能会出现以下三种报价：

第一种报价：8.5元/$m^3$以上，即报价与标底相当甚至更高。

第二种报价：8.0元/$m^3$，即报价中采取了让利策略，利润为0。

第三种报价：6.5元/$m^3$，甚至更低，即在第二种报价的基础上采用了不平衡报价法或将管理费分摊到了其他工程细目的报价中，此时的单价为一亏损价。

现假定因工程变更而使得挖方工程量有较大的增加，且超过了合同规定的“双控”标准。此时单价的变更方法会因以上三种不同的报价方法而不同。

对于第一种报价。由于工程量的增加，承包商增大规模效益，其增加的工程量部分的直接成本和间接成本均会降低，因此，原有合同单价应予以降低，当单价因不平衡报价而超出8.5元/$m^3$时更应如此。

对于第二种报价。尽管承包商并未承诺对变更工程继续向业主让利，但由于规模效益的增加会使得承包商获利，因此其单价可维持不变。

对于第三种报价。由于其单价为一亏损价，因此继续使用原单价对超出“双控”的工程量计价是不公平的，此时应对超出部分的工程量宜采用8.5元/$m^3$或8.0元/$m^3$的价格来计价。

【案例9-4】 某施工单位（乙方）与某建设单位（甲方）签订了公路工程施工承包合同。合同价款为1500万元，其中包括中桥一座，基础为扩大基础，上部结构为预应力混凝土T梁。开工前，施工单位提交了详细的施工组织设计并得到批准。合同规定，变更工程超过合同总价的15%时，监理工程师应与业主和承包人协商确定一笔管理费调整额。请问：

（1）在进行桥梁工程基础开挖时，发现地基和设计不符，不能满足承载力的要求，承包商应该如何处理？

（2）在工程施工过程中，乙方根据监理工程师的指示就部分工程进行了变更施工，试问变更部分合同价款根据什么原则确定？

（3）签发交工证书时，监理工程师发现变更工程的价款累计金额为302万元，假设投标报价的管理费费率为直接费的10%，业主、监理工程师和承包人协商后确定管理费调整两个百分点，在其他工程内容不变的情况下，请问工程价款如何调整？

解析：（1）承包商应根据合同规定，及时通知甲方，要求对工程地质重新勘察并对设计进行变更，按变更后的设计图纸进行施工，并及时申报变更费用。

（2）变更部分合同价款根据下列原则确定：合同中已有适用于变更工程的价格，按合同已有的价格计算变更合同价款；合同中有类似于变更工程的价格，可以参照此价格确定变更价格，变更合同价款；合同中没有适用或类似于变更工程的价格，由承包人提出适当的变更价格，经工程师确认后执行。

（3）当变更工程超过合同总价的15%时，超过部分的管理费应下调两个百分点。

管理费调整的起点为：1500×（1+15%）=1725万元

管理费调整部分的金额：1500+302－1725=77万元

管理费调整部分的直接费为：77/（1+10%）=70万元

调整后的工程价款为：1725+70×（1+8%）=1800.6万元

【案例9-5】　某建筑公司负责修建甲公司职工宿舍楼，双方签订建设工程施工合同。由于宿舍楼设有地下室，属隐蔽工程，因而在合同双方约定地下室的验收检查工作由双方共同负责，检查费用由甲公司承担。地下室竣工后，建筑公司通知甲方检查验收，甲方则答复因公司事务繁多，由乙方自己检查出具检查记录即可。一周后，甲方又聘用专业人员对地下室质量进行检查，发现未达到合同所设定标准，遂要求建筑公司承担此次检查费用，并对地下室工程返工。建筑公司则认为，合同约定的检查费由甲方负担，不应由建筑公司负担此项费用，但对返工重修地下室的要求予以认可。甲方多次要求乙方付款未果，诉诸法院。

法院对地下室工程重新鉴定，鉴定结论为地下室工程不符合合同约定的标准。法院因此判定建筑公司承担复检支出费用。

评析：本案中，建筑公司一开始通知甲方进行检查验收既是法定义务也是约定的义务，没有问题。对于甲方不履行检查义务的行为，建筑公司有权根据双方在口头上对合同进行变更后的约定在出具检查记录交与甲方后，继续进行施工。而甲方一开始则怠慢履行其按原合同约定应当到场共同检查的义务，称“自己检查出具检查记录即可”，对此，乙方也同意，这实际上是对原合同进行的口头变更。在这种情况下，由于缺乏相应的监督，建筑公司极有可能敷衍了事，蒙混过关。后来的复检出现问题也证明了这一点，表明建筑公司在施工中存在问题，主观上存在过错。因为合同的履行方式变更后，乙方的质量责任和义务并没有丝毫改变，仍然必须严格按照规定进行施工。甲方对合同进行口头变更后，一般可以通过事后检查予以补救，虽然这是推卸合同义务的表现，但事实上并非因此而产生质量缺陷，因此甲方不承担相应的质量责任。

至于甲方事后检查费用，则应视检查结果而定。如果检查结果是地下室质量未达到合同约定标准，那么因这一结果是建筑公司施工所致，检查费用应由建筑公司承担；如果检查质量符合标准，并由其承担顺延工期等责任。

然而，虽然施工单位负主要责任，但建设单位驻工地代表或者监理单位应严格履行自己的职责，对于怠慢履行职责而进行事后检查的，应当根据具体情况确定是否承担相应的责任。

【案例9-6】 某执行《水利水电工程施工合同条件》（2000—GF—0208）的厂房建设场地原为农田，按设计要求在建造时，厂房地坪范围内的耕植土应清除，基础必须埋在老土层下200mm处，为此，发包人在“三通一平”阶段就委托土方承包人清除了耕植土，并用好土回填压实至一定设计标高，因此，在施工招标文件中指出，承担厂房施工的承包人无须再考虑清除耕植土问题。

工程项目开工后，承担厂房建设的承包人在开挖基坑（槽）时发现，相当一部分基础开挖深度虽已达设计标高，但未见老土，且在基础和场地范围仍有一部分深层的耕植土和池塘淤泥等需要清除，基础开挖深度必须加深加大。为此，承包人要求按变更处理。

问题：

（1）承包人提出的要求是否合理？说明理由。

（2）工程变更指令应由（ ）发出。

A. 发包人　　B. 施工承包人　　C. 监理人

（3）在判断承包人提出的变更价格是否合理时，监理人审核时应遵循哪些原则？

解析：

（1）合理。因现场实际情况与招标文件中描述的情况不完全相符，按施工条件变更处理。

（2）应由监理人发出。

（3）原则如下：

1）如果施工和工程量清单中有适用于变更工作内容的项目时，应采用该项目的单价和合价。

2）如果施工合同工程量清单中无适用于变更工作内容的项目时，可引用施工合同工程量清单中类似项目的单价或合价作为合同双方变更议价的基础。

3）如果施工合同工程量清单中无此类似项目的单价和合价，或单价或合价明显不合理和不适用的，经协商后，由承包人依照招标文件确定的原则和编制依据，重新编制单价或合价，经监理机构审核后，报发包人确认。

【案例9-7】 某防护工程，发包人与承包人于2003年11月按照《土木工程施工合同条件》签订了施工承包合同。工期为8个月，并要求于2004年4月份之前要完成主体工程。该节制闸工程的闸室底板基础为现场灌注桩，直径1100mm，两侧翼墙基础为打入预制桩。由于非承包人原因，造成承包人工期拖延，发包人要求承包人仍然于2004年4月份之前完成主体工程。到2004年1月，承包人为了赶进度，在未经监理人同意的情况下，改变事前经过监理人批准的施工组织设计，将原来抽水—清淤泥—回填土—现场灌注桩的施工顺序，改为抽水—回填土—清淤泥—现场灌注桩—挖土—回填土的施工顺序。

问题：

（1）承包人改变施工顺序是否属于工程变更？

（2）监理人遇到承包人未经其同意改变施工顺序如何处理？

（3）监理人从哪些方面审核工程变更？

解析：

（1）承包人改变施工顺序属于施工变更。按照合同约定，以下7种情况均属于工程变更：

1）增加或减少施工合同中的任何一项工作内容。

2）取消施工合同中任何一项工作（但被取消的工作不能转由发包人或其他承包人实施）。

3）改变施工合同中任何一项工作的标准或性质。

4）改变工程建筑物的形式、路线、标高、位置或尺寸。

5）改变施工合同中任何一项工程经批准的施工计划、施工方案。

6）追加为完成工程所需的任何额外工作。

7）增加或减少合同项目的工程量超过合同约定的百分比。

（2）监理人遇到承包人未经其同意改变施工顺序，监理人应及时下达监理通知，限期要求承包人按工程变更程序及要求提出工程变更建议书。

（3）监理人应从技术和报价两个方面进行审核。

监理人对工程变更建议书进行技术审核，应符合下列要求：

1）变更后不降低工程质量标准，不影响工程完工后的功能和使用寿命；

2）工程变更在施工技术上可行、可靠；

3）工程变更引起的费用及工期变化经济合理；

4）工程变更不对后续施工产生不良影响。

监理人对工程变更报价进行审核，应按下述原则处理：

1）如果施工合同工程量清单中有适用于变更工作内容的项目时，应采用该项目的单价或合价。

2）如果施工合同工程量清单中无适用于变更工作内容的项目时，可引用施工合同工程量清单类似项目的单价或合价作为合同双方变更议价的基础。

3）如果施工合同工程量清单中无此类似项目的单价或合价，或单价或合价明显不合理和不适用的，经协商后，由承包人依照招标文件确定的原则和编制依据，重新编制单价或合价，经监理机构审核后，报发包人确认。

本案例中，由于造成承包人工期拖延的原因为非承包人原因，因此，需要对工程变更进行估价。

【案例9-8】　某施工单位根据领取的3000$m^2$两层厂房工程项目招标文件和全套图纸，经过参加投标并获得中标。该施工单位（乙方）于某年某月某日与建设单位（甲方）签订了该工程项目的合同。合同工期为1年。甲方在乙方进入施工现场后因资金紧缺，无法如期支付工程款，口头要求乙方暂停施工一个月。乙方亦口头答应。工程按照共同规定期限验收时，甲方发现工程质量有问题，要求返工。两个月后，返工完毕。结算时甲方认为乙方延迟交付工程，应按合同约定偿付逾期违约金。乙方认为临时停工是甲方要求的。乙方为抢工期，加快施工进度才出现了质量问题，因此迟延交付的责任不在乙方。甲方则认为临时停工和不顺延工期是乙方当时答应的。乙方应履行承诺，承担违约责任。

问题：该工程施工合同的变更形式是否妥当？此合同争议依据合同法律规范如何处理？

解答：工程施工合同的变更采用口头形式是不妥当的，应当采用书面形式，如一方事后不承认则很可能对另一方不利，即使诉诸法律也因无证据而不会予以支持。

本案例中暂停施工和验收质量引起的延期事实双方均予承认，但对口头约定有出入。因甲方原因的暂停施工，甲方认为乙方同意不顺延工期不合乎常理又无证据支持，因此应当顺延工期一个月并补偿乙方因暂停施工产生的经济损失；乙方验收质量问题以抢工期为理由，依法、依合同均不予支持，应当承担延期两个月的违约责任并赔偿甲方由此造成的经济损失。此所谓，桥归桥路归路，什么都得有证据支持才予以支持。

## 复习思考题

9-1 什么是工程变更？

9-2 简述工程变更的原因。

9-3 工程变更对合同实施有哪些影响？

9-4 简述工程变更的范围。

9-5 简述工程变更的程序。

9-6 简述工程变更价款确定的方法。

9-7 合同履行方式发生变更，责任和义务也发生变更吗？

9-8 简述工程变更的法律特点。

9-9 简述工程变更的类型。

9-10 工程变更应注意哪些问题？

9-11 变更与索赔的定义和特征是什么？

# 第10章 工程索赔

## 10.1 工程索赔概述

### 10.1.1 FIDIC合同条件下索赔的含义

索赔一词的英文Claim，本意是主张自身权益，指一方受到损失时向另一方提出补偿自身的损失。它是一种正当权利的要求，并不意味着对过错方的惩罚，所以其基调是温和的。无论是在一方违约而使另一方蒙受损失情况下的索赔，还是双方都没有违约所发生的索赔事件，都是一种正当权利的要求。

简单来说，索赔是当事人在合同实施过程中，根据法律、合同规定及惯例，对不应有自己承担责任的情况造成的损失，向合同的另一方当事人提出给予补偿或赔偿要求的行为。

FIDIC合同条件是由FIDIC组织主持编撰的合同范本的总称，主要为国际工程建设各方主体（主要是雇主、承包商和咨询工程师）缔约提供便利，这也是FIDIC组织多年来努力协调国际工程建设各方法律关系成果的集中体现。它们在国际工程承包中享有权威地位，不仅为FIDIC成员国采用，在国际工程承包、国际金融组织的招标采购、贷款建设等项目上也常常被采用。

在国际工程承包招标采购方面，FIDIC合同条件是目前世界上运用最广泛，影响最大的国际通用合同之一，并且已成为国际土木建筑行业具有国际权威的标准范本。

在FIDIC合同条件下，索赔问题与履行合同并不矛盾，索赔权利也是为了更好地促使合同双方坚持守约，保证合同的正常执行。即使某些索赔事件的解决是提诉于仲裁或法庭，也应看做是守约的正当行为，是将守约和维护合同权利置于法律的保护之下。在工程建设中索赔的产生是不可避免的，是一项正常的管理业务。索赔是承包商的权利，是利用合同保护自身合法利益的一种手段和武器，不仅要从认识上走出索赔就是不讲情面与诉诸法的误区，而且要充分利用好索赔，特别是在国际工程承包上更要注重灵活运用FIDIC条款以加强项目索赔管理，对合同中的索赔方法、事项和程序等要非常熟练地掌握。

### 10.1.2 我国承包商索赔现状分析

“索赔”这个词在我国的工程建设界走过了一个从无到有的过程。它伴随着许多新词汇、新技术、新方法、新领域，逐渐地在人们脑海中加深，逐步变成了人们在工程建设领域不可或缺的工具。

在市场经济条件下，建筑市场中的工程索赔是一种正常的现象。在工程建设的各个阶段，都有可能发生索赔，但在施工阶段索赔发生较多。对施工合同的双方来说，都有通过索赔维护自己合法利益的权利，依据双方约定的合同责任，构成正确履行合同义务的制约关系。在我国，由于社会主义市场经济体制尚未完全形成，在工程实施中，业主不让索赔，承包商不敢索赔和不懂索赔，监理工程师不会处理索赔的现象普遍存在。面对这种情况，在建筑市场中，应当大力提高业主和承包商对工程索赔的认识，加强对索赔理论和方法的研究，认真对待和搞好工程索赔，这对维护国家和企业利益都有十分重要的意义。

### 10.1.3 索赔的特征

建设工程索赔通常是指在工程合同履行过程中，合同当事人一方因非自身因素或对方不履行或未能正确履行合同而受到经济损失或权利损害时，通过一方的合法程序向对方提出经济或时间补偿要求。索赔是一种正当的权利要求，是发包方、监理工程师和承包方之间一项正常的、大量发生而且普遍存在的合同管理业务，是一种以法律和合同为依据的、合情合理的行为。

从工程索赔的基本含义可以看出索赔具有以下基本特征：

（1）索赔是双向的，不仅承包人可以向发包人索赔，发包人同样也可以向承包人索赔。由于实践中发包人向承包人索赔发生频率相对较低，而且索赔处理中，发包人始终处于主动和有利的地位，对承包人的违约行为他可以直接从支付工程款中扣抵、扣留保留金或通过履约保函向银行索赔来实现自己的索赔要求。因此在工程实践中大量发生的、处理比较困难的是承包人向发包人的索赔，这也是工程师进行合同管理的重点之一。

（2）只有实际发生了经济损失或权力损害，一方才能向对方索赔。经济损失是指因对方因素造成合同外的额外支出，如人工费、材料费、机械费、管理费等额外支出；权利损害是指虽然没有经济上的损失，但造成了一方权利上的损害，如由于恶劣气候条件对工程进度的不利影响，承包人有权要求工期延长等。因此发生了实际的经济损失或权利损害，应是一方提出索赔的一个基本前提条件。

（3）索赔是一种未经对方确认的单方行为。它与我们通常所说的工程签证不同。在施工过程中签证是承发包双方就额外费用补偿或工期延长等达成一致的书面证明材料和补充协议，他可以直接作为工程款结算或最终增减工程造价的依据，而索赔是单方面的行为，对对方尚未形成约束力，这种索赔要求能否得到最终实现，必须要通过确认（如双方协商、谈判、仲裁、诉讼）后才能实现。

综上所述，索赔应具有以下本质的特征：

（1）索赔是要求给予补偿（工期或费用）的一种权利、主张；

（2）索赔的依据是法律法规、合同文件及工程建设惯例，但是首要依据是双方真实意思表示的合同文件；

（3）索赔是因非自身原因导致的，要求索赔一方没有过错；

（4）与索赔比较，额外的经济损失或工期延迟已经成为既成事实；

（5）索赔必须有切实有效的证据；

（6）索赔是单方行为，双方尚未达成协议。

### 10.1.4 索赔的性质与意义

#### 10.1.4.1 索赔的性质

索赔的性质属于经济补偿行为，而不是惩罚，索赔属于正确履行合同的正当权利要求。索赔方所受到的损害，与索赔方的行为并不一定存在法律上的因果关系。导致索赔事件的发生，可以是一定行为造成的，也可能是不可抗力事件引起的，可以是对方当事人的行为导致的，也可能是任何第三方行为导致的。索赔在一般情况下都可以通过协商方式友好解决，若双方无法达成妥协时，争议可通过仲裁解决。

索赔工作是承发包双方之间经常发生的管理业务，是双方合作的方式，而不是对立的。经实践证明，索赔的健康发展对于培养和发展新的建设市场，促进建筑业健康发展，提高工程建设效益起着非常重要的作用。

#### 10.1.4.2 索赔的意义

（1）索赔是合同管理的重要环节。索赔和合同管理有直接的联系，合同文件是索赔的依据。整个索赔处理的过程就是执行合同的过程，自项目开工之日起，合同管理人员就必须将每日实施合同的情况与原合同分析，若出现索赔事件，就应当研究是否提出索赔。索赔的依据在于日常合同管理的证据，要想索赔就必须加强合同管理。索赔有利于双方加强内部合同管理、严格履行合同，有助于双方提高管理素质，维护市场正常秩序。

（2）索赔有利于建设单位、施工单位双方自身素质和管理水平的提高。工程建设索赔直接关系到建设单位和施工单位的双方利益，索赔和处理索赔的过程实质上是双方管理水平的综合体现。作为建设单位，为使工程顺利进行、如期完成、早日投产取得收益，就必须加强自身管理，做好资金、技术等各项有关工作，保证工程中各项问题及时解决；作为施工单位，要实现合同目标，取得索赔，争取自己应得利益，就必须加强各项基础管理工作，对工程的质量、进度、变更等进行更严格、更细致的管理，进而推动建筑行业管理的加强与提高。

（3）索赔是合同双方利益的体现。从某种意义上讲，索赔是一种风险费用的转移或再分配，如果施工单位利用索赔的方法使自己的损失尽可能的得到补偿，就会降低工程报价中的风险费用，从而使建设单位得到相对较低的报价，当工程施工中发生这种费用时可以按实际支出给予补偿，也使工程造价更趋于合理。作为施工单位，要取得索赔，保证自己应得的利益，就必须做到自己不违约，全力保证工程质量和进度，实现合同目标。同样，作为建设单位，要通过索赔的处理和解决，保证工程质量和进度，实现合同目标，早日投产取得经济收益。

（4）索赔是挽回成本损失的重要手段。在合同实施过程中，由于建设项目的主客观条件发生了与原合同不一致的情况，使施工单位的实际工程成本增加，施工单位为了挽回损失，通过索赔加以解决。显然，索赔是以赔偿实际损失为原则的，施工单位必须准确地提供整个工程成本的分析和管理，以便确定挽回损失的数量。

（5）索赔有利于国内工程建设管理与国际惯例接轨。熟练掌握索赔和处理索赔的方法和技巧，有助于对外开放和对外工程承包的开展。索赔是国际工程建设中非常普遍的做法，尽快学习、掌握运用国际上工程建设管理的通行做法，不仅有利于我国企业工程建设管理水平的提高，而且对我国企业顺利参与国际工程承包、国外工程建设都有着重要的意义。

（6）有利于政府职能的转变，使合同双方依据合同和实际情况实事求是地协商工程造价和工期，从而使政府从繁琐的调整概算和协商双方关系等微观管理工作中解脱出来。

# 10.2 产生索赔的原因及索赔分类

## 10.2.1 索赔产生的原因

### 10.2.1.1 合同文件引起的索赔

（1）合同文件组成引起的索赔。有些合同文件是在投标后通过讨论修改拟定的。如果在修改拟定时，承包商与雇主的往来函件已经写入合同补遗文件中并签字，则说明正式合同签字以前的各种往来文件均已不再生效。如果是雇主因疏忽，未宣布往来的信件是否有效，此时，如果信件内容与合同内容发生矛盾时，就容易引起双方争执并导致索赔。例如，一业主发出的中标函写明“接收承包商的投标书和标价”，该承包商的投标书中附有说明“水泥投标价是采用当地生产供应的水泥价格”。在施工中，由于当地水泥质量不合格被工程师拒绝，承包商不得不采用外地水泥，从而增加了工程成本。由于雇主已明确表示了接受其投标书，承包商可就此提出索赔。

（2）合同缺陷引起的索赔。合同缺陷是指合同文件的规定不严谨甚至前后有矛盾，合同中有遗漏或者错误。它不仅包括条款中的缺陷，也包括技术规程和图纸上的缺陷。工程师有权对此作出解释，但如果承包商执行工程师的解释后引起了成本增加或工期延误，则有权提出索赔。

### 10.2.1.2 不可抗力和不可预见因素引起的索赔

（1）不可抗力的自然灾害引起的索赔。不可抗力是指飓风、超标准的洪水等自然灾害。一般条款规定，由这类自然灾害引起的损失应由业主承担，但是条款也指出，承包商在这种情况下应采取措施，尽力减小损失。对由于承包商未尽力而使承包商损失扩大的那部分，雇主不再承担赔偿责任。

（2）不可抗力的社会因素引起的索赔。不可抗力的社会因素是指发生战争、核装置的污染和冲击波、暴乱、承包商和其分包商的以外人员的动乱和骚扰等而使承包商受到的损害。这些风险一般应由业主承担，承包商不对此造成的工程损失或人身伤亡负责，应得到损害前已完成的永久工程的付款和合理利润以及一些修复费用和重建费用。这些费用还包括由于特殊风险而引起的费用的增加。如果由于特殊风险而导致合同中止，承包商除可以获得应付的一切工程款和上述的损失费用外，还应获得施工机具、设备的撤离费和人员的遣返费用等。

（3）不可预见的外界条件引起的索赔。不可预见的外界条件是指有经验的承包商在招标阶段根据招标文件中提供的资料和现场勘察，都无法合理预见到的外界条件，如地下水、地质断层、溶洞等，但其中不包括气候条件（异常恶劣天气条件除外）。遇到此类条件，承包商受到损失或增加额外支出，经工程师确认，承包商可获得经济补偿和批准工期顺延的天数。如工程师认为承包商在提交投标书前根据介绍的现场情况、地质勘探资料应能预见到的情况，承包商在投标时理应予以考虑，可不同意索赔。

（4）施工中遇到地下文物或构筑物引起的索赔。在挖方工程中，如发现图纸中未注明的文物（不管是否有价值）或人工障碍（如公共设施、隧道旧建筑物等），承包商应立即报告工程师，请其现场检查，共同讨论处理方案。如果新施工方案导致工程费用增加，如原计划的机械开挖改为人工开挖等，承包商都有权提出经济索赔和工期索赔。

#### 10.2.1.3 业主方原因引起的索赔

（1）拖延提供现场及通道引起的索赔。因自然灾害影响或施工现场的搬迁工作进展不顺利等原因，雇主没能如期向承包商移交合格的、可以直接进行施工的现场，会导致承包商提出误工的经济索赔和工期索赔。

（2）拖延支付工程款引起的索赔。合同中均有支付工程款的时间限制，如果业主不能按时支付工程进度款，承包商可按合同规定向业主索付利息。严重拖欠工程款而使得承包商资金周转困难时，承包商除向业主提出索赔要求外，还有权放慢施工进度，甚至可以因业主违约而解除合同。

（3）指定分包商违约引起的索赔。指定分包商违约还常常表现为未能按分包合同规定完成应承担的工作而影响了总承包商的施工，业主对指定分包商的不当行为也应承担一定的责任。例如，某地下电厂的通风竖井由指定承包商负责施工，因其管理不善而拖延了工程进度，影响到总承包商的施工。总承包商除根据与指定分包商签订的合同索赔窝工损失外，还有权向业主提出延长工期的索赔要求。

（4）业主提前占用部分永久工程引起的索赔。工程实践中，往往会出现业主从经济效益方面考虑使部分单项工程提前投入使用，或从其他方面考虑提前占用部分工程。如果合同未规定可提前占用部分工程，则提前使用永久工程的单项工程或部分工程所造成的后果，责任由业主承担；另一方面，提前占用工程影响了承包商的后续工程施工，影响了承包商的施工组织计划，增加了施工困难，承包商有权提出索赔。

（5）业主要求加速施工引起的索赔。一线工程遇到不属于承包商责任的各种情况，或业主改变了部分工程的施工内容而必须延长工期，但是业主又坚持要按原工期完工，这就迫使承包商赶工，并投入更多的机械、人力来完成工程，从而导致成本增加。承包商可以要求赔偿赶工措施费用，例如加班工资、新增设备租赁费和使用费、增加的管理费用、分包的额外成本等。

#### 10.2.1.4 工程师方原因引起的索赔

（1）延误提供图纸或拖延审批图纸引起的索赔。如工程师延误向承包商提供施工图纸，或者拖延审批承包商负责设计的施工图纸，因此而使施工进度受到影响，承包商可以索赔工期，还可以对延误导致的损失要求经济补偿。

（2）其他承包商的干扰引起的索赔。大型建设工程项目往往有多个承包商同时在现场施工。各承包商之间没有合同关系，他们各自与业主签订合同，因此工程师有责任协调好各承包商之间的工作，以免彼此干扰，影响施工而引起承包商的索赔。如一承包商不能按期完成他的那份工作，其他承包商的相应工作将因此推迟。在这种情况下，被迫延迟的承包商就有权提出索赔。在其他方面，如场地使用、现场交通等，各承包商之间都有可能发生相互间的干扰问题。

（3）重新检验引起的索赔。工程师为了对工程的施工质量进行严格控制，除了要进行合同中规定的检查试验外，还有权要求重新检验和检查。例如对承包商的材料进行多次抽样检验，或对已施工的工程进行部分拆卸或挖开检查以及工程师要求在现场进行工艺试验等。如果这些检查或检验表明其质量未达到技术规程所要求的标准，则检查或检验费用由承包商承担；如检查或检验证明符合合同要求，则承包商除了可向业主提出偿付这些检查费用和修复费用外，还可以对由此引起的其他损失，如工期延误、工人窝工等，要求赔偿。

(4) 工程质量要求过高引起的索赔。合同中的技术规程对工程质量，包括材料质量、设备性能和工艺要求等，均作了明确规定。但在施工过程中，工程师有时可能不认可某种材料，而迫使承包商使用比合同文件规定的标准更高的材料，或者提出更高的工艺要求，则承包商可以就此要求对其损失进行补偿或重新核定单价。

(5) 对承包商的施工进行不合理干预引起的索赔。合同条款规定承包商有权采取任何可以满足合同规定的进度和质量要求的施工顺序和方法。如果工程师不是采取建议的方式，而是对承包商的施工顺序及施工方法进行不合理的干预，甚至正式下达指令要求承包商执行，则承包商可以就这种干预所引起的费用增加和工期延长提出索赔。

(6) 暂停施工引起的索赔。项目实施过程中，工程师有权根据承包商违约或破坏合同的情况，或者因现场气候条件不利于施工以及为了工程的合理进行（如分项工程或工程任何部位的安全）而有必要停工时，下达暂停施工的指令。如果这种暂停施工的命令并非因承包商的责任或原因所引起的，则承包商有权要求工期赔偿，同时可以就其停工损失获得合理的额外费用补偿。

(7) 提供的测量基准有差错引起的索赔。由测量基准有误差引起的损失或费用增加，承包商可要求索赔。如果数据无误，而是承包商在解释和运用上所引起的损失，则应由承包商自己承担责任。

#### 10.2.1.5 价格调整引起的索赔

对于有调价条款的合同，在物资、劳务价格上涨时，业主应对承包商所受到的损失给予补偿。它的计算不仅涉及价格变动的依据，还存在着对不同时期已购买材料的数量和涨价后所购材料数量的核算以及未及早订购材料的责任等问题的处理。

#### 10.2.1.6 法规变化引起的索赔

如果在工程的递交投标书截止日之前的28天后，本工程所在国家或地方的法令、法规或规章发生了变化，由此引起了承包商施工费用的额外增加（例如国家税率增加或提高、燃料费的涨价等），承包商有权提出索赔，工程师应与业主协商后，对所增加费用给予补偿。

### 10.2.2 索赔的分类

#### 10.2.2.1 狭义的索赔和广义的索赔

建设工程索赔包括狭义的建设工程索赔和广义的建设工程索赔。

狭义的建设工程索赔是指人们通常所说的工程索赔或施工索赔。工程索赔是指建设工程承包商在由于发包人的原因或发生承包商和发包人不可控制的因素而遭受损失时，向发包人提出的补偿要求。这种补偿包括补偿损失费用和延长工期。

广义的建设工程索赔是指建设工程承包商由于合同对方的原因或合同双方不可控制的原因而遭受损失时，向对方提出的补偿要求。这种补偿可以是损失费用索赔，也可以是实物索赔。它不仅包括承包商向发包人提出的索赔，而且还包括承包商向保险公司、供货商、运输商、分包商等额提出的索赔。

#### 10.2.2.2 按索赔目的的分类

按施工索赔的目的可分为工期索赔和经济索赔。

（1）工期索赔。即承包商向业主要求延长施工时间，使原定的工程竣工日期顺延一段合理的时间。这样，承包商可以避免承担误期损害赔偿费。FIDIC 合同条件中，误期损害赔偿费是用以补偿业主由于工程项目较晚投入运行而受的经济损失，按日计算赔偿金，可以累计达到合同额的10%。

FIDIC 条款 8.4 规定了“竣工时间的延长”。承包商工期索赔实质上就是工程延期，见第 8 章工程延期管理相关内容。

（2）经济索赔。即承包商向业主要求补偿不应该由承包商自己承担的经济损失或额外开支，也就是取得合理的经济补偿。前提是：在实际施工过程中所发生的施工费用超过了投标价书中该项工作所预算的费用；而这项费用超支的责任不在承包商方面，也不属于承包商的风险范围。具体地说，施工费用超支主要来自两种情况：一是施工受到干扰，导致工作效率降低；二是业主指令工程变更或产生额外工程，导致工程成本增加。由于这两种情况所增加的新增费用或额外费用，承包商有权索赔。

#### 10.2.2.3 按索赔原因的分类

前面讲述了索赔产生的原因，合同条款中承包商可用于索赔的条款很多，这些索赔按引发的原因不同大致可分为四大类型。

（1）第一类是业主过错引起的索赔，具体可分为以下几种情况：

1）由于业主原因造成的临时停工和施工中断，特别是根据业主的不合理指令造成了工效的大幅度降低，从而导致费用支出增加，承包商可以提出索赔。

2）由于业主不正当地终止工程，承包商有权要求补偿损失。

3）业主违约。这里指的是业主未能在规定时间内支付工程款；或业主及其代理人未能按合同规定为承包商提供施工的必要条件，如未能按规定及时向承包商提供施工场地，未能及时接通电源；由业主提供的材料等延误或不符合合同标准、业主提供的工程图纸不及时等。

4）业主发布加速施工指令，要求承包商投入更多的人力、物力和财力来加速工程施工。这里可能导致工程成本的增加，承包商可以进行索赔。

（2）第二类是监理过错或责任引起的索赔，具体可分为以下几种情况：

1）由于工程师原因造成的临时停工和施工中断，特别是根据工程师的不合理指令造成了工效的大幅度降低，从而导致费用支出增加，承包商可以提出索赔。

2）监理工程师的某些指令。监理工程师受到业主委托来进行工程建设的监督管理，在实际工程进展过程中，会发布一些必要或口头的现场指令，这些指令通常需要承包商进行一些额外的工作，如额外的实验研究以服务于施工；对部分合格工程进行破坏性检查。此时承包商按这些指令进行的额外工作，有权向业主提出索赔请求。

（3）第三类是合同变更和合同存在矛盾或缺陷引起的索赔，可分为以下两种情况：

1）合同变更引起的索赔。这里变更指的是超出合同规定的合理变动范围内的变更，此时承包商往往会增加施工设备，或增加施工人数；反之，若工程项目被取消或工程量大减，又势必会引起承包商原有人工和机械设备的窝工和闲置，造成资源浪费。上述情况，承包商都有权利向业主提出索赔权请求。

2）合同存在矛盾、缺陷或条文模糊之处。合同矛盾和缺陷是指合同文件规定不严谨，合同中有遗漏或错误，这些矛盾常反映为设计与施工规定相矛盾，技术规范和设计图纸不符合或相矛盾以及一些商务和法律条款规定有缺陷等。此种情况下，承包商应及时将这些矛盾和缺陷反映给监理工程师，由监理工程师作出解释。若承包商按照监理工程师的解释指令执行后，造成的施工工期延长或工程成本增长，则承包商可提出索赔请求。

（4）第四类是不可预见因素引起的索赔，一般可分为以下几种情况：

1）不可抗力。一般来说，不可抗力发生所造成的损失，是业主所要承担的风险，包括地震、海啸、异常的气候、非承包人责任造成的爆炸、火灾、毒气泄漏、核辐射以及战争、动乱、空中飞行物坠落等。

2）地质条件变化引起的索赔。在工程施工过程中，承包商如果遇到了现场气候条件以外的外界障碍或条件，这些障碍和条件是一个有经验的承包商无法预见的。此时导致的费用损失加大或工期延误，承包商可以提出索赔。

3）工程中人为障碍引起的索赔。在施工过程中，如果承包商遇到了地下构筑物或文物，只要图纸上未说明，而且与工程师共同确定的处理方案导致了工程费用的增加，承包商有权提出索赔。

当施工索赔超出合同规定的情况时，承包人可依据合同法的规定来索赔。如业主的其他过错或监理过错造成承包人的损失时，承包人可以依据合同法的违约责任规定来索赔；又如在施工过程中，业主要求赶工（缩短工期）而造成费用增加时，承包人可依据合同变更的法律规定来索赔。

## 10.3 索赔申请与审批

### 10.3.1 承包商的索赔

#### 10.3.1.1 索赔的一般程序

FIDIC 合同条件实际上是想建立一个以工程师为中心的专家管理体系，工程师的地位和作用是 FIDIC 合同条件的重点内容。雇主的职业背景可能千差万别，不会都是建筑施工、土木工程和项目管理的内行，因此，通常是找这方面有丰富经验的工程师替他完成招标文件、评估投标报价、进行日常管理等，通过支出为数不多的咨询费，得以确保金额相对较大的全部项目投资能够经济有效和安全运用。

工程师有广泛的权力，具体掌握着工程项目的建设成本、施工质量和竣工时间等关键问题，包括以下几个方面内容：首先是向承包商发布各项指令，也有权解释合同条款并发布与合同管理有关的一切指示，包括工作性质、工作范围及施工期的变化，以处理合同纠纷，确保合同实施；其次是检查施工进度；第三是决定额外付款，以补偿承包商完成的额外工程开支；第四是审定承包商要求付款的月结算书及索赔款报告。在 FIDIC 合同条件中，由工程师解决索赔的程序如下：

（1）承包商提出索赔意向书及索赔报告。承包商应在索赔事件发生后的 28 天内向工程师递交索赔意向通知，并向雇主提供一份副本，声明提出索赔。该意向通知是承包商就具体的索赔事件向工程师和雇主表示的赔偿愿望和要求。如果超过这个期限，工程师和雇主有权拒绝承包商的索赔要求。

构成有效索赔的前提必须是在 28 天之内提交索赔通知。如果承包商拟索赔额外支付或时间，其有义务合理迅捷地使雇主知道该索赔。FIDIC 编委会认为 28 天是一个合理的时间段，因为在国际工程项目上的绝大多数承包商是大公司，有充分胜任的员工能够意识到索赔的情形产生。但同时 FIDIC 编委会强调，承包商仅仅需要在 28 天内提交一个简单索赔通知，可以仅有一两句，只要能够说明产生索赔的事件即可。承包商在 28 天内无须提交详细材料。

如果承包商未能在此 28 天之内发出通知，竣工时间不应延期，承包商无权获得附加支付，并且雇主应被免除与此索赔相关的所有责任。

在提交通知后的 42 天内，或是在工程师许可的其他合理时间内，承包商递送正式的索赔报告。如果索赔事件的影响持续存在，28 天内还不能算出索赔额和工期延长的天数，承包商应按工程师要求的合理时间间隔，定期陆续报出某时间段内的索赔证据资料和索赔要求。在该项索赔事件影响结束后的 28 天内，报出最终详细报告，提出索赔论证资料和累积索赔额。

（2）咨询工程师审核同期现场记录及索赔文件。引起索赔的事件发生之后，工程师要求承包商做同期记录，对于一个有责任心的承包商来说这是符合逻辑的做法。如承包商能邀请工程师检查上述记录，并请工程师说明他是否要求承包商做其他记录，这对承包商是有利的。这样，承包商就会为他所作的记录能在工程师对索赔进行估价时使用而感到满足。工程师收到承包商提出的索赔通知后，在不必承认雇主责任的情况下，对同期现场记录及索赔报告进行审查，确认索赔事实和证据。其步骤是：首先，各项目工程师提出初步事实和证据审查意见；其次，工程师总部对初步意见进行复审；最后，工程师全体及雇主进行表决，产生最终确认意见。

（3）咨询工程师与雇主及承包商进行协商。当工程师审核同期记录之后，为促使合同双方对索赔达成一致，作为中间人，他必须积极穿梭于雇主和承包商之间，通过一次或多次的协商，寻找一种既切合实际情况，又能使双方接受的解决方法。这个方法可以是全部索赔的解决方法，也可以是索赔事件某个部分的解决方法。工程师在收到索赔或任何对先前索赔的进一步支持性材料的 42 天之内，或工程师建议并获得承包商认可的其他时间段之内，工程师应回复同意或不同意并附详细评论。这是 FIDIC 总结以往的不足，在其合同范本中首次要求工程师应在一给定的时间段内回应承包商的索赔。

（4）最终索赔处理及支付。根据工程师在雇主和承包商之间的游说与斡旋，工程师、雇主和承包商就索赔处理达成一致性意见，并且索赔报告经雇主批准后，工程师就可以签发支付证书，根据 FIDIC 条款规定：雇主应在收到临时付款证书后的 56 天内向承包商支付以及雇主收到最终付款证书的 56 天内向承包商支付。如果未按规定时间支付，则应按投标书附录中规定的利率计算利息。

#### 10.3.1.2 工程索赔的特殊程序

如果业主和承包商双方既不同意对方的意见，也不同意工程师的意见，这时双方均可按照 FIDIC 合同条件中有关争端解决的条款，将自己的要求或不满意作为争端提出，而后按争端程序进行处理。在国际工程承包合同索赔出现争端时，FIDIC 合同条件形成了其特有的争端评审委员会方式（DRB 方式）和争端裁决委员会方式（DAB 方式）。

FIDIC 条款 20.1 规定了“承包商的索赔”，这一条款只是对承包商索赔的总的规定，详细说明了承包商进行索赔的内容和程序，并没有明确承包商可索赔的事项，这些承包商可索赔的事项都是分散在各条款中的。

根据此条款的规定，承包商的索赔工作程序主要包括以下几步：

（1）向咨询工程师提交索赔报告。这是必需的程序，任何一方都不能跨越工程师直接提交争端委员会或提交仲裁。

（2）提交争端委员会解决。对咨询工程师的决定不服，任何一方在规定的时间内提交争端委员会解决，争端委员会在84天内提出裁决意见，争端双方发同意此裁决意见，则双方立即着手执行。

（3）友好解决争端。如有一方或双方不同意争端委员会的裁决意见，可在56天内争取友好解决争端，如果不能友好解决，则提交仲裁。如双方在同意争端委员会的裁决意见后而其中一方又不执行，则另一方可要求直接仲裁。

（4）仲裁。我国现在已是国际仲裁强迫执行委员会的成员国之一。由于承包商已向业主提供了履约保函，因此，在没有进行充分的证据调查和法律分析前，不要轻易提起仲裁，以避免由此引发的败诉风险。

承包商索赔工作程序见图10-1所示。

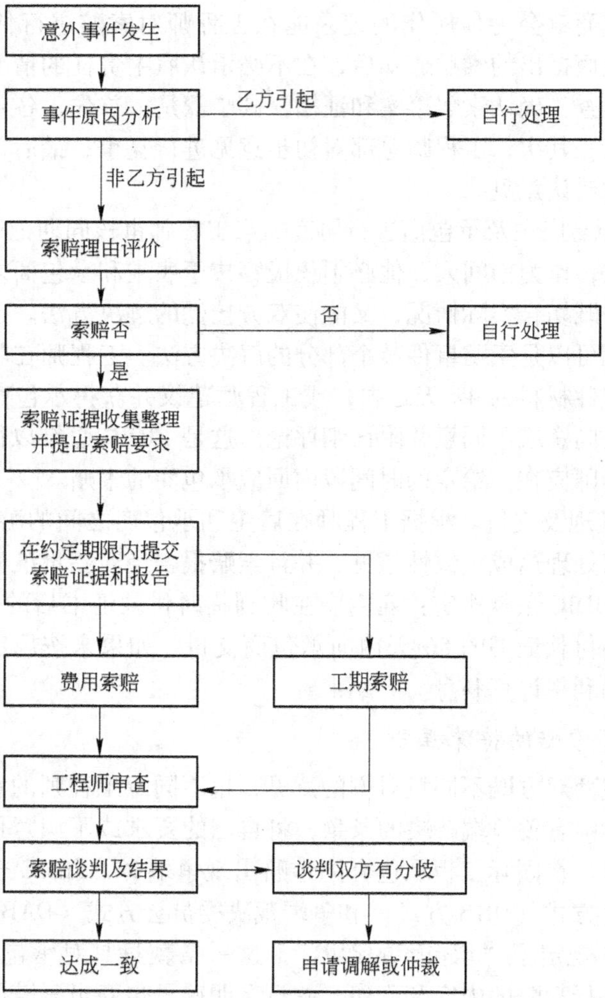


图10-1 承包商索赔工作程序图

根据此条款的规定，承包商的索赔内容应由三部分组构成：工期（Time）、费用（Cost）、利润（Profit），分别用 T、C、P 表示。综合 FIDIC 条款内容，汇总有关索赔条款，如表 10-1 所示。

**表 10-1 承包商可引用的索赔条款**

| 序号 | 干扰事件（构成索赔的主要理由） | 条 款 号 | 可调整事项 |
|---|---|---|---|
| 一 | 业主的违约 | | |
| 1 | 未能及时通知文件中的错误及缺陷 | 1.8 | T+C+P |
| 2 | 业主违约使用承包商文件 | 1.10 | C+P |
| 3 | 业主未获得永久工程的规划许可 | 1.13（22.2、22.3、26.1） | T+C+P |
| 4 | 业主延误移交施工现场 | 2.1（42.1、42.2） | T+C+P |
| 5 | 业主工作人员的违约行为 | 2.3 | T+C |
| 6 | 业主在履约保证方面的违约 | 4.2（10） | C |
| 7 | 业主提供错误的现场数据 | 4.10 | T+C+P |
| 8 | 业主设备和免费供应的材料 | 4.20 | T+C+P |
| 9 | 业主坚持雇佣承包商反对的分包商 | 5.2（59.2） | T+C |
| 10 | 检验延误 | 9.2 | T+C+P |
| 11 | 业主提前接受和（或）使用工程 | 10.2（48.2） | C+P |
| 12 | 业主对竣工试验的干扰 | 10.3 | T+C+P |
| 13 | 由于业主原因导致进一步的检验 | 11.6 | C+P |
| 14 | 支付的延误 | 14.8（60.10） | C |
| 15 | 承包商有权暂停工作 | 16.1（69.4） | T+C+P |
| 16 | 因业主原因导致承包商终止合同 | 16.2 | C+P |
| 17 | 业主未尽保障之职而使承包商遭受损失 | 17.1（22.1、22.2） | C |
| 18 | 业主原因使承包商受到侵犯知识产权和工业产权的指控 | 17.5 | C |
| 19 | 业主未按规定办理相关保险 | 18.1（21） | C |
| 二 | 工程师的行为导致的索赔 | | |
| 1 | 无理扣压或拖延颁发批准书、签证、同意函、确定等 | 1.3（1.5） | T+C+P |
| 2 | 工程师的错误澄清或解释 | 1.5 | T+C+P |
| 3 | 延误发放图纸或指示 | 1.9（6.4） | T+C+P |
| 4 | 工程师否定或更改其助手的决定或指示 | 3.2（2.3、2.4） | T+C+P |
| 5 | 工程师指示增加或修改图纸 | 3.3 | T+C+P |
| 6 | 提供错误的放线基准数据 | 4.7（17.1） | T+C+P |
| 7 | 无故拖延检查、检验、测量或试验 | 7.3（37.1、38.1） | T+C |
| 8 | 工程师改变规定试验 | 7.4（37.3） | T+C+P |
| 9 | 开工日期的迟延通知 | 8.1 | T+C |
| 10 | 暂停的后果 | 8.9（40.2） | T+C |
| 11 | 暂停延续 | 8.11 | T+C |
| 12 | 复工 | 8.12 | T+C |

续表 10-1

| 序号 | 干扰事件（构成索赔的主要理由） | 条 款 号 | 可调整事项 |
|---|---|---|---|
| 13 | 承包商的检查 | 11.8（50.1） | C+P |
| 14 | 暂列金额的使用 | 13.5（58.1、58.2） | C+P |
| 三 | 工程变更 | | |
| 1 | 因合作构成的变更 | 4.6（31.1、31.2） | T+C+P |
| 2 | 提供额外的样品构成变更 | 7.2 | T+C+P |
| 3 | 进度计划的调整 | 8.3 | T+C+P |
| 4 | 修复缺陷的费用 | 11.2（49.3） | C+P |
| 5 | 删减 | 12.4 | C |
| 6 | 业主要求增加额外工程 | 13.1（51.1） | T+C+P |
| 7 | 价值工程的变更 | 13.2 | C |
| 8 | 计日工 | 13.6 | C+P |
| 四 | 风险因素 | | |
| 1 | 不可预见的物质条件 | 4.12（12.2） | T+C |
| 2 | 发现化石 | 4.24（27.1） | T+C |
| 3 | 由公共当局引起的延误 | 8.5 | T |
| 4 | 法规变化引起的调整 | 13.7 | T+C |
| 5 | 费用变化引起的调整 | 13.8（70.1） | C |
| 6 | 业主风险造成的后果 | 17.4（20.3） | T+C+P |
| 7 | 不可抗力引起的后果 | 19.4 | T+C |
| 8 | 可选择的终止、支付和返回 | 19.6 | C |
| 五 | 其他 | | |
| 1 | 异常不利的气候条件、流行病等 | 8.4（44.1） | T |
| 2 | 业主终止的权利 | 15.5 | C+P |
| 3 | 根据法律解除履约 | 19.7 | C |

### 10.3.2 业主的索赔

FIDIC 条款2.5规定了“雇主的索赔”：如果雇主认为按照任何合同条件或其他与合同有关的条款规定他有权获得支付和（或）缺陷通知期的延长，则雇主或工程师应向承包商发出通知并说明细节。

当雇主意识到某事件或情况可能导致索赔时应尽快地发出通知。涉及任何延期的通知应在相关缺陷通知期期满前发出。

在细节中应详细说明索赔条款或其他依据，包括雇主按照合同认为他自己有权获得的费用和（或）延期的证明，工程师应依据合同规定作出商定或决定，包括：雇主有权获得的由承包商支付的款额（如有时）以及依据合同规定给予缺陷通知期的延长（如有时）。

此笔款额应在合同价格及支付证书中扣除。雇主仅有权从支付证书中确定的款额中抵消或扣除，或依据本款向承包商另外提出索赔。

业主的索赔事项也是散落于各条款中，业主可引用的主要索赔条款汇总见表10-2。

表 10-2 业主可使用的主要索赔条款

| 序号 | 干扰事件（构成索赔的主要理由） | 条 款 号 | 是否通知 |
|---|---|---|---|
| 1 | 承包商损坏了公路和桥梁 | 4.16（30.3） | 是 |
| 2 | 承包商未支付使用现场可供的电、水和燃气的到期款 | 4.19 | 否 |
| 3 | 承包商未付使用业主设备的到期使用费 | 4.20 | 否 |
| 4 | 承包商未向指定的分包商支付应付款项 | 5.4（59.5） | 是 |
| 5 | 工程师拒收不合格的材料和工程 | 7.5（37.4） | 是 |
| 6 | 承包商未能完成缺陷补救工作 | 7.6、11.3（39.1、39.2、49.4） | 是 |
| 7 | 由于承包商的原因修改进度计划导致业主有额外投入 | 8.6（46.1） | 是 |
| 8 | 承包商拖期 | 8.7（47.1） | 是 |
| 9 | 未能通过竣工试验 | 9.4 | 是 |
| 10 | 缺陷责任期的延长 | 11.3（49.5） | 是 |
| 11 | 终止合同后的支付 | 15.4（63.3） | 是 |

### 10.3.3 业主索赔程序与承包商索赔程序对比

#### 10.3.3.1 时效性比较

时效是法律确认某种状态继承存在一定时间便产生一定法律效果。经济法律时效是由国家法律和经济法规确认，经济法律关系主体的经济权利得以行使和经济义务必须履行的期间的时效制度。工程施工合同索赔时效则是指施工合同履行过程中，索赔方在索赔事件发生后的约定期限内不行使索赔权的，视其为放弃索赔权利，其索赔权归于消灭的合同法律制度。索赔时效具有促使权利人行使权利，平衡业主和承包商利益的功能，有利于索赔客观、公正、经济地解决。FIDIC 施工合同条件中，对承包商索赔有很多时效性规定，但是对业主索赔则没有明确的时间上的规定，FIDIC 合同条件对承包商索赔明确规定：承包商应在索赔事件发生后的 28 天内，向工程师正式提交索赔意向通知书，并且抄送业主。在承包商察觉（或应已察觉）引起索赔的事件或情况后 42 天内，承包商应向工程师送交一份充分详细的索赔报告，包括索赔依据、要求延长的时间和（或）追加付款的全部详细资料。如果引起索赔的时间或情况具有连续性，则上述充分详细的索赔报告应被视为中间的报告。承包商应按月递交进一步的中间索赔报告，说明累计索赔的延续时间和（或）金额以及工程师可以合理要求的此类进一步详细资料；以及承包商就在索赔的事件或情况产生影响结束后的 28 天内，递交一份最终索赔报告。而对于业主的索赔，FIDIC 合同条款中没有明确的时效性规定，在 FIDIC 合同文件中只提到“业主在了解引起索赔的事项或情况后，尽快向承包商发出索赔通知”。在合同履行过程中，业主什么时间内发通知并没有时效严格规定。

两者相比较而言，对于承包商索赔有很多限制而对于业主索赔则是一句话带过，一定程度上使承包商的反索赔陷入被动局面，同样是索赔却有这么大的差别，这有悖于法律的等同公平原则。

10.3.3.2 逾期处理比较

FIDIC合同条件对承包商索赔明确规定，如果承包商在索赔事件发生后的28天内，未向工程师正式提交索赔意向通知书，那么工程竣工时间不得延长，并且承包商无权获得追加付款。同时业主应免除有关该索赔的全部责任。即承包商的任何索赔要求将遭到业主和工程师的拒绝。如果承包商未能在规定时间内提交中间索赔报告或最终索赔报告，工程师和业主将考虑承包商未达到要求对索赔的彻底调查造成的阻碍或影响（如果有）的程度，对给予承包商任何延长期和（或）追加付款进行适当减免。而在业主索赔中，由于对于业主索赔报告的提交没有具体时间限制的规定，因此承包商也就没有权利也谈不上对业主索赔的逾期处理。

10.3.3.3 索赔资料及索赔报告比较

FIDIC合同条件中规定，如果承包商认为根据合同条款有权得到竣工时间的任何延长或任何追加付款，承包商应在索赔事件发生后的28天之内，向工程师发出索赔通知，说明引起索赔的事件或情况。承包商还应提交所有有关此事件或情况的合同要求的任何其他通知以及支持索赔的详细资料。承包商应在现场或工程师认可的地点，保持用以证明任何索赔可能需要的同期记录。同时，承包商也要向工程师提交中间索赔报告或最终索赔报告。索赔报告要求内容详细，包括索赔的依据、要求延长的时间和（或）追加付款的全部详细资料。FIDIC合同条件对业主索赔只规定向承包商提交索赔通知书，没有业主保持同期记录以及向承包商提交索赔报告的要求。

总体来讲，从承包商索赔与业主索赔的时效性比较、逾期处理比较、索赔资料及索赔报告比较分析来看，承包商索赔和业主索赔的处理程序，一个纷繁复杂，一个简单模糊，对承包商索赔做了很多限制，而对业主索赔则没有做明确规定，使得承包商承担了更多的风险。在FIDIC条件下，承包商的索赔远比业主的索赔要艰难，包括索赔的程序严格、索赔证据的要求较高、需要经过工程师批准等；而业主索赔时，既不需要在限定的时间内提交各种报告，也不需递交详细的索赔报告及资料，甚至不需要经过承包商的同意。由于承包商可以向业主索赔，业主也可以向承包商索赔，承包商和业主具有平等的法律地位，但是从以上业主索赔及承包商索赔三方面的分析可以看出，合同双方法律地位平等、权利和义务对等的法律属性本质以及合同法的平等自愿原则和公平原则都得不到体现，这有悖于法律的公正性。FIDIC合同条件中对业主索赔的简单规定，不论从哪一方面来说对承包商都是不公平的，使得承包商反索赔处于被动不利的地位。

### 10.3.4 索赔的审批

10.3.4.1 工程师处理索赔的一般原则与要求

A 要有合同依据

监理工程师处理双方所提出的索赔必须以合同或法律为依据，但有时合同文件本身也会引起索赔。由于合同文件的内容相当广泛，包括合同协议书、图纸、合同条款、工程量清单以及许许多多的来往函件和修改变更通知，以致自相矛盾，或者可作不同解释，导致合同纠纷。根据合同条款 1.4 规定，组成合同的各项文件应互相解释，互为说明，在出现含糊或互不一致的情况下，监理工程师应该向承包人发出有关指令，以便对此作出解释和调整。除非合同另有规定，组成合同的几个文件的优先支配地位应遵循条款 1.4 的规定。

组成合同的各个文件应该认为是一个整体，彼此相互解释，相互补充，如出现相互矛盾的情况，以下述文件次序在先者为准。

除专用条款另有约定外，组成合同的多个文件的优先支配地位的次序如下：

(1) 合同协议书；

(2) 中标通知书；

(3) 投标函及投标函附录；

(4) 专用合同条款；

(5) 通用合同条款；

(6) 技术规范和要求；

(7) 图纸；

(8) 已标价工程量清单；

(9) 其他合同文件。

B 要有损害事实

要有损害事实即合同中规定业主承担的风险责任的确给承包人造成了实际损害，使承包人增加了额外费用或发生了不应有的损失。所以承包人的索赔要以实际损害为前提，以损害事实为依据，如果没有损害事实，则不能给予补偿。

C 应在规定期限内提出索赔

承包人应在规定的期限内提出索赔。承包人应在知道或应当知道索赔事件发生后 28 天内，向监理人递交索赔意向通知书，承包人未在前述 28 天内发出索赔意向通知书的，丧失要求追加付款和（或）延长工期的权利；承包人应在发出索赔意向通知书后 28 天内，向监理人正式递交索赔通知书；索赔事件具有连续影响的，承包人应按合理时间间隔继续递交延续索赔通知；在索赔事件影响结束后的 28 天内，承包人应向监理人递交最终索赔通知书。

承包人按条款 17.5 的约定接受了竣工付款证书后，应被认为已无权再提出在合同工程接收证书颁发前所发生的任何索赔；承包人按条款 17.6 的约定提交的最终结清申请单中，只限于提出工程接收证书颁发后发生的索赔。提出索赔的期限自接受最终结清证书时终止。

D 索赔的审批应公平合理

索赔的审批应公平合理，即确认的索赔金额应真实地反映承包人的实际损害，符合法律和合同规定的公平原则。

在处理索赔事件中，作为监理工程师，他受雇于业主，是业主聘请的专业人才，他必须既懂经济又懂技术，掌握着工程建设的第一手资料，并在合同实施过程中实施监督管理。监理工程师好比业主和承包商之间的一座桥梁，占有重要地位。在处理索赔问题时，监理工程师还应注意下列事项，以保证客观公正处理索赔和避免不必要的索赔。

(1) 监理工程师必须注意资料的积累。积累一切可能涉及索赔论证的资料，同施工企业、建设单位研究的技术问题、进度问题和其他重大问题的会议应做好文字记录，并争取会议参加者签字，作为正式文档资料。同时应建立严密的监理日志，承包人对监理工程师指令的执行情况、抽查试验记录、工序验收记录、计量记录、日进度记录及每天发生的可能影响到合同协议的事件的具体情况等，同时还应建立业务往来的文件编号档案等业务记录制度，做到处理索赔时有充分的事实依据。

（2）及时、合理地处理索赔。索赔发生后，监理工程师应及时对索赔进行处理。及时处理索赔可以促进业主、承包人之间的信任与合作，促进合同的正常履行；及时处理索赔能提高索赔处理结果的准确性，避免时过境迁而无法确定赔偿带来的不利影响。此外，及时处理索赔还可以简化竣工结算、避免结算工作的复杂性。

（3）加强主动监理，减少工程索赔。在我国，监理与承包人是为完成同一工程而进行的不同分工，必须提倡主动监理，要在工程的实施过程中，将预料到的可能发生的问题告诉承包企业，避免由于工程返工所造成的工程成本上升。另外，应对可能引起的索赔进行预测，尽量采取一些措施，进行补救，避免索赔的发生。

（4）监理工程师要认清在工程建设过程中的地位，并正确使用权力和承担责任。监理工程师作为业主的代理人进行工程项目管理，在行使权力的时候必须要预见到该行为可能导致的后果，承担相应的后果，需要有良好的职业道德，并对业主负责。如监理工程师在工作中的问题、失误、不完备的地方，给承包商造成了损失，这些往往是承包商索赔的机会。监理工程师在处理索赔事件时，必须公正、按照法律（合同）精神行事，从实际出发实事求是；与业主和承包商协商一致原则行事，向双方施加影响，减少差距，加深相互理解，使得双方妥协、接近，合理地处理索赔事件；由于现行的监理制度的缺陷，使得监理工程师经济责任小，缺乏对他的约束机制，所以监理工程师的工作在很大程度上需要有高度的职业自豪感和责任感，需要诚实、信用和良好职业道德来支撑。

#### 10.3.4.2 由工程师确定的有关索赔条款

在FIDIC条款中，涉及应由工程师确定的有关索赔条款汇总后见表10-3。

**表10-3 由工程师确定的条款**

| 序 号 | 款 号 | 主 要 内 容 |
|---|---|---|
| 1 | 1.9 | 延误发放图纸给承包商的补偿 |
| 2 | 2.1 | 延误移交现场给承包商的补偿 |
| 3 | 2.5 | 审查业主对承包商的索赔 |
| 4 | 4.7 | 对放线基准数据错误给承包商的索赔 |
| 5 | 4.12 | 施工中遇到不可预见的物质条件给承包商的补偿 |
| 6 | 4.19 | 业主索赔由其提供承包商使用的水、电、气费用 |
| 7 | 4.20 | 承包商使用业主设备的费用 |
| 8 | 4.24 | 施工遇到有保护价值的地下文物给承包商的补偿 |
| 9 | 7.4 | 附加的试验或因业主原因延误的试验给承包商的补偿 |
| 10 | 8.4 | 根据可延长合同工期的条件给承包商的工期补偿 |
| 11 | 8.9 | 非承包商原因暂停施工后给承包商的费用和工期补偿 |
| 12 | 9.4 | 未能通过竣工试验的业主索赔 |

续表 10-3

| 序号 | 款号 | 主要内容 |
|---|---|---|
| 13 | 10.2 | 业主提前占用工程对承包商产生不利影响后确定给承包商的补偿 |
| 14 | 10.3 | 缺陷责任期补充进行竣工试验给承包商的补偿 |
| 15 | 11.4 | 承包商未能修补缺陷的业主索赔 |
| 16 | 11.8 | 指示承包商调查缺陷原因的补偿 |
| 17 | 12.3 | 对变更的估价 |
| 18 | 12.4 | 指示删减工程给承包商的补偿 |
| 19 | 13.2 | 接受并实施承包商提出的变更建议给承包商的补偿 |
| 20 | 13.7 | 因后续法规调整在支付中应补偿或扣减的数额 |
| 21 | 14.4 | 施工的实际进度落后于计划进度时修改付款计划 |
| 22 | 14.5 | 已运往现场的材料和设备的预付款项 |
| 23 | 14.13 | 最终付款证书的金额 |
| 24 | 15.3 | 由于承包商的违约行为业主终止合同后对已完成合格工作的估价 |
| 25 | 16.1 | 因业主违约承包商暂停施工后的补偿 |
| 26 | 17.4 | 由于发生属于业主风险事件给承包商的补偿 |
| 27 | 19.4 | 发生不可抗力给承包商的补偿 |
| 28 | 19.6 | 业主原因自主终止合同后的估价 |
| 29 | 20.1 | 审查承包商的索赔 |

#### 10.3.4.3 索赔证据

任何索赔事件的确立，其前提条件是必须有正当的索赔理由。对正当索赔理由的说明必须有证据，因为索赔的进行主要靠证据说话。没有证据或证据不足，索赔是难以成功的。

A 索赔证据的要求

索赔证据的基本要求包括：真实性、全面性、关联性、及时性和法律证明效力。索赔的证据要完全反映工程实际情况，实事求是，基本资料和数据要经得住推敲，并且能够相互说明，相互关联，不能互相矛盾。证据的取得和证据的提出要及时全面，准确无误，所提出的证据要能说明事件的全过程，有关的记录、协议、纪要必须是当事人双方签署的，工程中的重大事件、特殊情况的记录、测试必须由监理工程师签字认可。

（1）真实性。索赔证据必须是在合同实施过程中确实存在和发生的，必须完全反映实际情况，能经得住推敲。

（2）全面性。所提供的证据应能说明事件的全过程。索赔报告中涉及的索赔理由、事件过程、影响、索赔值等都应有相应证据，不能零乱和支离破碎。

（3）关联性。索赔的证据应能够互相说明，相互具有关联性，不能互相矛盾。

（4）及时性。索赔证据的取得及提出应及时。

（5）具有法律证明效力。一般要求证据必须是书面文件，有关记录、协议、纪要必须是双方签署的；工程中重大事件、特殊情况的记录、统计必须由监理工程师签证认可。

B 索赔证据的种类

对承包人来说，保持完整、详细的工程记录，保存好与工程有关的全部文件资料是非常重要的，在提出索赔的时候，承包人必须要有足够的资料证明自己的索赔要求是合理合法的。工程记录是解决索赔的依据，是编写索赔文件的基础，还是提交仲裁听证和裁决的证据。工程记录是所有与工程项目相关的各种记录的综合，它包括基础资料和加工资料两类：

一是基础资料，是指关于工程项目的原始记录。

(1) 施工日志。承包人应指定项目部中的一名管理人员（项目副经理）在现场记录施工过程中所发生的各种情况，包括人员配置，设备配置及使用，材料采购，施工进度，工程质量，工程关键工序施工，工程停止点等检查，试验，不利现场条件及工程中停电、停水，道路开通和封闭的记录与证明等。

(2) 气象资料。承包人必须保持如实、完整、详细的天气情况记录，包括气温、阴晴、湿度、降雨量、风力、暴风雪、冰雹等，对于恶劣天气的记录要请工程师签证。

(3) 工程图纸。所有工程图纸，包括施工图纸、竣工图纸以及相应的图纸修改等，都必须认真检查和保存。

(4) 工程报告。如工程材料报验单、测量放线报验单、进场设备报验单、工程报验单、单位工程竣工报告等都是工程情况的有力证明。

(5) 工程核算资料。包括人工、材料、机械设备使用台账，工程成本分析资料，会计账表，财务报告，现金流量，工资指数，物价指数，各种原始单据（工资单、材料设备采购单、向第三方付款单据）等，都是计算索赔金额的基础资料。

(6) 工程照片及声像资料。工程照片具有清楚、直观的特点，是特定时间、特定部位施工状况的无可辩驳的图表证明，索赔中常用的有：表示工程进度的照片、隐蔽工程覆盖前的照片、业主责任造成返工或工程损坏的照片等。

(7) 建筑材料和设备采购、订货运输使用记录等。

(8) 市场行情记录。

(9) 国家法律、法令、政策文件等。

(10) 政治经济资料。重大新闻报道记录如罢工、动乱、地震以及其他重大灾害等；重要经济政策文件，如税收决定、海关规定、外币汇率变化、工资调整等；政府官员和工程主管部门领导视察工地时的讲话记录。

二是加工资料，是经过人为加工整理的资料。

(1) 来往信件、签证及更改通知等。如业主的变更令，各种认可信、通知、对承包人问题的答复信等。承包人对业主和工程师的口头指令和对工程问题的处理意见要及时索取书面证据，信封也要留存，它可以证明收发信件的准确日期，所有信件都应按时间先后编号存档。

(2) 各种会议纪要。会议纪要是关于参加会议各方对工程进展、质量、变更令发布、不利现场条件及采取某些措施等的意见的准确资料来源，会议纪要须经双方签署后才具有法律效力。

(3) 工程进度计划。其中劳动力、施工机械设备、现场设施的安排计划和实际情况，材料的采购订货、运输、使用计划和实施情况是工程变更的证据。

（4）招标文件及其参考资料、现场调查备忘录、编标资料和合同文本、附件。它们能成为承包商对比的基础，对证明承包人投标报价及索赔值计算是否合理有着非常重要的作用。

完整、详细的工程记录是提出索赔时的重要证据之一，在施工过程中承包人要注意搜集、整理过程记录。

10.3.4.4 索赔文件

索赔文件是承包人向业主索赔的正式书面材料，也是业主审议承包人索赔请求的主要依据。索赔文件通常包括以下三个部分：

A 索赔信

索赔信是一封承包人致业主或其代表的简短的信函，应包括以下内容：

（1）说明索赔事件；

（2）列举索赔理由；

（3）提出索赔金额与工期；

（4）附件说明。

整个索赔信是提纲性的材料，它把其他材料贯通起来。

B 索赔报告

索赔报告是索赔文件的正文，其结构一般包含三个主要部分。首先是报告的标题，应言简意赅地概括索赔的核心内容；其次是事实与理由，这部分应叙述客观事实，合理引用合同规定，建立事实与损失之间的因果关系，说明索赔的合理合法性；最后是损失计算与要求赔偿金额与工期，这部分只需列举各项明细数字及汇总数据即可。索赔报告通常由如下几个部分组成：

（1）题目。简要说明针对什么问题提出索赔。

（2）索赔事件陈述。叙述事件起因、经过以及事件过程中双方的活动，事件的结果，重点叙述我方按照合同所采取的行为，对方不符合合同的行为。

（3）理由。总结上述事件，同时引用合同条文或合同变更和补充协议条文，证明对方行为违反合同或对方的要求超出合同范围，造成了该项事件，有责任对此造成的损失作出赔偿。

（4）影响。简要说明事件对承包人施工过程的影响，而这些影响与上述事件有直接的因果关系。重点围绕由于上述事件原因造成的成本增加和工期延长。

（5）结论。对上述事件的索赔问题做出最后的总结，提出具体的索赔请求，包括工期索赔和费用索赔。

需要特别注意的是索赔报告的表述方式对索赔的解决有重大影响。一般应注意如下几个方面：

（1）索赔事件要真实、证据确凿。索赔针对的事件必须实事求是，有确凿的证据，令对方无可推卸和辩驳。对事件叙述要清楚明确，避免使用“可能”、“也许”等估计、猜测性语言，造成索赔说服力不强。

（2）计算索赔值要合理、准确。要将计算的依据、方法、结果详细地说明列出，这样易于对方接受，减少争议和纠纷。

（3）责任分析要清楚。一般索赔所针对的事件都是由于非承包人责任引起的，因此，在索赔报告中必须明确对方负全部责任，而不可用含糊的语言，这样会丧失自己在索赔中的有利地位，使索赔失败。

（4）在索赔报告中，要强调事件的不可预见性和突发性，说明承包人对它不可能有准备，也无法预防，并且承包人为了避免和减轻该事件的影响和损失已尽了最大的努力，采取了能够采取的措施，从而使索赔理由更加充分，更易于对方接受。

（5）明确阐述由于干扰事件的影响，使承包人的工程施工受到严重干扰，并为此增加了支出，拖延了工期，表明干扰事件与索赔有直接的因果关系。

（6）索赔报告书写用语应尽量婉转，避免使用强硬、不客气的语言，否则会给索赔带来不利的影响。

C 附件

索赔文件中附件主要是索赔报告中所列举事实、理由、影响等的证明文件和证据。详细计算书是为了证实索赔金额的真实性而设置的，为了简明，可以大量运用图表。

10.3.4.5 工程师对索赔的处理

（1）索赔报告内容的调查分析。调查分析的内容如表10-4所示。

**表10-4 索赔报告内容调查分析表**

| 调查项目 | 调 查 内 容 |
|---|---|
| 事件状况调查 | 索赔事件发生的前因后果、发展态势、影响范围及程度 |
| 原因分析 | 事件发生的原因、责任所属。若所属多方责任，如何分责 |
| 实际损失计算 | 损失计算依据、空间和时间范围、方法以及计算的准确性 |
| 资料分析 | 分析承包商提交证明资料的真实性、时效性、完整性等 |

（2）协商谈判。因为承包商与工程的利益诉求不同，所以两者通常会对索赔责任划分、依据理解、数据计算等方面存在差异。所以工程师审查后，还有一项很重要的工作是就补偿数额与承包商进行协商。

工程师根据和业主、承包商的协商结果，在承包商递交索赔报告后的28天内提出索赔处理意见。我国《监理规范》规定，总监理工程师应在施工合同规定的期限内签署费用索赔审批书。

对于持续影响超过28天引起工期索赔的事件，《监理规范》规定：当影响工期事件具有持续性时，项目监理机构可对收到的承包商提交的阶段性工程延期申请表审查后，先由总监理工程师签署工程临时延期审批表并通报业主。当承包商提交最终的工程延期申请表后，项目监理机构应复查工程延期及临时延期情况，并由总监理工程师签署工程最终延期审批表。最终批准的工期顺延天数，不应少于以前各阶段已同意顺延天数之和。

（3）索赔审批程序。图10-2所示是索赔审批的程序框图，在审批过程中，应贯彻分级审批的原则。通常由驻地监理查证索赔原因、核实索赔数量，高级驻地监理确定索赔价格和金额，总监进行索赔的审批和控制。监理工程师在审查和处理索赔时，通常需要遵循如下准则：一是依据合同条件中的条款实事求是对待索赔事件；二是各项记录、报表、文件、会议纪要等文档资料要准确齐全；三是要核算数据正确无误。

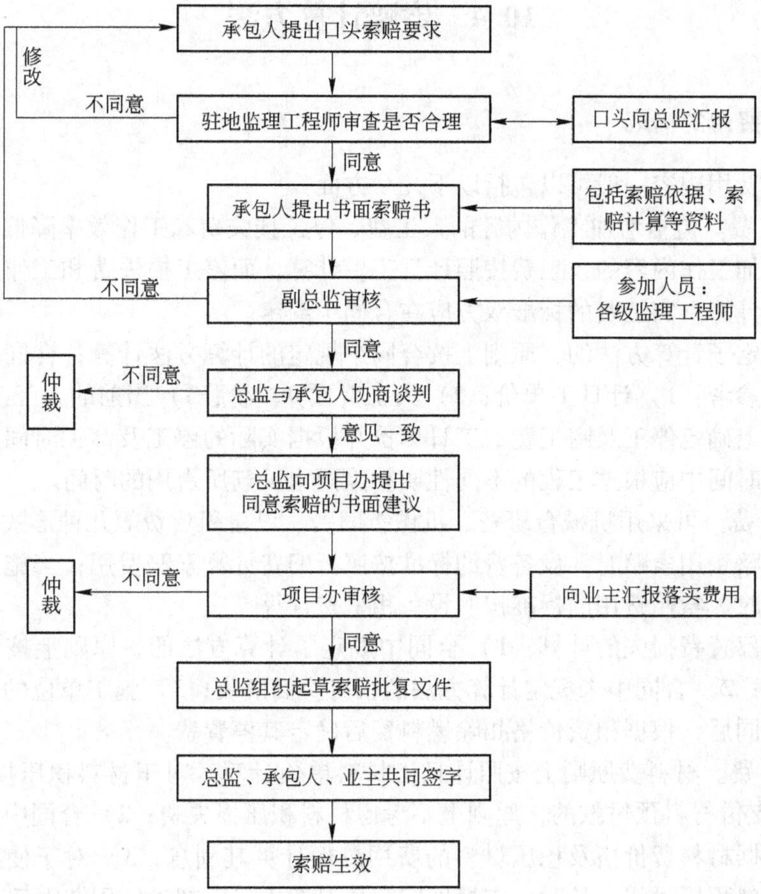


图 10-2 索赔审批流程图

监理工程师通过分析索赔理由、索赔事件过程、索赔值计算，以评价索赔要求的合理性和合法性。若分析得出索赔理由或证据不足时，可以要求承包人作出解释，或进一步补充证据，或是要求承包人修改索赔要求，工程师做出索赔处理意见，并提交给业主。根据工程师的处理意见，业主审查、批准承包人的索赔报告。业主也可能反驳、否定或部分否定承包人的索赔要求。承包人常常需要作进一步的解释和补充证据，工程师也要就处理意见作出说明，三方就索赔事件的解决进行磋商，达成一致。若承包人和业主就索赔问题的处理无法达成一致，有一方或双方都不满工程师的处理意见，产生了争执，此时需要按照合同规定的程序解决争执。

（4）索赔处理结果。工程师的处理有两种结果：一是工程师提出处理意见，取得业主、承包商双方同意，这样索赔最终处理结果就是执行工程师的索赔处理意见；二是承包商和业主中的任意一方或双方不同意工程师的处理意见。对此工程师事先拟定一个补偿数额，根据这个数额进行工期和费用补偿。随后工程师再与承包商协商，等索赔问题最终解决后，再根据最终结果与工程师批准数额的差额进行调整。如果协商不成，则可以通过调解、仲裁或诉讼等方式解决。

## 10.4 索赔计算方法

### 10.4.1 索赔费用的构成

可索赔的费用内容一般可以包括以下几个方面：

(1) 人工费。包括增加工作内容的人工费、停工损失费和工作效率降低的损失费等的计算，其中增加工作内容的人工费按照计日工费计算，而停工损失费和工作效率降低的损失费按窝工费计算。窝工费的标准双方应在合同中约定。

合同中规定了计算方法的，原则上按合同中规定的计算方法计算；合同中未规定计算方法的，可以参考：1）计日工单价；2）人工费预算单价；3）当前的人工工资水平。

在此基础上确定停工及窝工费的工日单价并根据实际的停工及窝工时间进行计算。其中停工、窝工时间中应根据工程的不同性质扣除雨水天气所占用的时间。

(2) 设备费。可采用机械台班费、机械折旧费、设备租赁费等几种形式。当工作内容增加引起的索赔费用索赔时，设备费的标准按照折旧费计算索赔费用；当施工企业从外部租赁施工机械时，索赔费用的标准按照设备租赁费计算。

对于机械停置费损失的计算：1）合同中规定了计算方法的，原则上按合同中规定的计算方法计算；2）合同中未规定计算方法的，可协商解决；3）施工单位的租赁机械，可在出具租赁合同后，根据租赁价格扣除燃料费后确定其停置费。

(3) 材料费。材料费原则上按照计日工材料单价计算。对于材料积压损失费的计算：1）合同中已支付材料预付款的，原则上不考虑材料积压损失费；2）合同中未支付材料预付款的，可根据材料费价格及积压材料的费用总额计算其利息；3）对于使用时间有要求的材料，当材料积压时间太长时，应根据实际情况考虑材料超过使用期限后报废的损失。

(4) 延迟付款利息。发包人未按约定时间进行付款的，应根据投标函附录中规定的逾期付款违约金的利率进行计算。

(5) 延长工期后的费用。

1）工程保险费追加，可根据保险单或调查所得的保险费率来确定保险费用（当合同规定由承包人办理工程保险时）；

2）延长期间的临时租地费，可根据租地合同或其他票据参考确定（当合同规定临时租地费由业主承担时）；

3）临时工程的维护费，可根据临时工程的性质及实际情况由业主、承包人、监理工程师协商确定；

4）保函手续费。工程延期时，保函手续费相应增加，反之，取消部分工程且发包人与承包人达成提前竣工协议时，承包人的保函金额相应折减，则计入合同价内的保函手续费也应扣减。

(6) 管理费。此项费用可以分为现场管理费和公司管理费两部分，由于两者的计算方法不一样，所以在审核过程中应区别对待。

1）可根据实际情况由业主、承包人、监理工程师协商确定（主要考虑现场管理费）。

2）按辅助资料表中的单价分析表中的管理费比例，测算管理费占合同总价的比例之后确定合同总价中的管理费总额；再根据项目合同工期测算承包人每天的现场管理费总额；最后根据增工、停工或窝工时间确定索赔事件期间所发生的管理费总额。

（7）赶工费。为抢工期而增加的周转性材料增加费、工效和机械效率降低费、职工的加班费、不经济地使用材料等赶工费，由业主、承包人、监理工程师根据赶工的工程性质和当时当地的实际情况协商确定。

（8）利润。对于不同性质的索赔，取得利润索赔的成功率是不同的。一般来说，由于工程范围的变更和施工条件变化引起的索赔，承包人是可以列入利润的；由于业主的原因终止或放弃合同，承包人也有权获得已完成工程款外，还应得到原定比例的利润。而对于工程延误的索赔，由于利润通常是包括在每项实施的工程内容的价格之内的，而延误工期并未影响、削减某些项目的实施，而导致利润减少，所以，一般监理工程师很难同意在延误费用索赔中加进利润损失。

索赔利润款额的计算通常是与原报价单中的利润百分率保持一致，即在索赔款直接费的基础上，乘以原报价单中的利润率，即为该项索赔款中的利润额。

（9）其他费用。其他费用根据实际情况由业主、承包人及监理工程师协商确定。

FIDIC 合同条件下部分可以合理补偿承包商的索赔费用的条款，见表 10-5。

**表 10-5 索赔费用条款**

| 序号 | 条款号 | 主要内容 | 可补偿内容 | | |
|---|---|---|---|---|---|
| | | | 工期 | 费用 | 利润 |
| 1 | 1.9 | 延误发放图纸 | √ | √ | √ |
| 2 | 2.1 | 延误移交施工现场 | √ | √ | √ |
| 3 | 4.7 | 承包商依据工程师提供的错误数据导致放线错误 | √ | √ | √ |
| 4 | 4.12 | 不可预见的外界条件 | √ | √ | |
| 5 | 4.24 | 施工遇到文物和古迹 | √ | √ | |
| 6 | 7.4 | 非承包商的原因检验导致施工的延误 | √ | √ | √ |
| 7 | 8.4 | 变更导致竣工时间延长 | √ | | |
| 8 | (c) | 异常不利的气候条件 | √ | | |
| 9 | (d) | 由于传染病或其他政府行为导致工期的延误 | √ | | |
| 10 | (e) | 业主或其他承包商的干扰 | √ | | |
| 11 | 8.5 | 公共当局引起的延误 | √ | | |
| 12 | 10.2 | 业主提前占用工程 | | √ | √ |
| 13 | 10.3 | 对竣工检验的干扰 | √ | √ | √ |
| 14 | 13.7 | 后续法规引起的调整 | √ | √ | |
| 15 | 18.1 | 业主办理的保险未能从保险公司获得补偿部分 | | √ | |
| 16 | 19.4 | 不可抗力事件造成的损失 | √ | √ | |

## 10.4.2 费用索赔计算方法

### 10.4.2.1 分项法

分项法是按每个索赔事件所引起的损失费用项目分别分析计算索赔值的一种方法。这一方法是在明确责任的前提下，将需索赔的费用分项列出，并提供相应的工程记录、收据、发票等证据资料。这样可以在较短时间内给以分析、核实，确定索赔费用顺利解决索赔事宜。在实际工作中，绝大多数工程的索赔都采用分项法计算。

分项法计算通常分为以下三步：

(1) 分析每个或每类索赔事件所影响的费用项目，不得有遗漏。这些费用项目通常应与合同报价中的费用项目一致。

(2) 计算每个费用项目受索赔事件影响后的数值，通过与合同价中的费用值进行比较即可得到该项费用的索赔额。

(3) 将各费用项目的索赔值汇总，得到总费用索赔值。分项法中索赔费用主要包括该项工程施工过程中所发生的额外人工费、材料费、施工机械使用费、相应的管理费以及应得的间接费、利润等。由于分项法所依据的是实际发生的成本记录或单据，所以施工过程中，对第一手资料的收集整理就显得非常重要。

#### 10.4.2.2 总费用法

总费用法，又称总成本法，就是当发生多次索赔事件后，重新计算出该工程的实际总费用，再从这个实际总费用中减去投标报价时的估算总费用，计算出索赔余额，具体公式为：

索赔金额 = 实际总费用 - 投标报价时估算总费用

采用总费用法进行索赔时应注意以下几点：

(1) 采用这个方法往往是由于施工过程中受到严重干扰，造成多个索赔事件混杂在一起，导致难以准确地进行分项记录和收集资料、证据，也不容易分项计算出具体的损失费用，只得采用总费用法进行索赔。

(2) 承包人报价必须合理，不能是采取低价中标策略后过低的标价。

(3) 该方法要求必须出具足够的证据，证明其全部费用的合理性，否则其索赔款额将不容易被接受。

(4) 由于实际发生的总费用中可能包括了因承包人的原因（如施工组织不善、浪费材料等）而增加的费用，同时承包人投标报价估算的总费用由于急于中标而过低，因此，总费用法只有在难以按分项法计算索赔费用时才能使用。

#### 10.4.2.3 修正总费用法

修正总费用法是对总费用法的改进，即在总费用计算的原则上，去掉一些不合理的因素，使其更合理。修正的内容如下：

(1) 将计算索赔款的时段局限于受到外界影响的时间，而不是整个施工期。

(2) 只计算受影响时段内的某项工作所受影响的损失，而不是计算该时段内所有施工工作所受的损失。

(3) 与该工作无关的费用不列入总费用中。

(4) 对投标报价费用重新进行核算：按受影响时段内该项工作的实际单价进行核算，乘以实际完成的该项工作的工作量，得出调整后的报价费用。

按修正后的总费用计算索赔金额的计算公式为：

索赔金额 = 某项工作调整后的实际总费用 - 该项工作的报价费用

修正的总费用法与总费用法相比，有了实质性的改进，已相当准确地反映出实际增加的费用。

### 10.4.3 工期索赔计算方法

工期索赔实际上就是前面所讲的工程延期，本章不再详细讲解。工期索赔的计算主要有网络图分析法和对比分析法两种。

（1）网络图分析法是利用进度计划的网络图，分析其关键线路。如果延误的工作为关键工作，则总延误的时间为批准顺延的工期；如果延误的工作为非关键工作，当该工作由于延误超过时差限制而成为关键工作时，可以批准延误时间与时差的差值；若该工作延误后仍为非关键工作，则不存在工期索赔问题。

（2）对比分析法。一般情况下，索赔事件发生后仅对某些单项、单位工程或分部分项工程的工期产生影响，从而判定工期的延误情况，据此提出工期索赔。其计算公式如下：

总工期索赔 =（受干扰部分工程合同价/整个工程合同价）×受干扰部分的工期拖延

对于同一标准的建筑工程而言，通常工期与造价相关，故可以用工期与造价的比例来推算工期值。其计算公式如下：

总工期索赔 =（工程总价增加值/原合同总价）×原合同总工期

对比分析法不适用于删减工程量、变更施工顺序等的工期索赔。

## 10.5 索赔的防范与管理

在建设工程承包施工合同中，发生索赔与反索赔的事情是很正常的。但由于索赔与反索赔事件而发生合同争端，给工程项目进展带来了不必要的麻烦和困难。在履行施工承包合同的过程中，发包人、工程师和承包商三方都应采取积极措施，尽量预防和减少索赔事件的发生，把索赔事件减少到最低限度。下面分别从发包方、承包商及监理工程师各自的角度来进行阐述。

### 10.5.1 承包商预防和减少索赔的措施

依据合同条件规定，为了维护承包商应得到的经济利益，赋予了承包商的索赔权力，所以承包商是索赔事件的发起者。但是，为了承包商自身的利益和信誉，承包商应慎重使用自己的权利。一方面要建好工程，加强合同管理和成本管理，控制好工程进度，预防发包人的反索赔；另一方面要善于申报和处理索赔事项，尽量减少索赔数量，并实事求是地进行索赔。一般地讲，承包商预防和减少索赔与反索赔方面，可采取如下措施：

（1）严肃认真对待投标报价。在每一项工程招标投标与报价过程中，承包商都应仔细研究招标文件，全面细致地进行施工现场查勘，认真地进行投标估算，正确地决定报价。切不可疏忽大意进行报价，或者为了中标，故意压低标价，企图在中标后靠索赔弥补赢利，这样在投标时留下冒险和亏损的根子，在工程施工过程中，千方百计去寻找索赔机会。实际上这种索赔很难成功，并往往会影响承包商的经济利益和承包信誉。

（2）注意签订合同时的协商与谈判。承包商在中标后，在与发包人正式签订合同的谈判过程中，应对工程项目合同中存在的疑惑进行澄清，并对重大工程风险问题，提出来与发包人进行协商与谈判，修改合同中不适当的地方。特别是对于工程项目承包合同中特殊合同条件，若不允许索赔，付款无限制期限，无利息等，都要据理力争，促使对这些合同条款的修改，以“合同谈判纪要”的形式写成书面内容，作为本合同文件的有效组成部分。这样，对合同中的问题都补充为明文条款，也可预防和避免施工中不必要的索赔争端。

（3）加强施工质量管理。承包商应严格按照合同文件中规定的设计、施工技术标准和规范进行工作，并注意按设计图施工，对原材料到各工艺工序严格把关，推行全面的质量管理，尽量避免和消除工程质量事故的缺陷，则可避免发包人对施工缺陷的反索赔事项的发生。

（4）加强施工进度计划与控制。承包商应尽力做好施工组织与管理，从各个方面保证施工进度计划的实现，防止由于承包商自身管理不善造成的工程进度拖延。若由于发包人或其他客观原因造成工程进度拖延，承包商应及时地申报延期索赔申请，以获得合理的工期延长，预防和减少发包人因“拖期竣工的赔偿金”的反索赔。

（5）注意发包人的随意工程变更及工程范围扩大。承包商应注意发包人不能随意扩大工程范围。另外，所有的工程变更都必须是有书面的工程变更指令，以便对工程变更进行计价。若发包人或工程师下达了口头变更指令，要求承包商执行变更工作，承包商可以予以书面记录，并请发包人或工程师签字确认，若工程师不愿确认，承包商可以不执行该变更工程，以免得不到应有的补偿。

（6）加强工程成本的核算与控制。承包商的工程成本管理工作是保证实现施工经济效益的关键工作，也是减少和避免索赔与反索赔工作的关键所在。承包商自身要加强工程成本核算，严格控制工程开支，使施工成本不超过投标报价时的成本计划。当成本中某些直接费的支出款额超过计划成本时，要立即进行分析，查清原因，若属于自己方面的原因，要对成本进行分指标分工艺工序控制；如属于发包人的原因或其他客观原因，就要熟悉施工单价调整方法，熟悉和掌握索赔款具体计价方法，采取实际工程成本法、总费用法或修正的总费用法等，使索赔款额的计算比较符合实际，切不可抬高过多，反而导致索赔损失或发包人反索赔的发生。

### 10.5.2 承包商索赔管理的基本方针

索赔管理不仅是工程项目管理的一部分，而且是承包商经营管理的一部分。如何看待和对待索赔，实际上是经营战略问题，是承包商对利益和关系、利益和信誉的权衡。不能积极有效地进行索赔，承包商会蒙受经济损失；进行索赔，或多或少地会影响合同双方的合作关系；大量地提交索赔文件，要求经济补偿或延长工期，将使得承包商进入业主的黑名单，业主会在其内部指引中把这些承包商列为“喜欢搞索赔”（Claim-conscious）的一类，或做出不良报告（Adverse Report）。结果还远不止如此，当日后再做投标项目时，过多的索赔名声难免不伴有一定的负面影响，其他业主也会多加防范，使之可能丧失许多机会。但这并不意味着避免索赔，承包商放弃既得的索赔机会只会让业主认为承包商的经营管理水平低下，业主不会有任何感激；相反，如果承包商索赔成功，此时在索赔上做出微小让步，会使业主非常感激。

在实际工程中，承包商应依据FIDIC条款，抓住并决不放过每个索赔良机，通过交涉或谈判，维护自身权益，取得合理补偿，努力拿回尽可能多的索赔。

(1) 全面完成合同责任。承包商应以积极合作的态度完成合同责任，主动配合业主完成各项工程，建立良好的合作关系。具体体现如下：

1) 按合同规定的质量、数量、工期要求完成工程，守信誉，不偷工减料，不以次充好，认真做好工程质量控制工作。承包商在合同实施中无违约行为，业主和工程师对承包商的工程和工作以及双方的合作感到满意。

2) 积极配合业主和工程师搞好工程管理工作，协调各方面的关系。

3) 对事先不能预见的干扰事件，应及时采取措施，降低其影响，减少损失。切不可听之任之，袖手旁观，甚至幸灾乐祸，从中渔利。

我国在对外承包工程中的八字方针，即"守约、保质、薄利、重义"，是这方面最好的总结。在友好、和谐、互相信任和依赖的合作氛围中，不仅合同能顺利实施，而且业主和承包商在新项目上能继续合作，承包商会有良好信誉。在这种气氛中，承包商实事求是地就干扰事件提出索赔要求，也容易为业主认可。

(2) 着眼于重大索赔。对已经出现的干扰事件或对方违约行为的索赔，一般着眼于重大的、有影响的、索赔额大的事件，不要斤斤计较。索赔次数太多，太频繁，容易引起对方反感。但承包商这些"小事"又不能不问，应做相应的处理，告诉业主，出于友好合作的诚意，放弃这些索赔要求。有时又可作为谈判中让步的余地。

(3) 注意灵活性。在具体索赔处理过程中要有灵活性，讲究策略，要准备并能够做出让步，力求使索赔的解决双方都满意。

承包商的索赔要求能够获得业主认可，而业主又对承包商的工程和工作很满意，这是索赔的最佳解决。这看起来是一对矛盾，但有时也能统一。这里牵涉到双方具体利益所在和事先期望的分析和确定：对双方具体利益和期望的分析，是制定索赔基本方针和策略的基础。通常，双方利益差距越大，事先期望越高，索赔的解决就越困难，双方越不容易满足。

通常承包商的利益和目标主要为：

1) 使工程顺利通过验收，交付业主使用，尽快完成自己的合同责任，结束合同关系；

2) 进行工期索赔，推卸或免去自己对工期拖延的合同处罚责任；

3) 对业主、总（分）承包商的索赔进行反索赔，减少费用损失；

4) 对业主、总（分）承包商进行索赔，取得费用损失的补偿，争取更多收益。

通常业主的利益和目标主要是：

1) 顺利完成工程项目，及早交付使用，实现投资目的；

2) 其他方面的要求，如延长保修期，增加服务项目，提高工程质量，使工程更加完美，或责令承包商全面完成合同责任；

3) 对承包商的索赔进行反索赔，尽量减少或不对承包商进行费用补偿，减少工程支出；

4) 对承包商的违约行为，如工期拖延、工程不符合质量标准、工程量不足等，实行合同处罚，提出索赔。

在实际索赔解决中，对方对索赔解决的实际期望是很难暴露出来的。通常双方都将合同违约责任推给对方，表现出对索赔有很高的期望，而隐藏真实情况，这是工程索赔中常用的策略。提出较高的索赔值，经过双方谈判，承包商作出很大让步，好像受到很大损失，这使得对方谈判人员对自己的反索赔工作感到满意，使问题容易解决。

同时，在索赔解决中，让步是必不可少的。由于双方利益和期望的不一致，在索赔解决中常常出现大的争执。让步是解决这种不一致的手段。通常，索赔的最终解决双方都必须作出让步，才能达到妥协。让步的目的是为了取得经济效益，达到索赔目的，但它必然带来自己经济利益的损失。让步是为了取得更大的经济利益而作出的局部牺牲。让步应注意以下问题：

1）让步时机。让步应在双方争执激烈，谈判濒于破裂时或出现僵局时作出。

2）让步的条件。让步是为了取得更大的利益，所以，让步应是对等的，我方做出让步，应同时争取对方做出相应让步。这体现了双方利益的平衡。让步不能轻易做出，应使对方感到让步的艰难。

3）让步应在对方感兴趣或利益所在之处。如提出延长保修期，增加服务项目或附加工程，提高工程质量，提前投产，放弃部分小的索赔要求，甚至在索赔额上做出让步，以达到双方都满意或比较满意的解决。同时也应注意让步的度，也就是说不可损害自己的根本利益。

4）让步应有详细计划。谈判前应设计让步方案，切不可一让到底，一下子达到自己实际底线，以免陷入被动。

（4）争取以和平的方式解决争执。无论在国际还是国内工程中，承包商一般都应以和平的方式解决索赔争执，这对双方都有利。当然，具体采用什么方法还应审时度势，从承包商的利益出发。

在索赔中，“以战取胜”，即用尖锐对抗的形式，在谈判中以凌厉的攻势压倒对方，或在一开始就企图用仲裁或诉讼的形式解决索赔问题，是不可取的。这常常会导致：

1）失去对方友谊，双方关系紧张，使合同难以继续进行，承包商的地位更为不利。

2）失去将来合作的机会，由于双方关系搞僵，业主不会再与该承包商合作。

3）此方式如遇对方反击，回旋余地小。有时会造成承包商的保函和保留金回收的困难。实际工程中，常常干扰事件的责任都是双方面的，承包商也可能有疏忽和违约行为。

4）两败俱伤。双方争执激烈，最终以仲裁或诉讼解决问题，常需花费许多时间、精力、金钱和信誉。特别当争执很复杂时，解决过程持续时间很长，最终导致两败俱伤。

5）有时难以取胜。在国际承包工程中，合同常常以业主，即工程所在国（或地区）法律为基础，合同争议也按该国（或地区）法律解决，并在该国（或地区）仲裁或诉讼。这对承包商极为不利。在另一国度承包工程，许多国际工程专家告诫，如果争执在当地仲裁，或拿到当地法庭上，对国外的承包商不会有好结果。所以在这种情况下应尽力争取在非正式场合，以和平的方式解决争执。

（5）变不利为有利，变被动为主动。在工程承包活动中，承包商常常处于不利地位。这是由于建筑市场激烈竞争造成的。它具体表现在招标文件的一些规定和合同的一些不平等，对承包商单方面约束性条款上。而这些条款几乎都与索赔有关。这种现象在国际工程承包合同中最为明显，例如：

1）加强业主和工程师对工程施工、建筑材料等的认可权和检查权；

2）对工程变更赔偿条件的限制；

3）对合同价格调整条件的限制；

4）工程变更程序的不合理的规定；

5）索赔有效期的规定，FIDIC 条件为 28 天，但有的国际工程施工合同规定为 14 天，甚至 7 天。

6）争执只能在当地，按当地法律解决，拒绝国际仲裁机构裁决。甚至有的合同还规定，不能以仲裁结果对业主施加压力，迫使他履行合同责任等。这些规定使承包商索赔很难，有时甚至不可能。

承包商的不利地位还体现在：一方面索赔要求只有业主认可，并实际支付赔偿才算成功；另一方面，出现索赔争执（即业主拒绝承包商的索赔要求），承包商常常必须（有时也只能）争取以谈判的方式解决争执。

要改变这种状况，在索赔中争取有利地位，争取索赔成功，承包商应从以下几方面努力：

1）争取签订较为有利的合同。如果合同不利，在合同实施过程中和索赔中的不利地位很难改变。这要求承包商重视合同签订前的合同文本研究，重视与业主的合同谈判，争取对不利的不公平的条款做修改。在招标文件分析中注意索赔机会分析。

2）提高合同管理以及整个项目的管理水平，使自己不违约，按合同办事。同时积极配合业主和工程师搞好工程项目管理，尽量减少工程中干扰事件的发生，避免双方的损失和失误，减少合同的争执，减少索赔事件的发生。实践证明，索赔有很大风险，任何承包商在报价、合同谈判、工程施工和管理中不能预先寄希望于索赔。

有些承包商盲目追求中标率，为了中标，不顾自身的财务经济实力、施工技术水平、经营管理经验和风险控制能力，缺乏客观实事求是的态度，在编标作价时将标价压得太低，大大超过成本控制的幅度，并且讲："以低价拿标，靠索赔赚钱。"

这种经营方式有相当大的风险，因为在以低价中标后，希望通过索赔而弥补远低于标底的差价损失甚至形成盈利并不现实，无数的国际工程承包实践也都证明了这一点。国际工程承包是一项风险事业，而且特点是金额大、工期长、涉及面广，"投标"的英文 Tender（美国英语叫 Bid）本身就隐喻"（小心翼翼）试着来"的意思。要重视对项目风险的分析，并对可能出现的风险尽量做到量化（Calculated Risks），牢固树立防范风险的意识，加强风险规避管理。

如果承包商把投标建立在没有把握的索赔期望上，甚至准备把索赔作为一种威胁和要价的手段，不但无法赚钱，而且难以保本，早晚是要吃亏的。因为索赔成功的机会实在难以预测，结果不得而知，等待拿到索赔款的时间又太长，若金额达不到一定规模，往往得不偿失。有些承包商低价拿标后，在工程进行期间才发现成本大大超出标价，入不敷出，资金周转困难，而索赔又举证不足，令项目无法顺利完成，造成巨额亏损。使用上述投标手法从事经营的承包商恐难维持长久，而且业主和工程师也会反索赔，并防止这些承包商再次中标。

在工程施工中要抓好资料收集工作，为索赔（反索赔）准备证据，经常与监理工程师和业主进行沟通，遇到问题多书面请示，以避免自己的违约责任。

3）提高索赔管理水平。一旦有干扰事件发生，造成工期延长和费用损失，应进行积极的有策略的索赔。使整个索赔报告，包括索赔事件、索赔依据、索赔理由、索赔值的计算和索赔证据无懈可击。对承包商而言，索赔解决得越早越有利；越拖延，越不利。所以一经发现索赔机会，就应立即进行索赔处理，及时、迅速地提出索赔要求；在变更会议和变更协议中就应对赔偿的价格、方法、支付时间等细节问题达成一致；提出索赔报告之后，就应不断地与业主和监理工程师联系，催促尽早地解决索赔问题；工程中的每一项索赔都应及早独立解决，尽量不要以一揽子方式解决所有索赔问题。索赔值积累得越大，其解决对承包商越不利。

4）在索赔谈判中争取主动。承包商对具体的索赔事件，特别对重大索赔和一揽子索赔应进行详细的策略研究。同时，派最有能力、最有谈判经验的专家参加谈判。在谈判中，尽力影响和左右谈判方向，使承包商自己能得到较为有利的解决。项目管理的各职能人员和公司的各职能部门应全力配合支持谈判。

### 10.5.3 承包商的索赔策略

如何才能够既不损失利益，取得索赔的成功，又不伤害双方的合作关系和承包商的信誉，合作双方皆大欢喜，对合作满意？这不仅与索赔数量有关，而且与承包商的索赔策略、索赔处理的技巧有关。索赔策略是承包商经营策略的一部分。对重大的索赔（反索赔），必须进行策略研究，作为制定索赔的方案、索赔谈判和解决计划的依据，以指导索赔小组工作。索赔策略必须体现承包商的整个经营战略，体现承包商长远利益和目前利益、全局利益和局部利益的统一，通常由承包商亲自把握并制定，而项目的合同管理人员提供索赔策略制定所需要的信息和资料，并对它提出意见和建议。

#### 10.5.3.1 目标的确定

(1) 提出任务，确定索赔所要达到的目标。承包商的索赔目标通常为承包商的索赔基本要求。目标可能有几个，有容易实现的，有难以实现的。目标又是承包商对索赔的最终希望，它由承包商根据合同实施状况，承包商所受的损失和他的总的经营战略确定。

(2) 分析实现目标的基本条件。除了进行认真的、有策略的索赔处理外，承包商特别应重视在索赔谈判期间的工程施工管理。在这期间，若承包商能更顺利地圆满履行自己的合同责任，使业主对工程满意，这对谈判是个促进。相反，如果这时出现承包商违约或工程管理失误，工程不能按业主要求完成，这会给谈判以至于整个索赔罩上阴影。

当然，反过来说。对于不讲信誉的业主（例如严重拖欠工程款，拒不承认承包商合理的索赔要求，不讲道理），则承包商要注意控制（放慢）工程进度。一般合同规定，承包商在索赔解决期间，仍应继续努力履行合同，不得终止施工。但工程越近完成，承包商的索赔地位越不利，主动权越少。承包商可以提出理由，由于索赔解决不了，造成财务困难，无力支付分包工程款，无钱购买材料，发放工资等，工程无法进行或只有放慢速度。

(3) 分析实现目标风险。在索赔过程中的风险是很多的，主要体现在承包商在履行合同责任时的失误，这可能成为业主反驳的攻击点，如承包商没有在合同规定的索赔有效期内提出索赔；没有完成合同规定的工程量；没有执行业主的加速指令；没有按合同规定工期交付工程；承包商在合同实施过程中有失误等。此外，还有工地上的风险。（如项目试生产出现问题，工程不能顺利通过验收；已经出现，可能还会出现工程质量问题等）和其他方面的风险。（如业主可能提出合同处罚或索赔要求，其他方面可能有不利于承包商索赔的证词或证据等）等。

#### 10.5.3.2 分析对方

A 分析对方的目的

分析对方的兴趣和利益所在，其目的为：在一个较和谐友好的气氛中将对方引入谈判。在问题比较复杂、双方都有违约责任的情况下，或用一揽子方案解决工程中的索赔问题时，往往要注意这点。如果直接提交一份索赔文件，提出索赔要求时，业主常常难以接受，或不做答复，或拖延解决。在国际工程中，有的工程索赔能拖几年。而逐渐进入谈判，循序渐进较为有利。分析对方的利益所在，可以研究双方利益的一致性、不一致性和矛盾性。这样在谈判中，可以在对方感兴趣的地方，而又不过多地损害承包商自己利益的情况下作让步，使双方都能满意。

B 分析合同

分析合同的法律基础的特点和对方商业习惯、文化特点、民族特征，这对索赔处理方法影响很大。如果对方来自法制健全的工业发达国家，则应多花时间在合同分析和合同法律的分析上，这样提出的索赔法律理由充分。

如果对方是来自中东阿拉伯国家，合同又以该国法律作为基础，则应把重点放在由于对方干扰或失误造成承包商的实际费用增加上，强调公平合理的平衡和补偿。这是伊斯兰宗教法的特点。这些国家法律不健全，如果过多地进行法律分析，有恶意利用法律条文之嫌，往往更难达到索赔目的。

C 承包商的经营战略分析

承包商的经营战略直接制约着索赔策略和计划。在分析业主的目标、业主的情况和工程所在地（国）的情况后，承包商应考虑如下问题：

（1）有无可能与业主继续进行新的合作，如业主有无新的工程项目？

（2）承包商是否打算在当地继续扩展业务？或扩展业务的前景如何？

（3）承包商与业主之间的关系对在当地扩展业务有何影响？

这些问题是承包商决定整个索赔要求、解决方法和解决期望的基本点。

D 承包商的主要对外关系分析

在合同实施过程中，承包商有多方面的合作关系，如与业主、监理工程师、设计单位、业主的其他承包商和供应商、承包商的代理人或担保人、业主的上级主管部门或政府机关等。承包商对各方面要进行详细分析，利用这些关系，争取各方面的同情、合作和支持，造成有利于承包商的氛围，从各方面向业主施加影响。这往往比直接与业主谈判更有效。

在索赔过程中，以至在整个工程实施过程中，承包商与监理工程师的关系一直起关键作用。因为监理工程师代表业主进行工程的监督和管理。许多作为证据的工程资料需他认可、签证后才有效。他可以直接下达变更指令，提出有指令作用的工程问题处理意见，验收隐蔽工程等。索赔文件首先由他审阅、签字，才交业主处理。出现争执，他又首先作为调解人，提出调解方案。所以，与监理工程师建立友好和谐的合作关系，取得他的理解和帮助，不仅对整个合同的顺利履行影响极大，而且常常决定索赔的成败。

在国际承包工程中，承包商的代理人（或担保人）通常起着非常微妙的作用。他可以办承包商不能或不好出面办的事。他懂得当地的风俗习惯、社会风情、法律特点、经济和政治状况，他又与其他方面有着密切联系。他在其中斡旋，调停，能使承包商的索赔获得在谈判桌上难以获得的有利解决。

在实际工程中，与业主的上级的交往，或双方高层的接触，常常有利于问题的解决，很可行。许多工程索赔问题，双方具体工作人员谈不成，争执很长时间，但在双方高层人员的眼中，从战略的角度看都是小问题，故很容易得到解决。

所以承包商在索赔处理中要广泛地接触、宣传、提供各种说明信息，以争取广泛的同情和支持。

E 对方索赔的估计

在工程问题比较复杂，双方都有责任，或工程索赔以一揽子方案解决的情况下，应对对方已提出的或可能还要提出的索赔值进行分析和估算。在国际承包工程中，常常有这种情况：在承包商提出索赔后，业主作出反索赔对策和措施，如找一些借口提出罚款和扣款，在工程验收时挑毛病，提出索赔，用以平衡承包商的索赔。这是必须充分估计到的。对业主已经提出的和可能还将提出的索赔项目进行分析，列出分析表。

F 承包商的索赔值估计

承包商对自己已经提出的及准备提出的索赔进行分析。其分析方法和费用的分项与上面对对方索赔估计一致。这里还要分析可能的最大值和最小值。

G 合同双方索赔要求对比

将上面的分析结果合于一表中，可以看出双方要求的差异。这里有两种情况：

（1）我方提出索赔，目的是通过索赔得到费用补偿，则两估计值对比之后，我方应有余额；

（2）如我方为反索赔，目的是为了反击对方的索赔，不给对方以费用补偿，则两估计值对比后至少应平衡。

H 可能的谈判过程

一般索赔都在谈判桌上解决。索赔谈判是合同双方面对面的较量，是索赔能否取得成功的关键。一切计划、策略都要在此付诸实施，接受检查；索赔（反索赔）文件在此交换，推敲，反驳。双方都派最精明强干的专家参加谈判。在这里要考虑如下问题：

（1）如何在一个友好和谐的氛围中将对方引入谈判？

（2）谈判将有哪些可能进程？

（3）如何争取对自己有利的谈判进程？

（4）在这几种可能的谈判过程中对方会有什么行动？

（5）我方应采取哪些应对措施？

索赔谈判一般分为以下四个阶段：

（1）进入谈判阶段。

（2）事态调查阶段。

（3）分析阶段。

(4) 解决问题阶段。

I　可能的谈判结果

这与前面分析的承包商的索赔目标相对应。用前面分析的结果说明这些目标实现的可能性、实现的困难和障碍。如果目标不符合实际，则可以进行调整，重新确定新的目标。

索赔谈判属于合同谈判，更大范围的说，属于商务谈判。索赔谈判还应注意以下几点：

(1) 注意搞好私人关系，发挥公关能力，应用行为科学方法。在谈判中尽量避免对工程师和业主代表当事人的指责，多谈干扰的不可预见性，少谈他们的个人失误。

(2) 多谈困难，多诉苦。无论索赔能否解决，或解决程度如何，在谈判中以及解决以后，都要以受损者的面貌出现。给对方和公众一个受损者的形象。不仅争取同情和支持，而且争取一个好的声誉和保持友好关系。索赔和拳击不同，即使非常成功，取得想不到的利益，也不能以胜利者的姿态出现。

### 10.5.4　发包人预防和减少索赔的措施

发包人是工程承包合同的主导方，关键问题的决策由发包人掌握。有经验的发包人总是预先采取措施防止索赔发生，还善于针对承包商提出的索赔为自己辩护，以减少责任。此外，发包人还经常主动提出反索赔，以抵消、反击承包商提出索赔。在实际工作中，发包人可以采取的措施如下：

(1) 增加限制索赔的合同条款。发包人最常用的方式是通过针对某些常用合同条件的修改，增加一些限制索赔条款，以减少责任，将工程中的风险转移到承包商一方，防止可能产生的索赔。由于招标文件和合同条件一般由发包人准备并提供，发包人往往聘请有经验的法律专家和工程咨询顾问起草合同，并在合同中加入限制索赔的条款，如：发包人对招标文件中的地质资料和试验数据的准确性不负责任，要求承包人自己进行勘查和试验；发包人对不利的自然条件引起的工程延误的经济损失不承担责任。

应该明确，当发包人将某些风险转移到承包商一方后，虽然减少了索赔，提高了建设成本的确定性，但是承包商在投标报价中必然会考虑这一风险因素。长期来看，会使承包商报价提高，发包人的工程建设成本增大。因此，发包人往往在合同中规定，同意补偿有经验的承包商无法预见的不利的现场条件给承包商造成的额外开支，并调整工期，而不补偿利润，这样，从长期来看可降低承包商的报价，减少发包人的工程成本。

(2) 提高招标文件的质量。发包人可通过做好招标前的准备工作，提高招标文件的质量，委托技术力量超强的咨询公司准备招标文件，以提高规范和图纸质量，减少设计错误和缺陷，防止漏项，并减少规范图纸和矛盾的冲突，避免承包商由此而提出的索赔。

发包人还可以通过咨询公司，提高招标文件中工程量表中的工程数量的准确性，防止承包商提出的因实际工程量变化过大引起合同总价的变化超过合同规定限度而产生的要求调整合同价格的索赔。

(3) 全面履行合同规定的义务。发包人要做好合同规定的工程施工前期准备工作（如按时移交无障碍物的工地、支付预付款、移交图纸），并按时履行合同规定的义务（如按时向承包商提供由发包人提供的设备、材料等，协助承包商办理相关证件），防止和减少由于发包人的延误或违约而引起的索赔。

发包人对自身的失误，通常及时采取补救措施，以减少承包商的损失，防止损失扩大出现重大索赔问题。

(4) 改变建设工程承包方式和合同形式。在传统的建设工程承包中，发包人常常采用施工合同，由发包人委托设计单位提供图纸，并委托工程师对项目实施过程监理，承包商只负责按照发包人提供的图纸和规范施工。这种承包方式中，往往由于图纸变更和规范缺陷产生大量索赔。因此，发包人为了减少索赔，增加建设成本的确定性，减少风险，应将设计和施工一并委托给一家承包商进行总承包，由承包商对设计和施工质量负责，达到预防和减少索赔、控制建设成本的目的。

(5) 建立索赔的信号系统。发包人预防并减少索赔的一个有效办法，就是尽早发现索赔征兆与信号，及时采取准备措施，有针对性地做好详细记录，以便提出索赔与反索赔，避免延误索赔时机，使索赔权受到限制。常见的索赔信号有：合同文件含糊不清、承包商的投标报价过低或工程出现亏损、工程中变更频繁或工程变更通知单对工程范围规定不详等，通过这些索赔信号的分析和辨识，发现其产生的原因，并预测其产生的后果，防止并减少工程索赔，为索赔和反索赔提供依据。

### 10.5.5　加强索赔管理应遵循的原则

当索赔意向已经由承包人提出时，监理工程师的工作就会显得被动一些。不合理的索赔可以驳回，但合理的索赔应当予以批准。因此，重要的是尽量防止索赔事件的发生。监理工程师及所属监理人员都应尽力完成合同规定的义务和责任，同时也要帮助业主按合同条款办事。为了尽可能防止索赔的产生，监理工程师应遵循以下原则：

(1) 监理工程师和驻地监理工程师应尽早开始对监理工作进行准备，最好在工程招标之前进行。监理工程师及监理人员应尽早熟悉合同文件、工地环境、地质水文资料、施工进度计划、施工机械设备和人员、施工方法等各方面详细情况。

(2) 监理工程师应作详尽的监理规划和工作计划，在每一工作环节上，都应与承包人尽早地进行分析预测和控制工作。

(3) 监理人员应严格根据合同条款实施监理，绝不能因自己的失职和错误而给承包人带来索赔的机会和理由。

(4) 监理人员应时常注意提醒和督促业主按合同办事。

(5) 建立健全的工作制度和监理程序，并严格执行。

(6) 做好记录，包括各种指示、函件、决定、会议、试验、法规等记录，这是判断索赔合理性的重要依据。

(7) 指定专人负责索赔事务，并建立技术人员、管理人员、财务人员之间联络的制度。

(8) 尽早提供帮助和协助，或迅速采取防范和补救措施，是承包人减少乃至避免损失，以争取承包人不提出索赔。通过变更来调整承包人的工作是最常用的措施。

(9) 当承包人提出索赔时，监理工程师应尽快采取行动，将损失降至最少。

当然，大多数索赔是难以防范的。从设计、招标到设备材料供货，从地质勘探到气候状况，存在着许多不确定、可变或不可控制的因素，这些因素反映了工程建设的复杂性。

索赔在合同条款中就是用来分担风险因素的条款，因此应作为正常经济和法律现象来加以对待和研究。

## 10.6 应用案例

【案例10-1】 某施工合同约定，施工现场主导施工机械一台，由施工企业租得，台班单价为300元/台班，租赁费为100元/台班，人工工资为40元/工日，窝工补贴为10元/工日，以人工费为基数的综合费率为35%，在施工过程中，发生了如下事件：（1）出现异常恶劣天气导致工程停工2天，人员窝工30个工日；（2）因恶劣天气导致场外道路中断，抢修道路用工20工日；（3）场外大面积停电，停工2天，人员窝工10工日。为此，请问施工企业可向业主索赔的费用是多少。

解：各事件处理结果如下：

（1）异常恶劣天气导致的停工通常不能进行费用索赔。

（2）抢修道路用工的索赔额 = 20 × 40 ×（1 + 35%）= 1080元

（3）停电导致的索赔额 = 2 × 100 + 10 × 10 = 300元

总索赔费用 = 1080 + 300 = 1380元

【案例10-2】 某工程项目采用了固定单价合同。工程招标文件参考资料中提供的用砂地点距离工地4公里。但是开工后，检查该砂质量不符合要求，承包商只得从另一距离工地20公里的供砂地点采购。而在一个关键工作面上又发生了4项临时停工事件：

事件1：5月20日至5月26日承包商的施工设备出现了从未出现过的故障；

事件2：应于5月24日交给承包商的后续图纸直到6月10日才交给承包商；

事件3：6月7日至6月12日施工现场下了罕见的特大暴雨；

事件4：6月11日至6月14日该地区的供电全部中断。

问题：

（1）承包商的索赔成立的条件是什么？

（2）由于供砂距离增大，必然引起费用增加，承包商仔细认真计算后，在业主指令下达的第3天，向业主的造价工程师提交了将原用砂单价每吨提高5元人民币的索赔要求。该索赔要求是否成立，为什么？

（3）当承包商对因业主原因造成的窝工损失进行索赔时，要求设备窝工损失按台班价格计算，人工窝工损失按日工资标准计算是否合理，如不合理应怎样计算？

（4）承包商按规定的索赔程序针对上述4项临时停工事件向业主提出了索赔，试说明每一项事件工期和费用索赔能否成立，为什么？

（5）试计算承包商应得到的工期和费用索赔是多少？（如果索赔成立，则业主按2万元人民币/天补偿给承包商）

解答：

问题1：承包商的索赔要求成立必须同时具备如下四个条件：

（1）与合同比较，已造成了实际额外费用或工期损失；

（2）造成费用的增加或工期损失不是由于承包商的过错而引起的；

（3）造成费用增加或工期损失不是承包商应承担的风险；

(4) 承包商在事件发生后的规定时间内提出了索赔书面意向通知和索赔报告。

问题2:

因供砂距离增大提出索赔期要求不能批准，原因如下:

(1) 承包商应对自己就招标文件的解释负责;

(2) 承包商应对自己报价的正确性和完备性负责;

(3) 作为一个有经验的承包商可以通过现场踏勘确认招标文件参考资料中提供的用砂质量是否合格，若承包商没用通过现场踏勘发现用砂质量问题，其相关风险应由承包商承担。

问题3:

不合理。因窝工闲置的设备折旧费或停滞台班费计算，不包括运转费部分；人工费损失应考虑这部分工作的工人调做其他工作时工效降低损失费用；一般用工日单价乘以一个测算的降效系数计算该部分损失，而且只按成本费用计算，不包括利润。

问题4:

事件1：工期费用索赔不能成立，因为设备故障属于承包商应承担的风险。

事件2：工期和费用索赔成立，因延误发放图纸属于业主承担的风险。

事件3：特大暴雨属于双方共同的风险，工期索赔成立，设备和人工的窝工费用索赔不成立。

事件4：工期和费用索赔均成立，因为停电属于业主承担的风险。

问题5:

事件2：5月27日至6月9日，工期索赔14天，费用索赔14天×2万/天=28万元

事件3：6月10日至6月12日，工期索赔3天

事件4：6月13日至6月14日，工期索赔2天，费用索赔2天×2万/天=4万元

合计：工期索赔19天，费用索赔32万元。

【案例10-3】 某汽车制造厂建设施工土方工程中，承包商在合同标明有松软石的地方没有遇到松软石，因此工期提前1个月。但是在合同中另一未标明有坚硬岩石的地方遇到更多的坚硬岩石，开挖工作变得更加困难，因此造成了实际生产率比原计划低得多，经测算影响工期3个月。由于施工速度减慢，使得部分施工任务拖到雨季进行，按一般公认标准推算，又影响工期2个月。为此承包商准备提出索赔。

问题:

(1) 该项施工索赔能否成立，为什么?

(2) 在索赔事件中，应提出的索赔内容包括哪两个方面?

(3) 在工程施工中，通常可以提供的索赔证据有哪些（列举几项)?

解答:

(1) 本案为业主提供地质勘察报告与实际不符造成，属于业主过错事件，可以据此提出工期索赔和费用索赔。

(2) 具体一点说，本案包括因地质报告不符引起的工期提前（注：可能迫使承包商施工计划方案被打乱，导致施工人员、施工机械、施工材料无法及时跟进，或者跟进后导致费用增加)、因地质报告引起的工期延误（注：工期延误导致除工期延长外，增加人工费及其涨价、机械费及其涨价、管理费、周转材料费、材料涨价费、履约担保费、保险

费、现场经费、劳保费等一系列费用的额外增加）、因业主原因造成的工期延误引起的不必要的雨季施工（注：除第二项事件索赔工期、费用外，还包括因雨季施工导致的增加费）等三项索赔事件。需要注意的是，实际生产效率问题的损失是实际存在，也应当属于索赔内容之一。但是，理论研究和索赔的实践还是有相当的差距，关键在于该项损失费用索赔计算的往往是理论上的，很难拿出实际的证据，即使做得到也往往会花费很大的精力和费用，因为承包商的报价一般都采用不平衡报价或者清单综合单价报价，实际测算非常困难，除非该项费用值得投入去做。当然了，索赔的时候肯定是要提出来的，白白放弃也太可惜了，至少可以当做讨价还价的筹码。

（3）索赔的证据一般包括以下几类：

1）事实证据：用以证明索赔事件，包括签证联系单、技术联系单、会议纪要、照片、录像、物证、地质报告、气象记录等；

2）合同证据：用以证明索赔的合同依据，包括合同、中标书、招标文件、招标答疑、合同变更文件等，也包括有合同性质的其他文件；

3）法律证据：同意支持索赔，包括法律、行政法规、地方法规、行政规章、规范性文件、标准规范、鉴定文书等；

4）经济证据：用以支持费用索赔的依据，包括计价依据、合同报价、费用签证、市场价格取证文件、其他证明经济费用及其属性的文件；

5）技术证据：用以支持索赔理由或费用的技术性证据，包括费用或造价鉴定报告、技术标准规范、专家证言等；

6）其他证据：上述未包括的其他证据。

【案例 10-4】 在非洲某国 112 公里道路升级项目中，业主为该国国家公路局，出资方为非洲发展银行（ADF），由法国 BCEOM 公司担任咨询工程师，我国某对外工程承包公司以 1713 万美元的投标价格第一标中标。该项目旨在将该国两个城市之间的 112 公里道路由砾石路面升级为行车道宽 6.5m，两侧路肩各 1.5m 的标准双车道沥青公路。项目工期为 33 个月，其中前 3 个月为动员期。项目采用 1987 年版的 FIDIC 合同条件作为通用合同条件，并在专用合同条件中对某些细节进行了适当修改和补充规定，项目合同管理相当规范。在工程实施过程中发生了若干件索赔事件，由于承包商熟悉国际工程承包业务，紧扣合同条款，准备充足，证据充分，索赔工作取得了成功。下面将在整个施工期间发生的五类典型索赔事件进行介绍和分析。

A 放线数据错误

按照合同规定，工程师应在 6 月 15 日向承包商提供有关的放线数据，但是由于种种原因，工程师几次提供的数据均被承包商证实是错误的，直到 8 月 10 日才向承包商提供了被验证为正确的放线数据，据此承包商于 8 月 18 日发出了索赔通知，要求延长工期 3 个月。

工程师在收到索赔通知后，以承包商“施工设备不配套，实验设备也未到场，不具备主体工程开工条件”为由，试图对承包商的索赔要求予以否定。对此，承包商进行了反驳，提出：在有多个原因导致工期延误时，首先要分清哪个原因是最先发生的，即找出初始延误，在初始延误作用期间，其他并发的延误不承担延误的责任。而业主提供的放线数据错误是造成前期工程无法按期开工的初始延误。

在多次谈判中，承包商根据当时合同条款6.4“如因工程师未曾或不能在一合理时间内发出承包商按条款6.3发出的通知书中已说明了的任何图纸或指示，而使承包商蒙受误期和（或）招致费用的增加时……给予承包商延长工期的权利”以及条款17.1和条款44.1的相关规定据理力争，此项索赔最终给予了承包商69天的工期延长。

B　设计变更和图纸的延误

按照合同谈判纪要，工程师应在8月1日前向承包商提供设计修改资料，但工程师并没有在规定时间内提交全部图纸。承包商于8月18日对此发出了索赔通知，由于此事件具有延续性，因此承包商在提交最终的索赔报告之前，每隔28天向工程师提交了同期记录报告。

项目实施过程中主要的设计变更和图纸延误情况记录如下：

（1）修订的排水横断面在8月13日下发；

（2）在7月21日下发的道路横断面修订设计于10月1日进行了再次修订；

（3）钢桥图纸在11月28日下发；

（4）箱涵图纸在9月5日下发。

根据FIDIC合同条款6.4“图纸误期和误期的费用”的规定，“如因工程师未曾或不能在一合理时间内发出承包商按条款6.3发出的通知书中已说明了的任何图纸或指示，而使承包商蒙受误期和招致费用的增加时，则工程师在与业主和承包商作必要的协商后，给予承包商延长工期的权利”。承包商依此规定，在最终递交的索赔报告中提出索赔81个阳光工作日。最终，工程师就此项索赔批准了30天的工期延长。

在有雨季和旱季之分的非洲国家，一年中阳光工作日（Sunny Working Day）的天数要小于工作日（Working Day），更小于日历天。特别是在道路工程施工中，某些特定的工序是不能在雨天进行的。因此，索赔阳光工作日的价值要远远高于工作日。

C　借土填方和第一层表处工程量增加

由于道路横断面的两次修改，造成借土填方的工程量比原BOQ（工料测量单）中的工程量增加了50%，第一层表处工程量增加了45%.

根据合同条款52.2“合同内所含任何项目的费率和价格不应考虑变动，除非该项目涉及的款额超过合同价格的2%以及在该项目下实施的实际工程量超出或少于工程量表中规定之工程量的25%以上”的规定，该部分工程应调价。但实际情况是业主要求借土填方要在同样时间内完成增加的工程量，导致承包商不得不增加设备的投入。对此承包商提出了对赶工费用进行补偿的索赔报告，并得到了67万美元的费用追加。

对于第一层表处的工程量增加，根据条款44.1“竣工期限延长”的规定，承包商向业主提出了工期索赔要求，并最终得到业主批复的30天工期延长。

D　边沟开挖变更

本项目中没有边沟开挖的支付项，在技术规范中规定，所有能利用的挖方材料要用于3公里以内的填方，并按普通填方支付，但边沟开挖的技术要求远大于普通挖方，而且由于排水横断面的设计修改，原设计的底宽3m的边沟修改为底宽1m，铺砌边沟底宽0.5m。边沟的底宽改小后，人工开挖和修整的工程量都大大增加，因此边沟开挖已不适用按照普通填方单价来结算。

根据合同条款 52.2“如合同中未包括适用于该变更工作的费率或价格，则应在合理的范围内使合同中的费率和价格作为估价的基础”的规定，承包商提出了索赔报告，要求对边沟开挖采用新的单价。经过多次艰苦谈判，业主和工程师最后同意，以 BOQ 中排水工程项下的涵洞出水口渠开挖单价支付，仅此一项索赔就成功地多结算 140 万美元。

E 迟付款利息

该项目中的迟付款是因为从第 25 号账单开始，项目的总结算额超出了合同额，导致后续批复的账单均未能在合同规定时间内到账以及部分油料退税款因当地政府部门的原因导致付款拖后。

特殊合同条款 60.8“付款的时间和利息”规定：“……业主向承包商支付，其中外币部分应该在 91 天内付清，当地币部分应该在 63 天内付清。如果由于业主的原因而未能在上述的期限内付款，则从迟付之日起业主应按照投标函附录中规定的利息以月复利的形式向承包商支付全部未付款额的利息。”

据此承包商递交了索赔报告，要求支付迟付款利息共计 88 万美元，业主起先只愿意接受 45 万美元。在此情况下，承包商根据专用合同条款的规定，向业主和工程师提供了每一个账单的批复时间和到账时间的书面证据，有力地证明了有关款项确实迟付；同时又提供了投标函附录规定的工程款迟付应采用的利率。由于证据确凿，经过承包商的多方努力，业主最终同意支付迟付款利息约 79 万美元。

F 索赔管理分析

结合 FIDIC 合同条件，通过前面的案例分析，以下几个因素在该项目的索赔管理工作中至关重要：

（1）遵守索赔程序，尤其要注意索赔的时效性。FIDIC 合同条件规定了承包商索赔时应该遵循的程序，并且提出了严格的时效要求：承包商应该在引起索赔的事件发生后 28 天内将索赔意向递交工程师；在递交索赔通知后的 28 天内应该向工程师提交索赔报告。在索赔事件发生时，承包商应该有同期记录，并应允许工程师随时审查根据本款保存的记录。

在本案例中，承包商均在规定时间内提出了索赔意向，确保了索赔权。如在“放线数据错误”这个事件结束即 8 月 10 日之后，承包商于 8 月 18 日向工程师提出了书面索赔通知，严格遵守时效要求奠定了索赔成功的基础。

（2）索赔权进行充分的合同论证。一般来说，业主和工程师为确保自身利益，不会轻易答应承包商的要求，通常工程师会以承包商索赔要求不合理或证据不足为由来进行推托。此时，承包商应对其索赔权利提出充分论证，仔细分析合同条款，并结合国际惯例以及工程所在国的法律来主张自己的索赔权。

在“放线数据错误”的索赔事件中，工程师收到索赔要求后，立即提出工期延误是由于承包商不具备永久工程的开工条件，企图借此将工期延误的责任推给承包商。承包商依据国际惯例对其索赔权利进行了论证，认为不具备永久工程开工条件和业主提供的放线数据错误都是导致工期延误的原因，但是初始延误是业主屡次提供了错误的放线数据。承包商指出，试验设备没有到场可以通过在当地租赁的形式解决，而放线数据错误才是导致损失的最根本的原因。最终工程师不得不批准承包商的索赔要求。在这个事件中，承包商对其索赔权的有力论证保证了该项索赔的成功。

(3) 积累充足详细的索赔证据。在主张索赔权利时，必须要有充分的证据作支持，索赔证据应当及时准确，有理有据。承包商在施工过程开始时，就应该建立严格的文档管理制度，以便于在项目实施过程中不断地积累各方面资料；在索赔事项发生时，要做好同期记录。

在“迟付款利息”的索赔中，起先业主对数额巨大的利息款并不能全部接受，承包商随即提供了许多证据，包括每一个账单的批复时间与到账时间的书面证据，工程款迟付期间每日的银行利率等。正是这些详细的数据使得业主不得不承认该索赔要求是合理的，最终支付了绝大部分的利息款。

(4) 进行合理计算，提交完整的索赔报告。按照 FIDIC 索赔的程序，承包商应该在提交索赔通知后 28 天内向工程师提出完整的索赔报告。这份索赔报告应该包括索赔的款额和要求的工期延长，并且附有相应的索赔依据。这就要求承包商要事先对准备索赔的费用和工期进行合理的计算，在索赔报告中提出的索赔要求令业主和工程师感到可以接受。

目前较多采用的费用计算方法为实际费用法，该方法要求对索赔事项中承包商多付出的人工、材料、机械使用费用分别计算并汇总得到直接费，之后乘以一定的比例来计算间接费和利润，从而得到最后的费用。而分析索赔事件导致的工期延误一般采用网络分析法，并借助进度管理软件进行工期的计算。

(5) 处理好与业主和工程师的关系。在施工索赔中，承包商能否处理好与业主和工程师的关系在一定程度上决定了索赔的成败。如果承包商与工程师之间平时关系恶劣，在索赔时，工程师就会处处给承包商制造麻烦。而与业主和工程师保持友善的关系，不仅有利于承包商顺利地实施项目，有效地避免合同争端，而且在索赔中会得到工程师较为公正的处理，有利于索赔取得成功。

【案例 10-5】 某工程吊装浇筑混凝土，前 5 天工作正常，第 6 天起业主架设临时电线，共有 6 天时间使吊车不能在正常角度下工作，导致吊运混凝土的方量减少。承包商有未受干扰时正常施工记录和受干扰时施工记录，如表 10-6 和表 10-7 所示。

**表 10-6 未受干扰时正常施工记录**

| 时间/天 | 1 | 2 | 3 | 4 | 5 | 平均值 |
|---|---|---|---|---|---|---|
| 平均劳动生产率/$m^3 \cdot h^{-1}$ | 7 | 6 | 6.5 | 8 | 6 | 6.7 |

**表 10-7 受干扰时施工记录**

| 时间/天 | 1 | 2 | 3 | 4 | 5 | 6 | 平均值 |
|---|---|---|---|---|---|---|---|
| 平均劳动生产率/$m^3 \cdot h^{-1}$ | 5 | 5 | 4 | 4.5 | 6 | 4 | 4.75 |

通过以上施工记录比较，得出劳动生产率降低值为：

$$6.7 - 4.75 = 1.95 m^3/h$$

索赔费用的计算公式为：

索赔费用 = 计划台班 ×（劳动生产率降低值/预期劳动生产率）× 台班单价

【案例10-6】 工程暂停引起的索赔

某公路工程在一座桥梁引桥路堤施工到最高点时，其中一个桥台的桩柱出现裂痕，该裂痕是基底土沉陷所致。监理工程师于4月1日下令暂停有关工程。

4月15日，监理工程师又下令附近一座桥梁暂停施工，因为该桥可能会遇到同样的问题。

上述两座桥梁的桥台已经建成，而预应力大梁亦准备妥当，随时可以开始安装。监理工程师应承包人的要求于4月20日撤销大梁吊装的指令。于5月30日重新开始土方工程，并指示将上述两座桥的引桥路基加上辅助桩，作为变更工程，价格由监理工程师与承包人议定。

5月9日，承包人通知索赔意向，根据合同条款的规定，就上述两项暂停指令要求补偿额外费用。索赔数额是中断工程期间的机械闲置费、雇人看管的费用、吊装小组的窝工费用、在没有引桥路堤的条件下架设所需要的附加拖架设备所需费用。

监理工程师答复如下：

暂停施工是设计错误所致，根据合同条款，索赔原则上可以接受。但对第一次暂停的索赔不能接受，因为监理工程师下令暂停施工后28天内承包人未给予索赔通知。第二次暂停命令后19天给予了索赔通知，因此，只接受第二次停工的索赔。

第二次停工导致的费用由监理工程师确定，由业主支付。这些费用包括管理费，利润则不包括在内。

【案例10-7】 某高速公路的某一合同，原设计为两边是高架桥，中间有980m路堤。在承包人施工期间，业主对此合同设计方案进行变更，取消980m路堤段，改为高架桥，即为全桥方案。但业主对此变更尚在研究，并未取得有关部门的正式认可，且在没有正式通知监理工程师的情况下，就向承包人提供了变更工程草图，承包人根据草图进行了施工。当监理工程师得知这一情况后，于2008年7月18日正式下文通知承包人：凡没有按正常渠道受理和批准的变更令，任何未按合同文件施工的工程不能予以支付，且承包人应承担由此带来的法律和经济后果。承包人接文后，暂停了这部分工程，并准备按原合同文件进行。此时，业主正式通知监理工程师，将对此段工程进行变更，希望暂停这部分的工程。据此，监理工程师于7月28日正式下达停工令。9月20日在业主变更方案获得批准后，监理工程师下达正式复工令。由于上述原因，承包人根据合同条款的规定，提出停工期间的费用索赔。承包人随费用索赔申请书附上了有关文件、票据和详细的费用计算书。承包人称他7月18日收到监理工程师的文件后就停止了施工，至9月21日收到复工令，停工时间为65天。索赔金额为2287976.21元，汇总如表10-8所示。

**表10-8 承包人索赔费用汇总表**

| 名称及规格 | 数 量 | 单 位 | 单 价 | 金额/元 | 备注 |
|---|---|---|---|---|---|
| 1. 误工费 | 1 | 天 | | 2176.80 | |
| 2. 机械停置费 | 1 | 天 | | 11409.20 | |
| 3. 水电费 | 1 | 天 | | 157.50 | |
| 4. 贝雷租金 | 1 | 天 | | 300.00 | |
| 5. 履约保函费 | 1 | 天 | | 520.30 | |

续表10-8

| 名称及规格 | 数 量 | 单 位 | 单 价 | 金额/元 | 备注 |
|---|---|---|---|---|---|
| 6. 工程咨询费 | 1 | 天 | | 3624.30 | |
| 7. 管理费用 | 1 | 天 | | 5464.12 | |
| 日计 | 1 | 天 | | 23650.22 | |
| 合计 | 65 | 天 | | 1537264.30 | |
| 8. 其他直接费 | | | | 150711.91 | |
| 9. 间接费用 | | | | 600000.00 | |
| 总 计 | | | | 2287976.21 | |

具体计算结果如下。

A 误工费（2176.80元/天）

2008年8月份，我二分部实际支付的生产工人工资总额为人民币65277.36元，平均每人每天的工资费用为65277.36÷240÷30＝9.07元/天。每天的误工费为9.07×240＝2176.80元。

注：由于施工场地及计划安排的闲置，上述人员不能转移到别处工作。

B 机械停置费（11409.20元/天）

C 水电费（157.50元/天）

（1）水费：2008年6～12月共缴纳6630.40元，平均每天为6630.40÷214＝30.98元。

（2）电费：2008年8月2008年8月份为644.05元，平均每天为20.78元。

D 贝雷租金

根据口头协议，贝雷片每片的租金为1元/天，共租300片，故贝雷租金为300元/天。

E 履约保函费

为提供履约保函，一次性共支付手续费33960元，银行贷款押金为6792500元，月息为0.45%。

我部提供履约保函的实际费用为：33960＋67925000×0.45%×36＝1134345.00元与数量清单101项相比平均每天超支：（1134345.00－10500.00）÷36÷30÷2＝520.30元

F 工程咨询费

根据合同附表1外汇需求明细表，某外国公司的咨询费用总额为520824美元，按合同协议，外国公司将负责500项桩基部分的技术工作，时间为13个月，这样，平均每天的费用为：

520824×（1－4.3%）÷13÷30×76%

＝971.30美元

＝3624.30元

这里4.3%为投标时的降价百分比；76%为该项费用的直接费部分。

G 管理费用

2008 年 8 月份实际发生的管理费用如下。（计算公式为：二分部管理费 + 经理部管理费 ÷2）：

（1）工作人员工资：18337.82 + 10766.02/2 = 23720.83 元

（2）工资附加费：2383.92 + 699.79/2 = 2733.82 元

（3）办公费：6069.13 + 2536.50/2 = 7337.38 元

（4）差旅费：4960.00 + 1637.70/2 = 5778.85 元

（5）固定资产使用费：5241.35 + 10 512.00/2 = 10497.35 元

（6）工具、用具使用费：7283.53 + 393.10/2 = 7480.08 元

（7）劳动保护费：7632.12 + 989.00/2 = 8126.62 元

（8）房产、车船税：3000.00 + 700.00/2 = 3350.00 元

（9）职工教育经费：2839.50 + 1376.40/2 = 3527.70 元

（10）利息支出：26250.00 元

（11）其他费用（包括业务招待费）：3742.80 + 1936.50/2 = 4711.05 元

（12）公司管理费：60000.00 元

以上各项合计：163513.68 元；平均每天：163513.68 ÷ 30 = 5450.46 元。

H 其他直接费

（1）索赔准备费：900.00 元。

（2）1 至 7 项索赔金额为 1537264.30 元，我们在 2008 年 9 月 21 日复工后即应得到赔偿。但至 2008 年 10 月 21 日仍没有得到赔偿，应付利息：

$$1537264.30 \times 7.5\% \times 13 = 1498832.69 \text{ 元}$$

（3）上述本息 1537264.30 + 1498832.69 = 3036096.99 元，应按 0.25‰计算每天的利息为 3036096.99 × 0.25‰ = 759.02 元，直至本索赔全部得到赔付。

I 间接费用

由于停工使得在停工期间本应完成的工作量 200 万元被迫推迟至 2010 年进行。预计通货膨胀率将在 30% 左右，那么推迟施工所造成的损失为：

$$2000000 \times 30\% = 600000 \text{ 元}$$

本例监理工程师的评估如下。

A 合同条款

按照合同条款的规定，此项费用索赔可以成立，且承包人按合同要求，在监理工程师书面下达停工令后的 28 天以内提供了费用索赔意向。故此项费用索赔按合同要求被接受。

B 提供期限

承包人主张停工时间应从 2008 年 7 月 18 日算起。但监理工程师认为，7 月 18 日的指令是因为承包人未能按合同文件的要求进行施工才下发的。尽管承包人申述其未按合同规定的图纸施工是业主的原因，但本项费用索赔是根据合同条款的规定，以监理工程师的书

面令为准。故停工时间应以承包人正式收到的停工令和复工令的时间计算。经确认，承包人于2008年7月29日收到正式的停工令，2008年9月21日收到正式的复工令，因此，批准的停工期限为55天。

在书面停工令颁发之前的任何强制性停工不在本项费用索赔中考虑，承包人可以另案提出。

C 索赔费用的确定

批准索赔金额为376718.55元，汇总表如表10-9所示。

**表10-9 监理工程师审批的索赔费用汇总表**

| 名 称 | 数 量 | 单 位 | 金额/元 | 备 注 |
| --- | --- | --- | --- | --- |
| 1. 误工费 | 1 | 天 | 1810.54 | |
| 2. 机械停置费 | 1 | 天 | 3283.56 | |
| 3. 水电费 | 1 | 天 | 131.51 | |
| 4. 贝雷租金 | 1 | 天 | 300 | |
| 5. 管理费用 | 1 | 天 | 1346.81 | |
| 日 计 | 1 | 天 | 6839.61 | |
| 合 计 | 55 | 天 | 376179 | |

（1）误工费：1836.43元/天。

2008年8月份，二分部实际支付生产工人工资额减去超产奖后加上基本工资为60206.20元，平均每人每天的工资为：

$$60206.20 \div 240 \div 31 = 8.09\text{ 元/（人·天）}$$

监理工程师现场实测人数为277人，即：

$$8.09 \times 277 = 2240.93\text{ 元/天}$$

扣除停工期间试桩墩钻孔桩施工的人工费，即

$$2240.93 - [(194.16 + 1229.68) \div 55] = 2215.04\text{ 元/天}$$

（2）机械停置费：3283.56元/天。

（3）水电费：131.51元/天。

1）水费：2008年6～12月×××中学共缴纳3290.70元，3290.70 ÷ 214 = 15.38元/天。

2）电费：2008年8月份支付电费为3227.97 ÷ 31 = 104.13元/天

3）基地水电费：2008年8月份为644.05元，因经理部所用应除以2，即

$$15.38 + 104.13 + 10.39 = 129.9\text{ 元/天}$$

（4）贝雷租金：300元/天，按实际支付为300元/天。

（5）管理费用：1102.37元/天。

参照承包人提供的2008年8月份管理费用资料，计算方法为：（二分部管理费 + 经理部管理费/2）÷ 31

1）工作人员工资：15462.26 + 10455.02/2 = 20689.77元

2）工资附加费：2010.09 + 1359.15/2 = 2689.67元

3）办公费：6069.13 +2536.50/2 =7337.38 元

4）差旅费：4960.00 +1637.70/2 =5778.85 元

5）职工教育经费：（59900.18 +10766.02/2）×1.5% =979.25 元

6）其他费用：3742.80 +1936.50/2 =4711.05 元

以上 6 项费用共计 42185.97 元。

$$42185.97 \div 31 = 1360.84\ \text{元/天}$$

扣除停工期间试桩和 112 号墩钻孔桩施工的管理费，即

$$1360.84 - [(170.06 + 601.40) \div 55] = 1346.81\ \text{元/天}$$

（6）停工期间仍进行施工的工作人员、机械和管理费用应减去的总费用有：

1）112 号墩施工：（1 号桩施工）953.76 元

人工费：8.09 ×12 ×2 =194.16 元

机械费：290.82 元/天

履带吊 1 台：189.24 元/天

混凝土车 1 台：71.03 元/天

混凝土搅拌站 1 台：30.55 元/天

$$290.82 \times 2 = 581.64\ \text{元}$$

管理费：

$$(194.16 + 581.64) \times 21.92\% = 170.06\ \text{元}$$

$$194.16 + 581.64 + 170.06 = 945.86\ \text{元}$$

2）试桩施工：3395.03 元

人工费：80.9 ×19 ×8 =12296.8 元

机械费（吊车 1 台）：189.24 ×8 =1513.92 元

管理费：

$$(12296.8 + 1513.92) \times 21.92\% = 3027.31\ \text{元}$$

$$12296.8 + 1513.92 + 3027.31 = 16838.03\ \text{元}$$

## 复习思考题

10-1　索赔的作用有哪些？

10-2　试述索赔的概念及性质。

10-3　确定损害赔偿范围时应遵循哪些基本原则？

10-4　工程师对索赔报告应如何处理？

10-5　试述施工费用索赔的计算方法。

10-6　试述施工工期索赔的计算方法。

10-7　怎样理解“施工索赔有利于降低工程造价”？

10-8　索赔成立的基本条件有哪些？

10-9　实践中如何防止和减少索赔的发生？

10-10　简述 FIDIC 合同条件下索赔的含义。

10-11　发包人预防和减少索赔的措施有哪些？

# 参考文献

[1] FIDIC. Conditions of Contract for Works of Civil Engineering Construction [M]. 北京：航空工业出版社，2001.
[2] 国家九部委. 中华人民共和国标准施工招标文件（2007 年版） [M]. 北京：中国计划出版社，2007.
[3] 中华人民共和国交通运输部. 公路工程标准施工招标文件（2009 年版）[M]. 北京：人民交通出版社，2009.
[4] 中华人民共和国交通部. 公路工程国内招标文件范本（2003 年版） [M]. 北京：人民交通出版社，2003.
[5] 陈赟. 工程风险管理 [M]. 北京：人民交通出版社，2007.
[6] 乌云娜，等. 项目采购与合同管理 [M]. 北京：电子工业出版社，2007.
[7] 田威. FIDIC 合同条件实用技巧 [M]. 北京：中国建筑工业出版社，2002.
[8] 田威. FIDIC 合同条件应用实务 [M]. 北京：中国建筑工业出版社，2009.
[9] 交通专业人员资格评价中心，交通公路工程定额站. 公路工程施工招投标与计量 [M]. 北京：人民交通出版社，2010.
[10] 白思俊. 项目管理案例教程 [M]. 北京：机械工业出版社，2008.
[11] 全国建筑施工企业项目经理培训教材编写委员会. 工程招投标与合同管理 [M]. 北京：中国建筑工业出版社，2000.
[12] 邬晓光. 工程进度监理 [M]. 北京：人民交通出版社，2003.
[13] 李宇峙，秦仁杰. 工程质量监理 [M]. 北京：人民交通出版社，2007.
[14] 邱闯. 国际工程合同原理与实务 [M]. 北京：中国建筑工业出版社，2002.
[15] 周直. 工程项目管理 [M]. 北京：人民交通出版社，2003.
[16] 袁剑波. 工程费用监理 [M]. 北京：人民交通出版社，2007.
[17] 雒应. 合同管理 [M]. 北京：人民交通出版社，2007.
[18] 刘钦. 工程招投标与合同管理 [M]. 北京：高等教育出版社，2004.
[19] 中国建设监理协会. 建设工程合同管理 [M]. 北京：知识产权出版社，2005.
[20] 邢颖. 违约责任 [M]. 北京：中国法制出版社，1999.
[21] 李永军. 合同法 [M]. 北京：法律出版社，2004.
[22] 苏号朋. 合同的订立与效力 [M]. 北京：中国法制出版社，1999.
[23] 解洪，曾玉成. 菲迪克（FIDIC）条款在中国的应用 [M]. 成都：四川人民出版社，2004.
[24] 张水波，何伯森. FIDIC 新版合同条件导读与解析 [M]. 北京：中国建筑工业出版社，2003.
[25] 方自虎. 建设工程合同管理实务 [M]. 北京：中国水利水电出版社，2005.
[26] 梁鑑，潘文，丁本信. 建设工程合同管理与案例分析 [M]. 北京：中国建筑工业出版社，2004.